普通高等学校土木工程专业创新系列规划教材

工程计量与计价

（第2版）

主　编　宋　敏　钟　欣　冯丽杰

副主编　蒋　芳　吕　志　殷大路

主　审　尹贻林

WUHAN UNIVERSITY PRESS

武汉大学出版社

图书在版编目(CIP)数据

工程计量与计价/宋敏,钟欣,冯丽杰主编.—2版.—武汉:武汉大学出版社,2021.7(2023.8重印)

普通高等学校土木工程专业创新系列规划教材

ISBN 978-7-307-22399-8

Ⅰ.工… Ⅱ.①宋… ②钟… ③冯… Ⅲ.①建筑工程—计量—高等学校—教材 ②建筑造价—高等学校—教材 Ⅳ.TU723.3

中国版本图书馆 CIP 数据核字(2021)第 112891 号

责任编辑:路亚妮　　　责任校对:杜筱娜　　　装帧设计:吴　极

出版发行:**武汉大学出版社**　　(430072　武昌　珞珈山)

　　　　　(电子邮箱:whu_publish@163.com　网址:www.stmpress.cn)

印刷:武汉乐生印刷有限公司

开本:850×1168　　1/16　　印张:18.75　　字数:517 千字

版次:2014 年 8 月第 1 版　　2021 年 7 月第 2 版

　　　2023 年 8 月第 2 版第 2 次印刷

ISBN 978-7-307-22399-8　　　　定价:55.00 元

特别提示

教学实践表明,有效地利用数字化教学资源,对于学生学习能力以及问题意识的培养乃至怀疑精神的塑造具有重要意义。

通过对数字化教学资源的选取与利用,学生的学习从以教师主讲的单向指导模式转变为建设性、发现性的学习,从被动学习转变为主动学习,由教师传播知识到学生自己重新创造知识。这无疑是锻炼和提高学生的信息素养的大好机会,也是检验其学习能力、学习收获的最佳方式和途径之一。

本系列教材在相关编写人员的配合下,逐步配备基本数字教学资源,主要内容包括:

文本:课程重难点、思考题与习题参考答案、知识拓展等。

图片:课程教学外观图、原理图、设计图等。

视频:课程讲述对象展示视频、模拟动画,课程实验视频,工程实例视频等。

音频:课程讲述对象解说音频、录音材料等。

数字资源获取方法:

① 打开微信,点击"扫一扫"。

② 将扫描框对准书中所附的二维码。

③ 扫描完毕,即可查看文件。

更多数字教学资源共享、图书购买及读者互动敬请关注"开动传媒"微信公众号!

第2版前言

经过六年的使用和检验以及高校师生和社会自学人员反馈认为,本书内容系统,知识点的展开和阐述准确、易懂。本书发行使用期间,受到使用者广泛的好评。

2019 年,国家和地方有关主管部门相继出台了关于工程计量与计价的诸多政策和新的计价定额。因此,本书也随之进行了修订和完善。再版工作在编审人员的共同努力下完成。第 2 版书的内容,较第 1 版有了更新且更加完善。

2013 年,中华人民共和国住房和城乡建设部在 2003 年和 2008 年发布并实施的两版《建设工程工程量清单计价规范》的基础上重新修订和发布了《建设工程工程量清单计价规范》(GB 50500—2013)以及各个专业工程量计算规范,这标志着工程计量与计价理论的成熟,也标志着工程计量与计价的模式更加规范、更具可操作性。

为了更好地归纳和总结工程计量与计价的方法,更好地理解和掌握新规范的内涵,为了提高工程造价及相关专业的教育教学水平,我们聚集了各个高校工程造价专业资深教师,聘请吉林省工程造价管理机构资深计量与计价专家加盟本书的编写,他们经过潜心研究和精心整理编写了本书。

本书系统介绍了建筑与装饰工程计量与计价的理论与方法。本书在定额计价法、工程量清单计价法、招标最高限价和投标报价编制等主要章节都有案例。本书最大的特色是通过案例详细讲解了定额计量规则和清单工程量计算规则,将 2013 版的计价规范分专题进行了详细解读。本书是一本讲解透彻、通俗易懂的好教材。

本书编写分工如下:吉林建筑大学经济与管理学院宋敏编写第 1 章、第 4 章、第 5 章、第 7 章;东北电力大学冯丽杰编写第 2 章、第 6 章定额计量部分;吉林建筑科技学院钟欣编写第 3 章、第 6 章清单计量部分、第 8 章;蒋芳(吉林大学在读博士)编写第 9 章、第 10 章部分;吉林建筑科技学院殷大路编写第 10 章部分及二维码内容;吉林省建筑业协会工程造价专业委员会吕志编写本书案例。全书由宋敏统稿。本书在编写过程中,参考了有关著作与教材,亦参考了一些论文,特向有关作者致谢。

本书有幸请到天津理工大学管理学院院长尹贻林教授进行审阅,在此致谢!

由于时间仓促,书中不足与失误之处在所难免,敬请读者批评指正。

编者

2021 年 7 月

第1版前言

　　2013 年，中华人民共和国住房和城乡建设部在 2003 年和 2008 年发布并实施的两版《建设工程工程量清单计价规范》的基础上重新修订和发布了《建设工程工程量清单计价规范》（GB 50500—2013）以及各个专业工程量计算规范，这标志着工程计量与计价理论的成熟，也标志着工程计量与计价的模式更加规范，更具可操作性。

　　为了更好地归纳和总结工程计量与计价的方法，更好地理解和掌握新规范的内涵，提高工程造价及相关专业的教育教学水平，我们聚集各个高校工程造价专业资深教师，聘请吉林省工程造价管理机构资深计量与计价专家加盟，经过潜心研究和精心整理，共同编写了本书。

　　本书系统介绍了建筑与装饰工程计量与计价的理论与方法。本书的最大特色是用案例详细讲解了定额计量规则和清单工程量计算规则，将《建设工程工程量清单计价规范》（GB 50500—2013）分专题进行了详细解读，讲解透彻、通俗易懂。

　　本书由吉林建筑大学宋敏、北华大学杨帆、东北电力大学冯丽杰担任主编；吉林建筑大学城建学院蒋芳、殷大路，吉林省造价管理站吕志担任副主编。具体编写分工如下：宋敏（第 1 章、第 4 章、第 5 章、第 7 章），杨帆（第 3 章、第 6 章清单计量部分、第 8 章），冯丽杰（第 2 章、第 6 章定额计量部分），蒋芳（第 9 章、第 10 章），吕志（建筑工程计价例题），殷大路（本书课件，可扫描下方二维码获取）。全书由宋敏统一修改、定稿。

　　由于本书篇幅所限，请读者自行到出版社网站下载吉林省造价管理站吕志编写的建筑工程计价例题数字教学资源。

　　天津理工大学管理学院院长尹贻林教授担任本书主审，详细审阅了编写大纲和全部书稿，并提出了宝贵的修改意见，特此感谢。

　　本书在编写过程中参考了相关著作，在此特向有关作者致谢。

　　由于时间仓促，书中的不足与失误在所难免，敬请读者批评指正。

编　者

2014 年 6 月

目　录

数字资源目录

1 绪　论

◎ 内容提要

　　本章的主要内容为工程造价的发展历程、建设项目的概念、工程造价的两个含义及特点、工程计量和计价的基本概念。本章的教学重点和难点是工程造价的含义、工程计量和计价的概念。

◎ 能力要求

　　通过本章的学习,学生应掌握工程造价的含义、工程计量和计价的概念,了解工程造价的发展历程,为以后深入学习打下基础。

重难点

　　在现代社会中,"工程"一词有广义和狭义之分。就狭义而言,可将工程定义为以某组设想的目标为依据,应用有关的科学知识和技术手段,通过一群人的有组织活动将某个(或某些)现有实体(自然的或人造的)转化为具有预期使用价值的人造产品的过程。就广义而言,则可将工程定义为一群人为达到某种目的,在一个较长时间周期内进行协作活动的过程。

　　建设工程属于固定资产投资对象,一般分为建筑工程、设备安装工程、桥梁工程、公路工程、铁路工程、隧道工程、水利工程等。固定资产的建设活动一般通过具体的建设项目实施。

　　建设项目就是一个固定资产投资项目,是指将一定量的投资,在一定的约束条件下,按照一定的科学程序,经过决策和实施等一系列活动过程,最终形成固定资产特定目标的一次性建设任务。

　　建设工程从筹建到竣工验收合格后交付使用的整个建设过程,必须有资金的投入才能完成。投入的资金(即建设工程投资)一般分为两类:固定资产投资和流动资产投资。固定资产投资是保证建设工程施工正常进行的必要资金。建设工程投资的准确计算是实现建设工程建设目标的基本保证。我们不仅要关心和重视建设工程中建设产品的质量,保证建设过程的工期和安全,还要关心和重视对建设工程投资的准确计算和管理。这就要借助非常重要的工程造价学科。

　　工程造价从最初的家居建设项目成本控制,一直发展到现在对大型或超大型工程项目的造价管理。在这期间,人们经历了几千年的不断学习、不断总结经验和不断探索与创新的过程。至今人们还在不懈地努力,不断地延续这一过程,从而使工程造价的理论与方法得以不断进步和发展,以适应人类社会不断进步的需要。

1.1　工程造价活动的发展历史

工程造价是一种古老的与人类工程建造活动同步发展的活动。它的发展历史与人类的发展史息息相关。

1.1.1　我国工程造价活动的发展历史

我国的工程估价活动从很早就开始了。在我国历朝历代的发展过程中，许多朝代的官府都大兴土木，建筑规模宏大，技术和质量水平都很高。历代工匠积累了丰富的建筑技术和工程造价方面的经验，再经过官员的归纳、整理，逐步形成了工程项目施工管理、造价管理理论和方法的初始形态。据春秋末至战国初期的科学技术名著《考工记》中"匠人为沟洫"一节的记载，早在2000多年前，我们中华民族的先人就已经规定：凡修筑沟渠堤防，一定要先以匠人一天修筑的进度为参照，再以一里工程所需的匠人数和天数来预算这个工程所需的劳力数，方可调配人力，进行施工。这是人类最早的关于工程造价预算、工程施工控制和工程造价控制方法的文字记录之一。另据《辑古纂经》的记载，我国在唐代的时候就已经有了夯筑城台的定额——"功"。北宋时期李诚（主管建筑的大臣）所著的《营造法式》一书，汇集了北宋以前建筑造价管理技术的精华。该书中的"料例"和"功限"，就是我们现在所说的"材料消耗定额"和"劳动消耗定额"。这是人类采用定额进行工程造价管理的最早的明文规定和文字记录之一。

中华人民共和国成立后，我国工程造价的发展主要经历了四个阶段：

① 第一阶段：1949年中华人民共和国成立后，国家高度重视国民经济的发展，投入了大量资金搞经济建设。从那时起，工程造价这一行业便发挥着举足轻重的作用，影响着整个国民经济的发展。鉴于当时的实际情况，没有制定出一套比较完整的计价办法。为了适应当时大规模基本建设的需要，我国学习了苏联的一套预、决算计价方法，即"定额"计价模式。

② 第二阶段：20世纪50年代中期到90年代初期，我国采取的是由政府统一预算定额与单价的工程造价模式。这一阶段持续时间最长，影响最为深远。这时期工程造价采用统一的工程量计算规则计算出工程的直接费用，再按照规定计算出相关的间接费用，最终确定工程的概算造价或预算造价。

③ 第三阶段：20世纪90年代至2003年，造价管理主要沿袭了以前的造价管理模式，但是随着经济的发展，也在传统管理方法的基础上对预算定额计价模式提出了"控制量，放开价，引入竞争"的基本改革思路，进一步明确了市场价格信息，并适时做出了新的调整。

④ 第四阶段：2003年3月至今，以国家相关部门颁布《建设工程工程量清单计价规范》（GB 50500—2013）为标志，我国开始了与国际工程造价计价模式接轨的工程计量与计价新模式。其主要特点是工程造价在国家定额的指导下，结合工程情况、市场竞争情况及各种风险因素，以统一的工程量计算规则和统一的施工项目进行综合单价报价，并以此为竣工结算依据。

我国工程计量、计价和工程造价的管理活动体系不断改进，不断趋于完善，不断适应社会发展，目前已经逐渐过渡到以市场机制为主导，由政府职能部门实行协调、监督的新管理模式，对促进我国国民经济的发展起着巨大的作用。

1.1.2　国外工程造价活动的发展历史

16世纪初，英国资本主义发展，需要兴建大批厂房；农民失去土地涌入城市，需要大量住房。

这促进了建筑业的发展。工程数量和规模的扩大,要求对已完工工程进行测量、算料、估价,从事这些工作的人员逐渐专业化,最终被称为工料测量师,并沿用至今。

20世纪70年代末,建筑业中有了一种普遍认识,认为仅仅关注工程建设的初始(建造)成本是不够的,还应考虑工程交付使用后的维修和运行成本。20世纪80年代,以英国工程造价管理学界为主,提出了"全生命周期造价管理(Life Cycle Costing,LCC)"的工程项目投资评估和造价管理的理论与方法。

1991年,美国造价工程师协会在学术年会上提出了"全面造价管理(Total Cost Management,TCM)"的概念和理论,为此该协会于1992年更名为"国际全面造价管理促进协会(AACE-I)"。20世纪90年代以来,人们对全面造价管理的理论与方法进行了广泛的研究,但是自20世纪90年代初提出工程项目全面造价管理概念至今,全世界对全面造价管理的研究仍然停留在对有关概念和原理的研究。1998年6月于美国辛辛那提举行的国际全面造价管理促进协会1998年度学术年会上,国际全面造价管理促进协会仍然把这次会议的主题定为"全面造价管理——21世纪的工程造价管理技术"。这一主题一方面告诉我们全面造价管理的理论和技术方法是面向未来的;另一方面也告诉我们全面造价管理的理论和方法至今尚未成熟,还需要不断完善,但是它是21世纪工程造价管理的主流方法。

随着科学技术的不断发展,人类文明的不断进步,工程造价学科在社会中的应用越来越广泛,对社会各个行业的影响越来越巨大,社会对工程造价专业人才的需求在逐年增加,工程造价行业的前景是光明的。这就要求我们认真学习和掌握工程造价的相关理论知识和技能,以适应工程造价行业发展的需要。

1.2 建设项目的分解

任何一个建设项目都由若干个相互联系又相对独立的个体组成。为了清晰准确地对建设项目进行投资估算,对计算单元准确地进行计量和计价,就必须科学地对一个建设项目进行分解。根据我国现行有关规定,我们可将一个建设项目逐层分解为单项工程、单位工程、分部工程和分项工程。

1.2.1 建设项目

建设项目应满足下列条件:有一个总体设计;由若干个相互关联的单项工程构成;建设过程中实行统一核算,统一管理。如一所学校的校区建设、一个工厂的厂区建设等都属于建设项目。

1.2.2 单项工程

单项工程是指在一个建设项目中,具有独立设计文件,能够独立施工,建成后能够独立发挥生产能力或产生投资效益的工程项目。单项工程是建设项目的组成部分,一个建设项目可以仅包含一个单项工程,也可以包含多个单项工程。如一所学校校区建设中的一座办公楼、一座教学楼等工程都可以叫作单项工程。

1.2.3 单位工程(子单位工程)

单位工程是指具备独立设计文件、独立施工条件并能形成独立使用功能的工程。对于建设规模较大的单位工程,可将其能形成独立使用功能的部分作为一个子单位工程。单位工程是单项工程的组成部分,也可能是整个建设项目的组成部分。如一座工业厂房这个单项工程,就由土建工程、设备工程等单位工程组成。

1.2.4　分部工程（子分部工程）

分部工程是指单位工程按照专业性质、建筑部位等划分的工程。如建筑工程可划分为地基与基础、主体结构、装饰装修、屋面工程等分部工程。

当分部工程较大、较复杂时，还可以按照一定的划分原则将其划分为若干个子分部工程。如主体结构分部工程可以细分为混凝土结构、砌体结构、钢结构等子分部工程。

1.2.5　分项工程

分项工程是指分部工程按照主要工种、材料、施工工艺、设备类型等划分的工程。如土方开挖、土方回填、钢筋工程等都叫作分项工程。分项工程是施工生产活动的基础，是计量、计价的基本计算单元。

1.3　工程建设程序与计价

一个建设项目的投资建设过程是要遵循一定的建设规律和程序的。违背了建设规律和程序，建设项目的建设就会出现诸多问题，投资效益就会受到一定的影响，甚至会造成项目投资失败。一般来讲，一个建设项目包括三个大的阶段：策划决策阶段、实施阶段及项目运营和后评价阶段。一个建设项目要经历一个建设周期才能建成，形象一点说就是一个建设项目是有生命周期的。建设项目的生命周期分为决策阶段、实施阶段和运营阶段。随着建设周期实施阶段的开展，在每个建设阶段都要进行计价，用计价结果来进行项目决策，设计方案比选，施工单位选择，投资控制，最后进行竣工结算和预决算，确定实际投资数额，分析投资效益。所以，工程计价随着建设程序的推进，会形成一系列计价结果。

1.3.1　项目策划决策阶段

项目策划决策阶段是项目建设的最初阶段，主要包括编报项目建议书和编制可行性研究报告两项工作内容。

1.3.1.1　编报项目建议书

项目建议书是要求建设某一具体建设项目的建议文件，是投资决策前对拟建项目的轮廓设想。其主要作用是推荐建设项目，以便在一个确定的地区或部门内，以自然资源和市场预测为基础选择建设项目。

1.3.1.2　编制可行性研究报告

可行性研究是指在项目建议书被批准后，对项目在技术上和经济上是否可行所进行的科学分析和论证。其最终成果为可行性研究报告。

可行性研究主要研究评价项目在技术上的先进性和适用性、在经济上的盈利性和合理性以及建设的可能性和可行性。它是确定建设项目、进行初步设计的根本依据。

在这一阶段，要进行的计价工作是投资估算。

1.3.2　勘察设计阶段

任何一项工程都有特定的用途、功能和规模，因此，对每一项工程的结构、造型、空间分割、设备配置和内外装饰都有具体的要求，致使其工程内容和实物形态具有个别性、差异性。产品的差异性决定了工程造价的个别性。

1.3.2.1 勘察阶段

勘察阶段主要是指根据项目初步选址建议,对拟建场地的岩土、水文地质等方面进行勘察,提出勘察报告,为设计做好充分准备。

1.3.2.2 设计阶段

落实建设地点,通过设计招标或设计方案比选确定设计单位后,就可以开始设计工作了。设计过程一般分为初步设计和施工图设计两个阶段。对于大型复杂项目,可根据不同行业的特点和需要,在初步设计之后增加技术设计阶段。

初步设计阶段要进行的计价工作为设计概算。设计概算是初步设计被批准的主要指标。初步设计经主管部门批准后,才能进入设计阶段。

在技术设计阶段和施工图设计阶段,计价工作的内容为进行设计概算的修正和施工图预算。

1.3.3 建设准备阶段

建设准备阶段包括对项目的勘察、设计、施工、资源供应、咨询服务等方面的准备及项目建设各种批文的办理。因为勘察设计阶段单独成了项目建设的一个阶段,所以这里的建设准备阶段主要包括落实建设条件,进行“三通一平”,选择监理单位、施工单位和材料设备供应商,办理施工许可证等工作。

在这一阶段,招标方的计价工作主要包括进行招标标底或招标控制价的计算,投标方的计价工作为进行投标报价的计算。招标方和投标方进行计价工作的目的,是进行施工合同的签订,形成合同造价。

1.3.4 施工阶段

在施工阶段,承包商按照设计进行施工,建成工程实体,实现项目质量、进度、投资、安全、环保等目标。

在施工阶段,计价工作的主要内容为施工过程的工程结算。

1.3.5 竣工验收阶段

竣工验收是全面考核建设成果、检验设计和施工质量的重要步骤,也是建设项目投入生产和使用的标志。

在这一阶段,计价工作的主要内容为进行竣工结算和决算。

1.3.6 考核评价阶段

建设项目考核评价是指工程项目竣工投产、生产运营一段时间后,对项目的立项决策、设计施工、竣工投产、生产运营和建设效益等进行系统评价的一种技术活动,是固定资产管理的一项重要内容,也是固定资产投资管理的最后一个环节。建设项目考核评价主要包括影响评价、经济效益评价、过程评价三个方面。

1.4 工程计量与计价

工程造价的计算原理是将工程项目(建筑产品)分解为构造单元,将构造单元的实际完成数量

度量出来,将度量结果乘以构造单元的单价得出构造单元的制造成本,再加上其他费用即可。从工程造价的计算原理中不难看出,工程计量与计价是工程造价形成过程中必不可少的关键环节和步骤,没有正确的工程计量和计价,就没有正确的工程造价结果。所以,要想得到符合项目本身客观的工程造价结果,就必须正确进行工程计量和计价。

1.4.1　工程计量

工程计量就是对工程项目构造单元实际完成数量的度量。工程计量的结果在工程造价确定中叫作工程量。工程量是以物理计量单位或自然计量单位表示的各个分项工程和结构构件(工程造价的构造单元)的数量。工程计量有国家或地区、行业的统一度量规则。对规则的正确理解和使用是工程计量的关键。目前,我国工程计量的规则有两种:定额工程计量规则和工程量清单计量规则。对这两种规则的详细分析和使用是后面章节的重点和难点。

1.4.2　工程计价

工程计价就是工程造价的计算过程。工程计价过程的科学性与准确性直接影响着工程造价的结果,所以工程计价是工程造价确定的关键环节和步骤。目前,我国工程计价的方法有两种:定额计价方法和工程量清单计价方法。这两种方法的正确选择和使用是后面章节的重点和难点。

1.5　我国工程造价专业的发展方向

(1) 持续推进工程量清单计价方法的实施

工程量清单计价方法体现了承包企业的整体实力,满足了平等竞争的需要,有利于获得最合理的工程造价,也有利于项目控制投资。工程量清单计价方法是建立在充分完善的市场和工程担保制度基础之上的国际通用计价方法,也是无标底合理低价中标的主要计价模式。为了增强国际工程承包的竞争力,我们应当积极创造条件,持续推进实施工程量清单计价方法,继续完善和改革现行工程造价计价依据及计价办法。

(2) 完善标准和企业定额,提高竞争力

实行工程量清单计价有利于促进社会生产力的发展。采用清单招投标时,中标价是经过充分竞争形成的。中标价应是采用先进、合理、可靠且最佳的施工方案计算出的价格,是承包企业个别成本的体现。这种办法的实施,需要承包企业有体现自己管理水平和劳动生产率的企业定额,所以承包企业要想提高竞争力,就必须完善标准和企业定额。

(3) 定期培训,继续教育,提高造价从业人员的整体素质

造价工程师应具备复合型的知识结构,同时现代知识更新速度很快,因此造价工程师需要通过继续教育和定期培训补充、完善、更新所掌握的知识内容,了解新的知识动态。定期对取得执业资格后的专业人员进行执业能力考核、评审,选培一批职业道德好、业务水平高、能充分满足社会需求的造价工程师,使他们以独立的专业地位,以科学的管理方法为业主、承包商、政府管理部门等提供服务。同时通过学习国外工程造价管理的先进技术,先进的科学管理方法等,与国际同行进行合作、交流,培养一批精通国际工程造价操作理论与业务、技术综合能力强并有创新精神的人才,使我们的造价工程师队伍在国际舞台上占有一席之地。

知识归纳

(1) 建设项目就是一个固定资产投资项目,是指将一定量的投资,在一定的约束条件下,按照一定的科学程序,经过决策和实施等一系列活动过程,最终形成固定资产特定目标的一次性建设任务。

(2) 建设项目的分解:

① 单项工程;

② 单位工程(子单位工程);

③ 分部工程(子分部工程);

④ 分项工程。

(3) 建设程序与计价。

① 建设项目生命周期:策划决策,勘察设计,建设准备,施工,生产准备,竣工验收,运营和后评价。

② 计价工作始终伴随着建设程序的每个阶段。

(4) 工程计量就是对工程项目构造单元实际完成数量的度量。工程计量的结果在工程造价确定中叫作工程量。

(5) 工程计价就是工程造价的计算过程。工程计价过程的科学性与准确性直接影响着工程造价的结果,所以工程计价是工程造价确定的关键环节和步骤。

思考题

1-1 简述建设工程的概念及分类。

1-2 简述建设项目的概念。

1-3 简述我国工程造价发展史。

1-4 简述国外工程造价发展史。

1-5 简述工程造价的含义。

1-6 工程造价的特点是什么?

1-7 什么是工程计量?

1-8 什么是工程计价?

思考题答案

参考文献

[1] 全国造价工程师执业资格考试培训教材编审委员会.建设工程计价.北京:中国计划出版社,2013.

[2] 吉林省住房和城乡建设厅.JLJD-FY—2014 吉林省建设工程费用定额.长春:吉林人民出版社,2013.

[3] 方俊,宋敏.工程估价:上册.武汉:武汉理工大学出版社,2008.

[4] 吉林省住房和城乡建设厅.JLJD-JZ—2014 吉林省建筑工程计价定额.长春:吉林人民出版社,2013.

[5] 郭婧娟.工程造价管理.北京:清华大学出版社,2008.

2 工程造价的构成

🎯 **内容提要**

　　掌握建设工程造价的构成及计算方法是学习工程造价的基础。本章作为全书的基础知识部分,主要介绍了我国建设工程造价的构成,主要内容包括建筑安装工程费用的构成和固定资产费用的构成等。本章的教学重点及难点为我国建设工程造价的构成与计算方法,建设期贷款利息的计算方法。

◎ **能力要求**

　　通过本章的学习,学生应了解建设工程造价的基本概念,掌握我国建设工程造价的构成与计算方法、建设期贷款利息的计算方法,了解固定资产及预备费的计算。

重难点

2.1 概　　述

2.1.1　工程造价的计价特征

2.1.1.1　计价的单件性

　　每个工程项目都有自己特定的使用功能、建造标准和建设工期。工程项目所处的位置、气候状况、规模等都是不同的,其所在地区的市场因素、技术经济条件、竞争因素也存在差异。这些产品的个体差异决定了每个工程项目都必须单独计价。

2.1.1.2　计价的多次性

　　建设工程建造周期长,规模大,造价高,按照基本建设程序必须分阶段进行,相应地要在不同阶段进行多次估价,以保证工程造价管理与控制的科学性。

2.1.1.3　计价的组合性

　　工程造价的计算是分部组合而成的。其计算过程和计算顺序是:分部分项工程单价→单位工程造价→单项工程造价→建设项目总造价。

2.1.1.4　方法的多样性

　　工程造价的多次计价有各不相同的计价依据,对造价的精度要求也各不相同,这就决定了计价方法的多样性特征。计算概算、预算造价的方法有单价法和实物法等,计算投资估算的方法有设备系数法、生产能力指数法等。

2.1.1.5　依据的复杂性

　　由于影响造价的因素多,故计价依据具有复杂性,且种类繁多。计价依据主要可以分为以下八类：

　　① 计算工程量的依据。

　　② 计算人工、材料、机械等实物消耗量的依据,包括投资估算指标、概算定额、预算定额等。

　　③ 计算工程单价的价格依据,包括人工单价、材料价格、材料运杂费、机械台班费等。

　　④ 计算其他直接费、现场经费、间接费和工程建设其他费用等各种费率的依据。

　　⑤ 计算设备单价的依据。

　　⑥ 政府的法规。

　　⑦ 同类工程造价资料。

　　⑧ 计算工程建设其他费用的依据。

2.1.2　工程造价的相关概念

2.1.2.1　建设项目总投资

　　建设项目总投资是指建设项目的投资方在选定的建设项目上所需投入的全部资金。建设项目一般是指在一个总体规划和设计范围内,实行统一施工、统一管理、统一核算的工程,它往往由一个或数个单项工程组成。建设项目按用途可分为生产性建设项目和非生产性建设项目。生产性建设项目总投资包括固定资产投资和铺底流动资金在内的流动资产投资两部分;而非生产性建设项目总投资只包括固定资产投资,不含流动资产投资。建设项目总投资中的固定资产投资与建设项目的工程造价在数量上相等。

2.1.2.2　固定资产投资

　　在我国,固定资产投资通常包括基本建设投资、更新改造投资、房地产开发投资和其他固定资产投资四部分。建设项目的固定资产投资也就是建设项目的工程造价,其中建筑安装工程投资也就是建筑安装工程造价。

2.1.2.3　建筑安装工程造价

　　建筑安装工程造价是典型的生产领域价格,是建设项目总投资中的建筑安装工程投资,是建设项目造价的重要组成部分。投资者和承包商之间是完全平等的买方与卖方的商品交换关系,建筑安装工程的实际造价是买卖双方共同认可的由市场形成的价格。

2.1.2.4　投资估算

　　其是指在编制项目建议书和进行可行性研究阶段对拟建项目所需投资,通过编制估算文件预先测算和确定的过程。其也可表示估算出的建设项目的投资额,或称估算造价。

2.1.2.5　设计概算

　　其是指在初步设计阶段,根据设计意图,通过编制工程概算文件预先测算和确定的工程造价。

2.1.2.6　施工图预算

　　其是指在施工图设计阶段,根据施工图纸,通过编制预算文件预先测算和确定的工程造价。

2.2　建设项目总投资及工程造价的构成

　　从图 2-1 中可以看出,建设项目总投资包含固定资产投资和流动资产投资两部分。建设项目固定资产投资(即工程造价)由设备及工器具购置费用、建筑安装工程费用、工程建设其他费用、预备费、建设期贷款利息和固定资产投资方向调节税构成。

图 2-1　我国现行的建设项目总投资及工程造价的构成

2.2.1　建筑安装工程费用的内容

2.2.1.1　建筑工程费用的内容

① 各类房屋建筑工程和列入房屋建筑工程预算的供水、供暖、卫生、通风、煤气等设备费用，机器装设、油饰工程的费用；列入建筑工程预算的各种管道、电力、电信和电缆导线敷设工程的费用。

② 设备基础、支柱、工作台、烟囱、水塔、水池等建筑工程以及各种炉窑砌筑工程和金属结构工程的费用。

③ 为施工而进行的场地平整，工程和水文地质勘察，原有建筑物和障碍物的拆除以及施工临时用水、电、气、路和完工后的场地清理，环境绿化、美化等工作的费用。

④ 矿井开凿、井巷延伸、露天矿剥离，修建石油、天然气钻井，修建铁路、公路、桥梁、水库、堤坝、灌渠及防洪等工程的费用。

2.2.1.2　安装工程费用的内容

① 生产、动力、起重、运输、传动和医疗、实验等各种需要安装的机械设备的装配费用，与设备相连的工作台、梯子、栏杆等设施的工程费用，附属于被安装设备的管线敷设工程费用，以及被安装设备的绝缘、防腐、保温、油漆等工作所需的材料费和安装费。

② 测定安装工程质量，对单台设备进行单机试运转，对系统设备进行系统联动无负荷试运转工作的调试费。

2.2.2　建筑安装工程费用构成要素的计算方法

我国现行建筑安装工程费用按照费用构成要素可划分为人工费、材料费、施工机具使用费、企业管理费、利润、规费和税金。其中人工费、材料费、施工机具使用费、企业管理费和利润包含在分部分项工程费、措施项目费和其他项目费中。其具体构成如图 2-2 所示。

2.2.2.1　人工费

人工费是指按工资总额构成的规定，支付给从事建筑安装工程施工的生产工人和附属生产单位工人的各项费用。其内容包括：

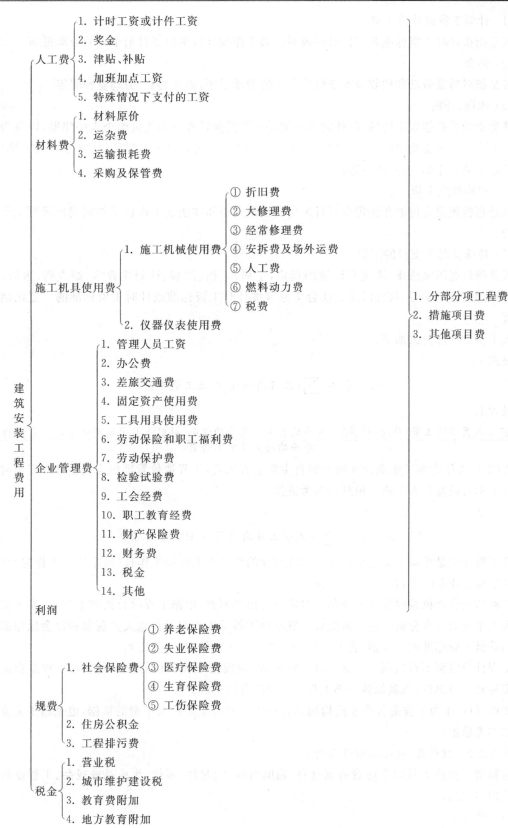

图 2-2　建筑安装工程费用的构成（按费用构成要素划分）

（1）计时工资或计件工资

其是指按计时工资标准和工作时间或对已做工作按计件单价支付给个人的劳动报酬。

（2）奖金

其是指对超额劳动和增收节支支付给个人的劳动报酬，如节约奖、劳动竞赛奖等。

（3）津贴、补贴

其是指为了补偿职工特殊、额外的劳动消耗或因其他特殊原因支付给个人的津贴，以及为了保证职工工资水平不受物价影响而支付给个人的物价补贴，如流动施工津贴、特殊地区施工津贴、高温（寒）作业临时津贴、高空津贴等。

（4）加班加点工资

其是指按规定支付的在法定节假日工作的加班工资和在法定工作日工作时间外延时工作的加点工资。

（5）特殊情况下支付的工资

其是指根据国家法律、法规和政策的规定，生病、工伤、产假、计划生育假、婚丧假、事假、探亲假、定期休假、停工学习、执行国家或社会义务等按计时工资标准或计时工资标准的一定比例支付的工资。

人工费的计算公式如下：

公式1：

$$人工费 = \sum (工日消耗量 \times 日工资单价) \tag{2-1}$$

日工资单价

$$= \frac{生产工人月平均工资(计时、计件) + 月平均奖金 + 月平均津贴、补贴 + 月平均特殊情况下支付的工资}{年平均每月法定工作日}$$

式（2-1）可作为施工企业投标报价时自主确定人工费，工程造价管理机构编制计价定额时确定定额人工单价或发布人工成本信息的参考依据。

公式2：

$$人工费 = \sum (工程工日消耗量 \times 日工资单价) \tag{2-2}$$

日工资单价是指施工企业平均技术熟练程度的生产工人在每工作日（国家法定工作时间内）按规定从事施工作业时应得的日工资总额。

工程造价管理机构确定日工资单价时应通过市场调查，根据工程项目的技术要求，参考实物工程量人工单价后综合分析确定。最低日工资单价不得低于工程所在地人力资源和社会保障部门所发布的最低工资标准的 1.3 倍（普工）、2 倍（一般技工）、3 倍（高级技工）。

工程计价定额不可只列一个综合日工资单价，应根据工程项目的技术要求和工种差别适当划分为多种日工资单价，以确保各分部工程人工费的合理构成。

式（2-2）可作为工程造价管理机构编制计价定额时确定定额人工费的依据，也是施工企业投标报价的参考依据。

2.2.2.2 材料费（包括工程设备费）

材料费是指施工过程中耗费的原材料、辅助材料、构配件、零件、半成品或成品、工程设备的费用。其内容包括：

（1）材料原价

其是指材料、工程设备的出厂价格或商家供应价格。

（2）运杂费

其是指材料、工程设备自来源地运至工地仓库或指定堆放地点所发生的全部费用。

（3）运输损耗费

其是指材料在运输装卸过程中不可避免的损耗所发生的费用。

（4）采购及保管费

其是指为组织采购、供应和保管材料、工程设备过程中所需要的各项费用，包括采购费、仓储费、工地保管费、仓储损耗费。

工程设备是指构成或计划构成永久工程一部分的机电设备、金属结构设备、仪器装置及其他类似的设备和装置。

材料费和工程设备费的计算公式如下：

材料费：

$$材料费 = \sum(材料消耗量 \times 材料单价) \tag{2-3}$$

$$材料单价 = (材料原价 + 运杂费) \times [1 + 运输损耗率(\%)] \times [1 + 采购保管费费率(\%)] \tag{2-4}$$

工程设备费：

$$工程设备费 = \sum(工程设备量 \times 工程设备单价) \tag{2-5}$$

$$工程设备单价 = (设备原价 + 运杂费) \times [1 + 采购保管费费率(\%)] \tag{2-6}$$

2.2.2.3 施工机具使用费

施工机具使用费是指施工作业中发生的施工机械、仪器仪表的使用或租赁费用。

（1）施工机械使用费

其以施工机械台班耗用量乘以施工机械台班单价表示。施工机械台班单价应由下列七项费用组成：

① 折旧费：指施工机械在规定的使用年限内陆续收回其原值的费用。

② 大修理费：指施工机械按规定的大修理间隔台班进行必要的大修理，以恢复其正常功能所需的费用。

③ 经常修理费：指施工机械除大修理以外的各级保养和临时故障排除所需的费用，包括为保障机械正常运转所需替换设备与随机配备工具、附具的摊销和维护费用，机械运转中日常保养所需润滑与擦拭材料的费用及机械停滞期间的维护和保养费用等。

④ 安拆费及场外运费：安拆费指施工机械（大型机械除外）在现场进行安装与拆卸所需的人工、材料、机械和试运转费用以及机械辅助设施的折旧、搭设、拆除等的费用；场外运费指施工机械整体或分体自停放地点运至施工现场或由一施工地点运至另一施工地点的运输、装卸、辅助材料及架线等的费用。

⑤ 人工费：指机上司机（司炉）和其他操作人员的人工费。

⑥ 燃料动力费：指施工机械在运转作业中所消耗的各种燃料及水、电等的费用。

⑦ 税费：指施工机械按照国家规定应缴纳的车船使用税、保险费及年检费等。

（2）仪器仪表使用费

其是指工程施工所需使用的仪器仪表的摊销及维修费用。

施工机具使用费的计算公式如下：

施工机械使用费：

$$施工机械使用费 = \sum(施工机械台班消耗量 \times 机械台班单价)$$

$$\left.\begin{array}{l} 机械台班单价=台班折旧费+台班大修费+台班经常修理费+台班安拆费及场外运费+ \\ 台班人工费+台班燃料动力费+台班养路费及车船使用费 \end{array}\right\}(2\text{-}7)$$

注：工程造价管理机构在确定计价定额中的施工机械使用费时，应根据建筑施工机械台班费用计算规则，并结合市场调查编制施工机械台班单价。施工企业可以参考工程造价管理机构发布的台班单价自主确定施工机械使用费的报价。如对租赁施工机械，公式为：施工机械使用费＝$\sum$（施工机械台班消耗量×机械台班租赁单价）。

仪器仪表使用费：

$$仪器仪表使用费 = 工程使用的仪器仪表摊销费 + 维修费$$

2.2.2.4　企业管理费

企业管理费是指建筑安装企业组织施工生产和经营管理所需的费用。其内容包括：

（1）管理人员工资

其是指按规定支付给管理人员的计时工资，奖金，津贴、补贴，加班加点工资及特殊情况下支付的工资等。

（2）办公费

其是指企业管理用的文具、纸张、账表、印刷、邮电、书报、办公软件、现场监控、会议、水电、烧水和集体取暖/降温（包括现场临时宿舍取暖/降温）等的费用。

（3）差旅交通费

其是指职工因公出差、调动工作发生的差旅费、住勤补助费，市内交通费和误餐补助费，职工探亲路费，劳动力招募费，职工退休、退职一次性路费，工伤人员就医路费，工地转移费以及管理部门使用交通工具的油料、燃料的费用等。

（4）固定资产使用费

其是指管理和试验部门及附属生产单位使用的属于固定资产的房屋、设备、仪器等的折旧、大修理、维修或租赁费。

（5）工具用具使用费

其是指企业施工生产和管理使用的不属于固定资产的工具，器具，家具，交通工具和检验、试验、测绘、消防用具等的购置、维修和摊销费。

（6）劳动保险和职工福利费

其是指由企业支付的职工退职金、按规定支付给离休干部的经费、集体福利费、夏季防暑降温补贴、冬季取暖补贴、上下班交通补贴等。

（7）劳动保护费

其是指企业按规定发放的劳动保护用品的支出，如工作服、手套、防暑降温饮料以及在有碍身体健康的环境中施工的保健费用等。

（8）检验试验费

其是指施工企业按照有关标准的规定，对建筑以及材料、构件和建筑安装物进行一般鉴定、检查所发生的费用，包括自设试验室进行试验所耗用材料等的费用。其不包括新结构、新材料的试验费，对构件做破坏性试验及其他特殊要求检验试验的费用和建设单位委托检测机构进行检测的费用。对于此类检测发生的费用，由建设单位在工程建设其他费用中列支。但对施工企业提供的具有合格证明的材料进行检测后发现不合格的，该检测费用由施工企业支付。

（9）工会经费

其是指企业按《中华人民共和国工会法》中规定的全部职工工资总额比例计提的费用。

（10）职工教育经费

其是指按职工工资总额的规定比例计提的，企业对职工进行专业技术和职业技能培训，对专业技术人员进行继续教育，对职工进行职业技能鉴定、职业资格认定以及根据需要对职工进行各类文化教育所发生的费用。

（11）财产保险费

其是指施工管理用车辆等的保险费用。

（12）财务费

其是指企业为施工生产筹集资金或提供预付款担保、履约担保、职工工资支付担保等所发生的各种费用。

（13）税金

其是指企业按规定缴纳的房产税、车船使用税、土地使用税、印花税等。

（14）其他

其包括技术转让费、技术开发费、投标费、业务招待费、绿化费、广告费、公证费、法律顾问费、审计费、咨询费、保险费等。

企业管理费费率的计算公式如下：

以分部分项工程费为计算基础：

$$企业管理费费率=\frac{生产工人年平均管理费}{年有效施工天数×人工单价}×人工费占分部分项工程费的比例（\%）\quad (2-8)$$

以人工费和施工机具使用费的合计为计算基础：

$$企业管理费费率=\frac{生产工人年平均管理费}{年有效施工天数×（人工单价+每工日施工机具使用费）}×100\% \quad (2-9)$$

以人工费为计算基础：

$$企业管理费费率=\frac{生产工人年平均管理费}{年有效施工天数×人工单价}×100\% \quad (2-10)$$

上述公式适用于施工企业投标报价时自主确定管理费的情况，是工程造价管理机构编制计价定额时确定企业管理费的参考依据。

工程造价管理机构在确定计价定额中的企业管理费时，应以定额人工费（或定额人工费+定额机械费）作为计算基数，费率根据历年工程造价积累的资料，辅以调查数据确定，列入分部分项工程和措施项目中。

2.2.2.5 利润

利润是指施工企业完成所承包工程后的盈利。

① 施工企业根据企业自身需求并结合建筑市场的实际自主确定，列入报价中。

② 工程造价管理机构在确定计价定额中的利润时，应以定额人工费（或定额人工费+定额机械费）作为计算基数，其费率根据历年工程造价积累的资料，并结合建筑市场的实际确定，以单位（单项）工程测算。利润在税前建筑安装工程费中的比例可按不低于5%且不高于7%计算。利润应列入分部分项工程和措施项目中。

2.2.2.6 规费

规费是指按国家法律、法规的规定，省级政府和省级有关权力部门规定必须缴纳或计取的费用。其内容包括：

（1）社会保险费

① 养老保险费：指企业按照规定标准为职工缴纳的基本养老保险费。

② 失业保险费：指企业按照规定标准为职工缴纳的失业保险费。

③ 医疗保险费：指企业按照规定标准为职工缴纳的基本医疗保险费。

④ 生育保险费：指企业按照规定标准为职工缴纳的生育保险费。

⑤ 工伤保险费：指企业按照规定标准为职工缴纳的工伤保险费。

（2）住房公积金

其是指企业按规定标准为职工缴纳的住房公积金。

（3）工程排污费

其是指按规定缴纳的施工现场工程排污费。

其他应列而未列入的规费按实际发生的计取。

规费的计算方法如下：

社会保险费和住房公积金应以定额人工费为计算基础，根据工程所在地（省、自治区、直辖市）或行业建设主管部门规定的费率计算。

$$社会保险费和住房公积金 = \sum(工程定额人工费 \times 社会保险费和住房公积金费率) \quad (2-11)$$

式（2-11）中，社会保险费和住房公积金费率可以每万元发承包价的生产工人人工费和管理人员工资的含量与工程所在地规定的缴纳标准综合分析取定。

工程排污费及其他应列而未列入的规费应按工程所在地环境保护等部门规定的标准缴纳，按实际计取列入。

2.2.2.7　税金

税金是指按国家税法规定的应计入建筑安装工程造价内的营业税、城市维护建设税、教育费附加以及地方教育附加。

税金的计算公式如下：

$$税金 = 税前造价 \times 综合税率(\%) \quad (2-12)$$

税金的综合税率（%）计算如下。

① 对于纳税地点在市区的企业：

$$综合税率 = \frac{1}{1-3\%-3\%\times7\%-3\%\times3\%-3\%\times2\%} - 1 \quad (2-13)$$

② 对于纳税地点在县城、镇的企业：

$$综合税率 = \frac{1}{1-3\%-3\%\times5\%-3\%\times3\%-3\%\times2\%} - 1 \quad (2-14)$$

③ 对于纳税地点不在市区、县城、镇的企业：

$$综合税率 = \frac{1}{1-3\%-3\%\times1\%-3\%\times3\%-3\%\times2\%} - 1 \quad (2-15)$$

实行营业税改增值税的，综合税率按纳税地点现行税率计算。

2.2.3　建筑安装工程费用的计价方法

建筑安装工程费用按照工程造价的形成由分部分项工程费、措施项目费、其他项目费、规费、税金组成，分部分项工程费、措施项目费、其他项目费中包含人工费、材料费、施工机具使用费、企业管理费和利润。其具体构成如图2-3所示。

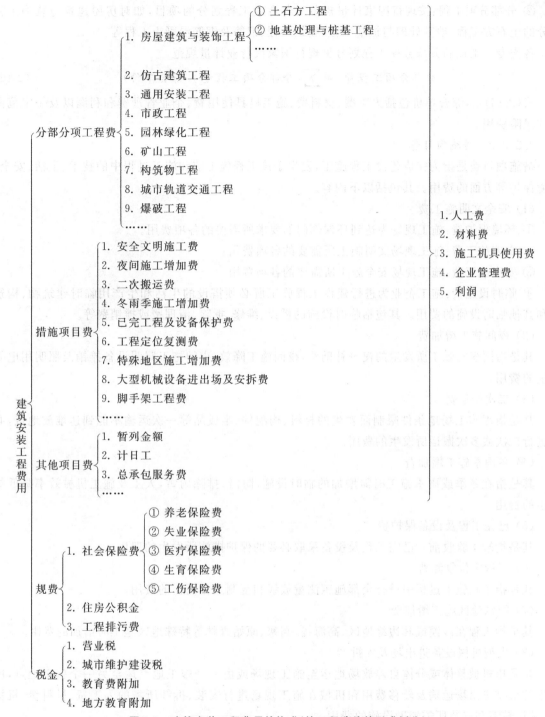

图 2-3　建筑安装工程费用的构成(按工程造价的形成划分)

2.2.3.1　分部分项工程费

分部分项工程费是指各专业工程的分部分项工程应予列支的各项费用。

① 专业工程:现行国家计量规范划分的房屋建筑与装饰工程、仿古建筑工程、通用安装工程、市政工程、园林绿化工程、矿山工程、构筑物工程、城市轨道交通工程、爆破工程等各类工程。

② 分部分项工程：按现行国家计量规范对各专业工程划分的项目，如对房屋建筑与装饰工程划分的土石方工程、地基处理与桩基工程、砌筑工程、钢筋及钢筋混凝土工程等。

各类专业工程的分部分项工程划分见现行国家或行业计量规范。

$$分部分项工程费 = \sum (分部分项工程量 \times 综合单价) \qquad (2\text{-}16)$$

式(2-16)中，综合单价包括人工费、材料费、施工机具使用费、企业管理费和利润以及一定范围内的风险费用。

2.2.3.2　措施项目费

措施项目费是指为完成建设工程施工，发生于该工程施工前和施工过程中的技术、生活、安全、环境保护等方面的费用。其包括以下内容。

（1）安全文明施工费

① 环境保护费：施工现场为达到环保部门的要求所需要的各项费用。

② 文明施工费：施工现场文明施工所需要的各项费用。

③ 安全施工费：施工现场安全施工所需要的各项费用。

④ 临时设施费：施工企业为进行建设工程施工所必须搭设的生活和生产用临时建筑物、构筑物和其他临时设施的费用。其包括临时设施的搭设、维修、拆除、清理费或摊销费等。

（2）夜间施工增加费

其是指因夜间施工所发生的夜班补助费，夜间施工降效、夜间施工照明设备摊销及照明用电等发生的费用。

（3）二次搬运费

其是指因施工场地条件限制而发生的材料、构配件、半成品等一次运输不能到达堆放地点，必须进行二次或多次搬运所发生的费用。

（4）冬雨季施工增加费

其是指在冬季或雨季施工时需增加的临时设施，防滑，排除雨雪，人工及施工机械效率降低等发生的费用。

（5）已完工程及设备保护费

其是指竣工验收前对已完工程及设备采取必要的保护措施所发生的费用。

（6）工程定位复测费

其是指工程施工过程中进行全部施工测量放线和复测工作所需的费用。

（7）特殊地区施工增加费

其是指工程在沙漠或其边缘地区、高海拔、高寒、原始森林等特殊地区施工时增加的费用。

（8）大型机械设备进出场及安拆费

其是指机械整体或分体自停放场地运至施工现场或由一个施工地点运至另一个施工地点，所发生的机械进出场运输及转移费用和机械在施工现场进行安装、拆卸所需的人工费、材料费、机械费、试运转费和安装所需辅助设施的费用。

（9）脚手架工程费

其是指施工需要的各种脚手架搭、拆、运输费用以及脚手架购置费的摊销（或租赁）费用。

措施项目费的计算方法如下。

（1）国家计量规范规定应予以计量的措施项目费

$$措施项目费 = \sum (措施项目工程量 \times 综合单价) \qquad (2\text{-}17)$$

（2）国家计量规范规定不宜计量的措施项目费

① 安全文明施工费。

$$安全文明施工费＝计算基数×安全文明施工费费率(\%) \tag{2-18}$$

计算基数应为定额基价（定额分部分项工程费＋定额中可以计量的措施项目费）、定额人工费（或定额人工费＋定额机械费），其费率由工程造价管理机构根据各专业工程的特点综合确定。

② 夜间施工增加费。

$$夜间施工增加费＝计算基数×夜间施工增加费费率(\%) \tag{2-19}$$

③ 二次搬运费。

$$二次搬运费＝计算基数×二次搬运费费率(\%) \tag{2-20}$$

④ 冬雨季施工增加费。

$$冬雨季施工增加费＝计算基数×冬雨季施工增加费费率(\%) \tag{2-21}$$

⑤ 已完工程及设备保护费。

$$已完工程及设备保护费＝计算基数×已完工程及设备保护费费率(\%) \tag{2-22}$$

上述②～⑤项措施项目费的计算基数应为定额人工费（或定额人工费＋定额机械费），其费率由工程造价管理机构根据各专业工程的特点和调查资料综合分析后确定。

2.2.3.3 其他项目费

① 暂列金额：指建设单位在工程量清单中暂定并包括在工程合同价款中的一笔款项。它用于施工合同签订时尚未确定或者不可预见的所需材料、工程设备、服务的采购，施工中可能发生的工程变更、合同约定调整因素出现时的工程价款调整以及发生的索赔、现场签证确认等的费用。

暂列金额由建设单位根据工程特点按有关计价规定估算确定，施工过程中由建设单位掌握使用。扣除合同价款调整后的该项金额如有余额，归建设单位所有。

② 计日工：在施工过程中，施工企业完成建设单位提出的施工图纸以外的零星项目或工作所需的费用。

计日工由建设单位和施工企业按施工过程中的签证计价。

③ 总承包服务费：总承包人为配合、协调建设单位进行专业工程发包，对建设单位自行采购的材料、工程设备等进行保管以及施工现场管理、竣工资料汇总整理等服务所需的费用。

2.2.3.4 规费和税金

建设单位和施工企业均应按照省、自治区、直辖市或行业建设主管部门发布的标准计算规费和税金，不得将其作为竞争性费用。

2.3 固定资产投资（费用）的构成

2.3.1 概述

2.3.1.1 固定资产的概念

固定资产是指企业使用年限超过 1 年的房屋、建筑物、机器、机械、运输工具以及其他与生产、经营有关的设备、器具、工具等。不属于生产经营主要设备的物品，单位价值在 2000 元以上，并且使用年限超过 2 年的，也应当作为固定资产。固定资产是企业的劳动手段，也是企业赖以生产经营的主要资产。从会计的角度，固定资产一般被分为生产用固定资产、非生产用固定资产、租出固定资产、未使用固定资产、不需用固定资产、融资租赁固定资产、接受捐赠固定资产等。

2.3.1.2 固定资产的特征、确认

（1）固定资产的特征

① 固定资产属于有形资产。

一般情况下，除了无形资产、应收账款、应收票据、其他应收款等资产外，资产都具有实物形态。对于固定资产来说，这一特征更为明显。固定资产一般表现为房屋建筑物、机器、机械、运输工具以及其他与生产经营有关的设备、器具、工具等。也就是说，固定资产具有实物形态，看得见，摸得着。

理解固定资产的这一特征，有利于将其与无形资产、应收账款、应收票据、其他应收款等资产区别开来。

② 固定资产是为了生产商品，提供劳务，出租或经营管理而持有的资产。

企业使用固定资产所带来的经济利益，具体可表现为通过固定资产作用于商品生产、劳务提供过程及产成品，最终通过销售实现其经济利益的流入；或者通过把固定资产出租给他人，企业以收取租金的形式实现经济利益的流入；或者通过在企业的生产经营管理中使用固定资产，并最终改进了生产经营过程，降低了生产经营成本等而为企业带来经济利益。

这一特征表明，企业持有固定资产是为了生产商品、提供劳务、出租或经营管理，而不是为了出售。这一特征可将固定资产与企业所持有的存货区别开来。

③ 固定资产的使用年限超过1年。

固定资产的耐用年限至少超过1年或应维持大于1年的一个生产经营周期，最终要将其废弃或重置。

这一特征说明，企业为了获得固定资产并把它投入生产经营活动所发生的支出，属于资本性支出，而不是收益性支出，从而可将其与流动资产区别开来。

④ 固定资产的单位价值较高。

理解这一特征的目的是，把固定资产与低值易耗品、包装物等存货区别开来。

如房屋、道路、桥梁、场地、机器设备、仪器设备、计算机设备、运输设备、传导设备、工具器具等均属于固定资产。

（2）固定资产的确认

① 与该固定资产有关的经济利益很可能流入企业。

② 该固定资产的成本可以计量。

固定资产投资的构成如图2-4所示。

2.3.1.3 固定资产的分类

一般来讲，固定资产可分为八大类。各企业的后勤部门可根据本企业的具体情况，具体规定各类固定资产目录。

（1）房屋和建筑物

房屋和建筑物是指产权属于本企业的所有房屋和建筑物，包括：办公室（楼）、会堂、宿舍、食堂、车库、仓库、油库、档案馆、活动室、锅炉房、烟囱、水塔、水井、围墙等及其附属的水、电、煤气、取暖、卫生等设施；附属企业如招待所、宾馆、车队、医院、幼儿园、商店等房屋和建筑物，产权是企业的。

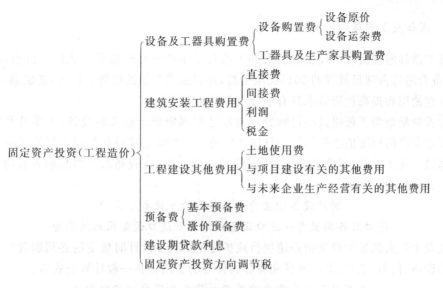

图 2-4　固定资产投资的构成

（2）一般办公设备

一般办公设备是指企业常用的办公与事务方面的设备，如办公桌、椅、凳、橱、架、沙发、取暖和降温设备、会议室设备、家具用具等。被服用具、饮具炊具、装饰品等也列为一般办公设备之内。

（3）专用设备

专用设备是指为企业所有专门用于某项工作的设备，包括文体活动设备、录音录像设备、放映摄像设备、打字电传设备、电话电报通信设备、舞台与灯光设备、档案馆的专用设备，以及办公现代化微电脑设备等。凡是专用于某一项工作的工具器械等均应列为专用设备。

（4）文物和陈列品

文物和陈列品是指博物馆、展览馆等文化事业单位中的各种文物和陈列品，例如古玩、字画、纪念物品等。有些企业的后勤部门内部设有展览室、陈列室，凡有上述物品的也属于文物和陈列品。

（5）图书

图书是指专业图书馆、文化馆中的图书和单位中的业务书籍。企业内部图书资料室、档案馆所有的图书，包括政治、业务、文艺等方面的书籍，均属固定资产。

（6）运输设备

运输设备是指后勤部门使用的各种交通运输工具，包括轿车、吉普车、摩托车、面包车、客车、轮船、运输汽车、三轮卡车、人力拖车、板车、自行车和小轮车等。

（7）机械设备

机械设备主要是指企业后勤部门用于自身维修的机床、动力机、工具等和备用的发电机等，以及计量仪器、检测仪器和医院的医疗器械设备。有些附属生产性企业的机械、工具设备也应包括在内。

（8）其他固定资产

其他固定资产是指以上各类未包括的固定资产。其他固定资产可由主管部门根据具体情况适当划分，也可将以上各类适当细分，增加种类。

2.3.2 设备及工器具购置费

设备及工器具购置费是由设备购置费和工器具及生产家具购置费组成的。目前,在工业建设项目中,设备费用约占项目投资的50%甚至更高,并有逐步增加的趋势。因此,正确确定该费用,对于资金的合理使用和提高投资效果具有十分重要的意义。

设备购置费是指为工程建设项目购置或自制达到固定资产标准的设备、工器具及家具所发生的费用。固定资产的标准依主管部门的具体规定确定。为新建项目和扩建项目的新建车间购置或自制的全部设备及工器具,不论是否达到固定资产标准,均计入设备及工器具购置费用。设备购置费一般按下式计算:

$$国产设备购置费=设备原价+设备运杂费 \tag{2-23}$$

$$进口设备购置费=进口设备到岸价+进口设备国内运杂费 \tag{2-24}$$

工器具及生产家具购置费是指新建项目或扩建项目初步设计时规定的必须购置的不符合固定资产标准的设备、仪器、工具、生产家具和备品备件等的费用。其一般计算公式为:

$$工器具及生产家具购置费=设备购置费×定额费率 \tag{2-25}$$

2.3.2.1 国产设备原价的构成与计算

（1）国产标准设备原价

国产标准设备是指按照国家主管部门颁布的标准图纸和技术规范,由我国设备生产厂批量生产的符合国家质量检验标准的设备。国家标准设备一般以设备制造厂的交货价(即出厂价)为设备原价。如果设备由设备成套公司提供,则以订货合同价为设备原价。有的设备有两种出厂价,即带有备品备件的出厂价和不带备品备件的出厂价。在计算设备原价时,一般按带有备品备件的出厂价计算。

（2）国产非标准设备原价

国产非标准设备是指国家尚无定型标准,不能成批定点生产,使用单位通过贸易不能购买到,必须根据具体的设计图纸加工制造的设备。国产非标准设备原价的确定通常有以下几种方法。

① 成本计算估价法。

$$国产非标准设备原价=制造成本+利润+增值税+设计费 \tag{2-26}$$

其中:

$$制造成本=主要材料费+加工费+辅助材料费+专用工具费+废品损失费+外购配套件费+包装费 \tag{2-27}$$

$$主要材料费=材料净重×(1+加工损耗系数)×每吨材料综合单价 \tag{2-28}$$

$$加工费=设备总重量×设备每吨加工费 \tag{2-29}$$

$$辅助材料费=设备总重量×辅助材料费指标 \tag{2-30}$$

$$增值税=当期销项税额-进项税额=税率×销售额-出项税额 \tag{2-31}$$

专用工具费按主要材料费、加工费和辅助材料费之和乘以一定百分比计算。

废品损失费按主要材料费、加工费、辅助材料费和专用工具费之和乘以一定百分比计算。

外购配套件费按设备设计图纸所列的外购配套件计算。

包装费按制造成本中其他6项费用之和乘以一定百分比计算。

利润按有关规定计算。

国产非标准设备设计费按国家规定的设计费收费标准计算。

② 扩大定额估价法。

$$国产非标准设备原价＝材料费＋加工费＋其他费＋设计费 \qquad (2\text{-}32)$$

其中：

$$材料费＝设备净重×(1＋加工损耗系数)×每吨材料综合单价 \qquad (2\text{-}33)$$

$$加工费＝\frac{加工费比重}{材料费比重}×材料费 \qquad (2\text{-}34)$$

$$其他费＝\frac{其他费比重}{材料费比重}×材料费 \qquad (2\text{-}35)$$

$$设计费＝(材料费＋加工费＋其他费)×设计费费率 \qquad (2\text{-}36)$$

③ 类似设备估价法。

在类似系列设备中，当只有一个或几个设备没有价格时，可根据已有设备价格按下式确定拟估设备的价格。

$$P=\frac{\dfrac{P_1}{Q_1}+\dfrac{P_2}{Q_2}}{2} \cdot Q \qquad (2\text{-}37)$$

式中 P——拟估国产非标准设备原价；

       Q——拟估国产非标准设备总重；

       P_1，P_2——已生产的同类国产非标准设备价格；

       Q_1，Q_2——已生产的同类国产非标准设备重量。

④ 概算指标估价法。

根据各制造厂或其他有关部门搜集的各种类型的国产非标准设备制造价或合同价资料，经过统计分析、综合平均得出每吨设备的价格，再根据该价格进行国产非标准设备估价的方法，称为概算指标估价法。其计算公式为：

$$P=Q \cdot M \qquad (2\text{-}38)$$

式中 P——拟估国产非标准设备原价；

       Q——拟估国产非标准设备净重；

       M——该类设备每吨重的理论价格。

2.3.2.2   进口设备到岸价的构成与计算

我国进口设备采用最多的是装运港船上交货价。装运港船上交货价又称离岸价格，是指卖方在合同规定的装运港把货物装到买方指定的船上，并负责至货物上船为止的一切费用和风险所形成的价格。进口设备到岸价的构成可概括为：

$$进口设备到岸价＝货价＋国际运费＋运输保险费＋银行财务费＋外贸手续费＋进口关税＋增值税$$
$$(2\text{-}39)$$

（1）进口设备的货价

其是指用人民币表示的某种进口设备的价格，计算公式为：

$$进口设备货价＝原价货价×外汇牌价率 \qquad (2\text{-}40)$$

（2）进口设备的国际运费

其是指从装运港站到抵达我国港站所需的运费。

（3）运输保险费

对外运输保险是由保险人与被保险人订立保险契约。在被保险人交付议定的保险费后，保险人根据保险契约的规定，对货物在运输过程中发生的承保责任范围内的损失予以经济上的补偿。

中国人民保险公司承保进口货物的保险金额一般按进口货物的到岸价格计算，具体可参照中国人民保险公司的有关规定。

（4）银行财务费

其是指中国银行为办理商品业务而计取的手续费，一般可按下式简化计算：

$$银行财务费 = 离岸货价 \times 财务费率 \tag{2-41}$$

（5）外贸手续费

其是指我国的外贸部门为办理进口商品业务而计取的手续费，可按下式计算：

$$外贸手续费 = 到岸价格小计 \times 外贸手续费费率 \tag{2-42}$$

（6）进口关税

其是指由海关对引进的成套及附属设备、配件等征收的一种税，按到岸价格计算，即：

$$进口关税 = 到岸价格小计 \times 关税税率 \tag{2-43}$$

（7）增值税和消费税

增值税是我国政府对从事进口贸易的单位和个人，在进口商品报关进口后征收的税种。我国规定，进口应税产品均按组成计税价格依税率直接计算应纳税额，不扣除任何项目的金额或已纳税金额。其计算公式为：

$$进口产品增值税额 = 组成计税价格 \times 增值税税率 \tag{2-44}$$

其中：

$$组成计税价格 = 完税价格 + 进口关税 + 消费税 \tag{2-45}$$

$$消费税 = 组成计税价格 \times 消费税税率 \tag{2-46}$$

需要注意的是，到岸价由成本加保险费、运费组成，又称到岸价格。离岸价是指装运港船上交货价，亦称离岸价格。当货物在指定的装运港越过船舷，卖方即完成交货义务。风险转移是以在指定的装运港货物越过船舷为分界点。

2.3.2.3 国产设备运杂费的构成与计算

国产设备运杂费是指设备由制造厂仓库或交货地点运至施工工地仓库或设备存放地点所发生的运输及杂项费用。其内容包括：

① 运费和装卸费。其是指国产设备由设备制造厂家交货地点起至工地仓库（或施工组织设计指定的需要安装设备的堆放地点）所发生的运费和装卸费；对于进口设备，则是指由我国到岸港口或边境车站起至工地仓库（或施工组织设计指定的需要安装设备的堆放地点）所发生的运费和装卸费。

② 包装费。其是指对需要进行包装的设备在包装过程中所发生的人工费和材料费。该费用计入设备原价的则不再另计；没有计入设备原价又确需进行包装的，则应在运杂费内计算。

③ 采购及保管费。其是指设备管理部门在组织采购、供应和保管设备过程中所需的各种费用，包括设备采购保管和保养人员的工资、职工福利费、办公费、差旅交通费、固定资产使用费、检验试验费等。

④ 设备供销部门手续费。其是指设备供销部门为组织设备供应工作而支出的各项费用。该项费用只有在从供销部门取得设备时才发生。设备供销部门手续费的内容与采购及保管费的内容相同。

国产设备运杂费的计算公式为：

$$设备运杂费 = 设备原价 \times 设备运杂费费率 \tag{2-47}$$

其中，设备运杂费费率按各部门及省（自治区、直辖市）、市等的规定计取。

2.3.2.4 工器具及生产家具购置费的构成与计算

工器具及生产家具购置费是指新建或扩建项目初步设计规定的,为保证初期正常生产必须购置的没有达到固定资产标准的设备、仪器、工卡模具、器具、生产家具和备品备件等产生的费用。其一般以设备购置费为计算基数,按照各部门或行业规定的工器具及生产家具购置费费率计算,计算公式如下:

$$工器具及生产家具购置费 = 设备购置费 \times 定额费率 \tag{2-48}$$

2.3.3 工程建设其他费用

工程建设其他费用是指按规定应在固定资产投资中,应列入建设项目总概算或单项工程综合概算内,除建筑安装工程费、设备及工器具购置费以外的其他费用。其内容包括土地使用费、与建设项目有关的其他费用和与未来企业生产经营有关的其他费用。

2.3.3.1 土地使用费

土地使用费是指建设项目通过划拨或土地使用权出让方式取得土地使用权时,所需支付的土地征用及迁移补偿费或土地使用权出让金。土地使用权出让有招标、拍卖和协议转让三种方式。土地使用权出让合同由市级、县级人民政府土地管理部门与土地使用者签订。

(1)土地征用及迁移补偿费

土地征用及迁移补偿费是指建设项目通过划拨方式取得无限期土地使用权后,依照《中华人民共和国土地管理法》等规定所支付的费用。其总和一般不得超过被征用土地年产值的20倍,土地年产值按该土地被征用前3年的平均产量和国家规定的价格计算。其内容包括:

① 土地补偿费。其是按《国家建设征用土地条例》的规定征用耕地时的一种补偿标准。若征用的是耕地,则按该农业基本核算单位同类土地前3年平均年产值的4~6倍计算土地补偿费;征用园地、林场、牧场、宅基地等的补偿标准,由省、自治区、直辖市人民政府制定;征用无收益的土地时,不予补偿。

② 青苗补偿费和被征用土地地上附着物赔偿费。青苗补偿费是指对被征用土地上种植的农作物进行补偿的费用标准,一般按农作物当年计划产量的价值和生长阶段结合计算。被征用土地地上附着物赔偿费是指被征用土地地上的房屋、树木、水井等附着物的拆迁、赔偿费用,按各省、自治区、直辖市人民政府的有关规定计算。

③ 安置补偿费。为了妥善安置被征地农民,政府规定,用地单位除支付给土地使用者土地补偿费外,还应付给土地使用者安置补偿费。需要安置的农业人口数,为被征用耕地数量除以征用土地前被征地单位平均每人占有耕地数量。每个需要安置的农民的安置补偿费标准,为该耕地被征用前3年平均年产值的2~3倍,但每亩被征用耕地的安置补偿费最高不超过被征用前3年平均年产值的10倍。

④ 缴纳的耕地占用税或城镇土地使用税、土地登记费及征地管理费等。县、市土地管理机关从征地费中提取的土地管理费,需按征地工作量大小等不同情况在1%~4%幅度内提取。

⑤ 征地动迁费。其包括征用土地上的房屋及附属构筑物、城市公共设施等的拆除、迁建补偿费,搬迁运输费,企业单位因搬迁造成的减产、停工损失补贴费,拆迁管理费等。

⑥ 水利水电工程水库淹没处理补偿费。其包括农村移民安置补偿费,城市迁建补偿费,库区工矿企业、交通、电力、通信、广播、管网、水利等的恢复、迁建补偿费,库底清理费,防护工程费,环境影响补偿费等。

（2）土地使用权出让金

建设项目通过土地使用权出让方式取得有期限的土地使用权时，要按照《中华人民共和国城镇国有土地使用权出让和转让暂行条例》的规定支付土地使用权出让金。

① 明确国家是城市土地的唯一所有者，并分层次、有偿、有限期地出让和转让城市土地。第一层次是城市政府将国有土地使用权出让给用地者，该层次由城市政府垄断经营，出让对象可以是有法人资格的企事业单位，也可以是外商；第二及以下层次的转让则发生在土地使用者之间。

② 城市土地的出让和转让可采用协议、招标、公开拍卖等方式。

③ 在有偿出让和转让土地时，政府对地价不作统一规定，但应坚持如下原则：对目前的投资环境不产生大的影响，与当地的社会经济承受能力相适应，考虑已投入的土地开发费用、土地市场供求关系、土地用途和使用年限。

④ 关于政府有偿出让土地使用权的年限，各地可根据时间、区位等各种条件作不同的规定，一般可为 30～99 年。

⑤ 有偿出让和转让使用权时，土地使用者和土地所有者要签约，明确土地使用者对土地享有的权利和土地所有者应承担的义务；有偿出让和转让使用权时，要向土地受让者征收契税；转让的土地如有增值，要向转让者征收土地增值税；在土地转让期间，国家要区别不同地段、不同用途向土地使用者收取土地占用费。

土地使用权出让金有地面价与楼面价两种计算方法：

① 地面价为每平方米土地的单价。

② 楼面价为分摊到每平方米建筑面积上的价格。

2.3.3.2　与项目建设有关的其他费用

（1）建设单位管理费

建设单位管理费是指建设项目从立项、筹建、建设、联合试运转、竣工验收交付使用和后评估全过程管理所需的费用。其内容包括：

① 建设单位开办费：指新建项目为保证筹建和建设工作的正常进行，所需办公设备、生活家具、用具、交通工具等的购置费用。

② 建设单位经费：包括工作人员的基本工资、工资性补贴、职工福利费、劳动保护费、劳动保险费、办公费、差旅交通费、工会经费、职工教育经费及固定资产使用费等费用，不包括应计入设备、材料预算价格内的建设单位采购及保管设备和材料所需要的费用。

建设单位管理费按照单项工程费之和（包括设备及工器具购置费、建筑安装工程费）乘以建设单位管理费费率计算。

（2）勘察设计费

勘察设计费是指为本建设项目提供项目建议书、项目可行性研究报告及设计文件等所需的费用。其内容包括：

① 编制项目建议书、可行性研究报告及投资估算、工程咨询、工程评价以及为编制上述文件所进行勘察、设计、研究试验等所需的费用。

② 委托勘察、设计单位进行初步设计、施工图设计及概（预）算编制等所需的费用。

③ 在规定范围内由建设单位自行完成的勘察、设计工作所需的费用。

勘察设计费中，编制项目建议书、可行性研究报告所需费用按国家颁布的收费标准计算，设计所需费用按国家颁布的工程设计收费标准计算；对于 6 层以下的一般民用建筑，勘察所需费用按 3～5 元/m² 计算，高层建筑按 8～10 元/m² 计算，工业建筑按 10～200 元/m² 计算。

（3）研究试验费

研究试验费是指为建设项目提供和验证设计参数、数据、资料等所需要的试验费用，以及设计规定在施工中必须进行试验、验证时所需的费用。其包括自行或委托其他部门进行研究试验时所需的人工费、材料费、试验设备及仪器使用费等。

该项费用按照设计单位出于本工程项目的需要所提出的研究试验内容和要求计算。

（4）建设单位临时设施费

建设单位临时设施费是指项目建设期间建设单位所需临时设施的搭设、维修、摊销或租赁费用。临时设施包括临时宿舍、文化福利和公用事业房屋及构筑物、仓库、办公室等。

（5）工程监理费

工程监理费是指委托工程监理单位对工程实施监理工作所需的费用。其按原国家物价局、建设部发布的《关于发布工程建设监理费有关规定的通知》（〔1992〕价费字479号）等文件的规定，选择下列方法之一进行计算：

① 一般情况下应按工程建设监理收费标准计算，即按所监理工程概算或预算的百分比计算。

② 对于单工种或临时性项目，可根据参与监理的年度平均人数按3.5万～5万元/(人·年)计算。

（6）工程保险费

工程保险费是指建设项目在建设期间根据需要实施工程保险所需的费用。

（7）供电贴费

供电贴费是指按规定应支付的本项目供电工程贴费和临时用电贴费，是解决电力建设资金不足问题的临时对策。

（8）施工机构迁移费

施工机构迁移费是指施工机构根据建设任务的需要，经有关部门决定成建制地由原驻地迁移到另一个地区的一次性搬迁费用。

（9）引进技术和进口设备的其他费用

引进技术和进口设备的其他费用包括本项目为引进软件、硬件而为应聘来华的外国工程技术人员支付的生活和接待费用；派人员到国外进行培训，进行设计联络以及设备、材料检验所需的差旅费、国外生活费、制装费用等；国外设计、技术专利、技术保密所需费用及延期付款或分期付款利息费；进口设备、材料检验费，引进设备投产前应支付的保险费等。

（10）工程承包费

工程承包费是指具有总承包资质的工程公司对工程建设项目从开始建设至竣工投产全过程的总承包所需的管理费用。

2.3.3.3 与未来企业生产经营有关的其他费用

① 联合试运转费。

联合试运转费是指新建企业或新增加生产工艺过程的扩建企业在竣工验收前按照设计规定的工程质量标准，进行整个车间负荷或无负荷联合试运转所发生的费用支出大于试运转收入的亏损部分。

② 生产准备费。

生产准备费是指新建企业或新增生产能力的企业为保证竣工交付使用而进行必要生产准备所发生的费用。

③ 办公和生活家具购置费。

2.3.4　预备费、建设期贷款利息、固定资产投资方向调节税

2.3.4.1　预备费

目前,我国规定预备费包括基本预备费和价差预备费。

（1）基本预备费

基本预备费是指在初步设计文件及概算中难以事先预料,而在建设期间可能发生的工程费用。其包括:

① 在技术设计、施工图设计和施工过程中,在批准的初步设计概算范围内所增加的工程费用。

② 一般性自然灾害造成的损失和为预防自然灾害所采取预防措施的费用。

③ 竣工验收时,竣工验收组织为鉴定工程质量必须开挖和修复隐蔽工程的费用。

基本预备费以设备及工器具购置费、建筑安装工程费和工程建设其他费用三者之和为基数,乘以基本预备费费率进行计算。基本预备费费率的取值应执行国家相关部门的有关规定。

基本预备费＝(设备及工器具购置费＋建筑安装工程费＋工程建设其他费用)×基本预备费费率

$$(2\text{-}49)$$

（2）价差预备费

价差预备费是指建设项目在建设期间预测的由于价格等变化引起工程造价变化的预留费用。费用内容包括人工、设备、材料、施工机械的价差费;因建筑安装工程费及工程建设其他费用调整、利率、汇率调整等增加的费用。

价差预备费一般根据国家规定的投资综合价格指数,以估算年份价格水平的投资额为基数,采用复利方法计算,计算公式为:

$$PF = \sum_{t=1}^{n} I_t [(1+f)^m \cdot (1+f)^{0.5} \cdot (1+f)^{t-1} - 1] \tag{2-50}$$

式中　PF——价差预备费;

I_t——建设期中第 t 年的投资额,包括设备及工器具购置费、建筑安装工程费、工程建设其他费用及基本预备费;

n——建设期年份数;

f——年平均投资价格上涨率;

m——建设前期年限(从编制估算到开工建设)。

【例2-1】　某建设项目的建设准备期为1年,建设期为3年。各年计划投资分别为:第一年7200万元,第二年10800万元,第三年3600万元。年平均投资价格上涨率为6%。求该建设项目建设期的价差预备费。

【解】　第一年的价差预备费:

$$PF_1 = 7200 \times [(1+6\%) \times (1+6\%)^{0.5} \times (1+6\%)^0 - 1] = 658(万元)$$

第二年的价差预备费:

$$PF_2 = 10800 \times [(1+6\%) \times (1+6\%)^{0.5} \times (1+6\%)^1 - 1] = 1694(万元)$$

第三年的价差预备费:

$$PF_3 = 3600 \times [(1+6\%) \times (1+6\%)^{0.5} \times (1+6\%)^2 - 1] = 814(万元)$$

建设期的价差预备费:

$$PF=658+1694+814=3166（万元）$$

2.3.4.2 建设期贷款利息

建设期贷款利息包括国内银行和其他非银行金融机构贷款、出口信贷、外国政府贷款、国际商业银行贷款以及在境内外发行的债券等在建设期内应偿还的借款利息。

当总贷款是分年均衡发放时，建设期贷款利息的计算可按当年借款在年中支用考虑，即当年贷款按半年计息，上年贷款按全年计息。其计算公式如下：

$$q_j=(P_{j-1}+0.5A_j)i \tag{2-51}$$

式中　q_j——建设期第 j 年应计利息；

P_{j-1}——建设期第 $j-1$ 年末贷款累计金额与利息累计金额之和；

A_j——建设期第 j 年贷款金额；

i——年利率。

在国外贷款利息计算中，还包括国外贷款银行根据贷款协议向贷款方以年利率的方式收取的手续费、管理费、承诺费，以及国内代理机构经国家主管部门批准的以年利率的方式向贷款单位收取的转贷费、担保费、管理费等。

【例 2-2】 某新建项目的建设期为 3 年，分年均衡进行贷款。第一年贷款 300 万元，第二年贷款 600 万元，第三年贷款 400 万元，年利率为 12%，建设期内只计息不支付，计算建设期贷款利息。

【解】 建设期内各年利息：

$$q_1=0.5A_1i=0.5\times300\times12\%=18（万元）$$
$$q_2=(P_1+0.5A_2)i=(300+18+0.5\times600)\times12\%=74.16（万元）$$
$$q_3=(P_2+0.5A_3)i=(300+18+600+74.16+0.5\times400)\times12\%$$
$$=143.06（万元）$$

建设期贷款利息 $=q_1+q_2+q_3=18+74.16+143.06=235.22（万元）$

2.3.4.3 固定资产投资方向调节税

为了贯彻国家产业政策，控制投资规模，引导投资方向，调整投资结构，加强重点工程建设，促进国民经济持续、稳定、协调发展，对在我国境内进行固定资产投资的单位和个人征收固定资产投资方向调节税。

（1）税率

根据国家产业政策和项目经济规模，固定资产投资方向调节税实行差别税率。税率分为 0、5%、10%、15%、30% 五个档次。差别税率按两大类设计：基本建设项目投资和更新改造项目投资。对前者设计了四档税率，即 0、5%、10%、15%；对后者设计了两档税率，即 0、10%。

基本建设项目投资适用的税率如下：

① 国家急需发展的项目投资，如农业、林业、水利、能源、交通、通信、原材料、科教、地质、勘探、矿山开采等基础产业和处于薄弱环节的部门项目投资，采用零税率。

② 对于国家鼓励发展但受能源、交通等制约的项目投资，如钢铁、化工、石油、水泥等部分重要原材料项目，以及一些重要机械、电子、轻工业和新型建材的项目，实行 5% 的税率。

③ 为配合住房制度改革，对城乡个人修建、购买住宅的投资实行零税率，对单位修建、购买一般性住宅的投资实行 5% 的税率，对单位用公款修建、购买高标准独门独院、别墅式住宅投资实行 30% 的税率。

④ 对楼堂馆所以及国家严格限制发展的项目投资,实行 30% 的税率。

⑤ 对不属于上述四类的其他项目投资,实行中等税率政策,税率为 15%。

更新改造项目投资适用的税率如下:

① 为了鼓励企事业单位进行设备更新和技术改造,促进技术进步,对国家急需发展的项目投资予以支持,适用零税率;对单纯工艺改造和设备更新的项目投资,适用零税率。

② 对不在上述之列的其他更新改造项目投资,一般适用 10% 的税率。

（2）计税依据

固定资产投资方向调节税以固定资产投资项目实际完成投资额为计税依据。实际完成投资额包括设备及工器具购置费、建筑安装工程费、工程建设其他费用及预备费。但更新改造项目是以建筑工程实际完成的投资额为计税依据的。

（3）计税方法

首先,确定单位工程应纳税投资完成额;其次,根据工程性质及划分的单位工程情况确定单位工程的适用税率;最后,计算各个单位工程应缴纳的投资方向调节税税额,并且将各个单位工程应缴纳的税额进行汇总,即得出整个项目的应纳税额。

（4）缴纳方法

固定资产投资方向调节税按固定资产投资项目的单位工程年度计划投资额预缴。年度终了后,按年度实际完成投资额结算,多退少补。项目竣工后,按应征收固定资产投资方向调节税的项目及其单位工程的实际完成投资额进行清算,多退少补。

知识归纳

（1）工程造价的基本概念。

（2）建筑安装工程费用的计算方法。

（3）固定资产投资的构成。

（4）建设期贷款利息额的计算。

思 考 题

2-1　简述建设项目总投资的构成以及工程造价的构成。

2-2　简述建筑安装工程费用的组成。

2-3　简述预备费的概念及计算方法。

2-4　简述我国固定资产投资的组成。

2-5　简述直接费、材料费、机械台班使用费的构成。

2-6　简述税金的计算方法。

2-7　简述工程建设其他费用的构成。

2-8　建设期贷款利息的计算方法有哪些?

思考题答案

📖 **参考文献**

[1] 马淑敏.浅析工程造价控制的重点.建筑市场与招标投标,2006(2):35-36.

[2] 宋香荣.工程造价管理在项目建设中的作用.西部煤化工,2007(1):31-32.

[3] 庞德华.工程项目管理与施工企业工程造价控制.吉林勘察设计,2007(2):65-66.

[4] 何其刚.施工企业工程造价管理剖析.水利水电工程造价,2007(3):50-51.

[5] 常永红.工程造价在建设项目中的投资控制与管理.陕西建筑,2007(10):44-45.

[6] 孟晓桥,刘继顺,王占红,等.浅析我国全过程造价控制与管理.中国科技信息,2007
     (23):32.

3 工程定额

内容提要

　　本章的主要内容为工程定额的分类，劳动定额、材料消耗定额、机械台班定额的编制原则和方法，预算定额的概念、作用和应用，概算定额和概算指标的编制原则和方法，投资估算指标及工程造价指数的概念和作用。本章的教学重点和难点为劳动定额、材料消耗定额、机械台班定额的编制原则和方法。

能力要求

重难点

　　通过本章的学习，学生应熟悉工程建设定额的分类，工时研究和施工过程的分解，施工定额和企业定额的概念和作用，预算定额的概念和作用；熟悉概算定额和概算指标的编制原则和方法，投资估算指标及工程造价指数的概念和作用；掌握劳动定额、材料消耗定额、机械台班定额的编制原则和方法。

3.1　概　　述

3.1.1　工程定额的含义

　　定额是一种规定的额度。工程定额是指在工程建设中完成单位合格产品人工、材料、机械使用量的规定额度。

　　工程定额是主要体现工程建设中人工、材料和机械等生产要素消耗量的数据。资源消耗量数据可以通过历史项目数据资料或通过实测计算等方法获得，与劳动生产率、社会生产力水平、技术和管理水平密切相关。对生产要素消耗量数据的长期收集和积累，以及对数据的测定、计算和保存，可以构成消耗量数据库，即定额。

3.1.2　工程定额的性质、分类及作用

3.1.2.1　工程定额的性质

　　工程定额是定额的组成类别之一。它涉及建设工程建造技术、施工企业的内部管理以及工程造价的确定等方面。工程定额具有以下基本性质。

　　（1）科学性

　　工程定额是建设工程进入科学管理阶段后的产物。工程定额在借鉴各类工程定额管理理论的基础上，不断吸取现代定额管理的先进成果，为正确反映工程

造价和所需活劳动与物化劳动的消耗量,促进工程质量的不断提高提供了科学依据和手段。工程定额在认真研究市场经济规律的基础上,在运用现代科学技术方法的同时,特别注意了市场经济条件下的价值规律、供求规律和时间节约规律,以及对产品的客观要求。这些都为建设工程定额的测定和编制提供了科学的理论依据。工程定额是以现阶段施工的劳动生产率为基础,根据广泛搜集的技术测定资料,经过科学的分析、研究、论证后制定出的,所以工程定额具有科学性。

(2)相对统一性和时效性

在市场经济条件下,工程定额除要发挥作为微观管理和计价的基础手段的作用外,还要通过规定资源消耗量指标、价格参数,对工程造价和建设市场的规范起到消耗有标准、计价有依据的相对统一尺度的作用。工程定额只有具有相对统一性,才能实现上述职能,才能利用工程定额的相对统一性对项目决策、设计和工程招投标进行比较和引导。

通常情况下,任何一种定额的科学性与统一性都表现为一种相对稳定性。随着劳动生产率的不断提高,定额不可能一成不变地反映已经变化了的价值和消耗量。所以,工程定额在具有相对稳定的统一性的同时,也具有明显的时效性。

3.1.2.2　工程定额的分类

工程定额是工程建设中各类定额的总称,包括许多种类的定额,可以按照不同的原则和方法对其进行科学的分类。

(1)按定额反映的生产要素内容分类

按定额反映的生产要素内容,可以把工程定额分为劳动消耗定额、材料消耗定额和机械台班消耗定额三种。

① 劳动消耗定额。

劳动消耗定额简称劳动定额,或称人工定额,是指完成单位合格产品所消耗活劳动(人工)的数量标准。为了便于综合和核算,劳动消耗定额大多采用工作时间消耗量来计算活劳动消耗的数量,所以劳动消耗定额的主要表现形式是人工时间定额,也表现为人工产量定额。人工时间定额和人工产量定额互为倒数。

② 材料消耗定额。

材料消耗定额简称材料定额,是指完成单位合格产品所消耗材料的数量标准。材料是工程建设中使用的原材料、成品、半成品、构配件、燃料及水、电等动力资源的统称。

③ 机械台班消耗定额。

机械台班消耗定额简称机械定额,是指为完成单位合格产品所消耗施工机械台班的数量标准。机械台班消耗定额的主要表现形式是机械时间定额,也表现为机械产量定额。机械时间定额和机械产量定额互为倒数。

(2)按照定额的编制程序和用途分类

按照定额的编制程序和用途,工程定额可分为施工定额、预算定额、概算定额、概算指标和投资估算指标五种。

① 施工定额。

施工定额是以工序为研究对象而编制的定额,由劳动定额、机械定额和材料定额三个相对独立的部分组成。为了满足组织生产和管理的需要,施工定额的项目划分很细,是工程定额中分项最细、定额子目最多的一种定额,也是工程定额中的基础性定额。

施工定额是施工企业为组织施工生产和加强管理而在企业内部使用的一种定额,属于企业生产定额。施工定额是编制施工组织设计、施工预算、施工作业计划,签发施工任务单,限额领料及结

算计件工资或计算奖励工资等的依据,也是编制预算定额的基础。

② 预算定额。

预算定额是以建筑物或构筑物的各个分部分项工程为对象而编制的定额。预算定额包括劳动定额、材料定额和机械定额三个组成部分。

预算定额属于计价定额。在编制施工图预算时,其是计算工程造价和计算工程中所需劳动力、机械台班、材料数量时使用的一种定额,是确定工程预算和工程造价的重要基础,也可作为编制施工组织设计时的参考。同时,预算定额是概算定额的编制基础,所以预算定额在工程定额中占有很重要的地位。

③ 概算定额。

概算定额是以扩大的分部分项工程为对象而编制的定额,是在预算定额的基础上综合扩大而成的。每一综合分项概算定额都包含了数项预算定额的内容。概算定额也包括劳动定额、材料定额和机械定额三个组成部分。

概算定额也是一种计价定额,是编制扩大初步设计概算时计算和确定工程概算造价,计算劳动力、机械台班、材料需要量所使用的定额(表3-1)。

表 3-1 　　　　　　　　　　　　**某现浇钢筋混凝土柱概算定额**

工作内容:模板安拆、钢筋绑扎安装、混凝土浇筑养护

定额编号		3002	3003	3004	3005	3006
项目		现浇钢筋混凝土柱				
		矩形				
		周长1.5 m以内	周长2.0 m以内	周长2.5 m以内	周长3.0 m以内	周长3.0 m以外
		m³	m³	m³	m³	m³
人工、材料、机械名称(规格)	单位	数量				
人工	混凝土工	工日	0.8187	0.8187	0.8187	0.8187	0.8187
	钢筋工	工日	1.1037	1.1037	1.1037	1.1037	1.1037
	木工(装饰)	工日	4.7676	4.7676	4.7676	4.7676	4.7676
	其他工	工日	2.0342	2.0342	2.0342	2.0342	2.0342
材料	泵送预拌混凝土	m³	1.0150	1.0150	1.0150	1.0150	1.0150
	木模板成材	m³	0.0363	0.0311	0.0233	0.0166	0.0144
	工具式组合钢模板	kg	9.7087	8.3150	6.2294	4.4388	3.0385
	扣件	只	1.1799	1.0105	0.7571	0.5394	0.3693
	零星卡具	kg	3.7354	3.1992	2.3967	1.7078	1.1690
	钢支撑	kg	1.2900	1.1049	0.8277	0.5898	0.4037
	柱箍、梁夹具	kg	1.9579	1.6768	1.2563	0.8952	0.6128
	钢丝 $\phi 18 \sim \phi 22$	kg	0.9024	0.9024	0.9024	0.9024	0.9024
	水	m³	1.2760	1.2760	1.2760	1.2760	1.2760
	圆钉	kg	0.7475	0.6402	0.4796	0.3418	0.2340

续表

人工、材料、机械名称(规格)		单位	数量				
材料	草袋	m²	0.0865	0.0865	0.0865	0.0865	0.0865
	成型钢筋	t	0.1939	0.1939	0.1939	0.1939	0.1939
	其他材料费	%	1.0906	0.9579	0.7467	0.5232	0.3916
机械	汽车式起重机	台班	0.0281	0.0241	0.0180	0.0129	0.0088
	载重汽车	台班	0.0422	0.0361	0.0271	0.0193	0.0312
	混凝土输送泵车	台班	0.0108	0.0108	0.0108	0.0108	0.0108
	木工圆锯机	台班	0.0105	0.0090	0.0068	0.0048	0.0033
	混凝土振捣器	台班	0.1000	0.1000	0.1000	0.1000	0.1000

④ 概算指标。

概算指标是以整个建筑物和构筑物为对象,以更为扩大的计量单位来编制的一种计价指标。其是在初步设计阶段计算和确定工程初步设计概算造价,计算劳动力、机械台班、材料需要量时所采用的一种指标。概算指标是编制年度任务计划、建设计划的参考,也是编制投资估算指标的依据(表3-2)。

表 3-2　　　　　　　　内浇外砌住宅经济指标(计量单位:100 m² 建筑面积)

项目		合计/元	其中/元			
			直接费	间接费	利润	税金
单方造价		30422	21860	5576	1893	1093
其中	土建	26133	18778	4790	1626	939
	水暖	2565	1843	470	160	92
	电照	614	129	316	107	62

⑤ 投资估算指标。

投资估算指标是以独立的单项工程或完整的工程项目为对象,根据历史形成的预决算资料编制的一种指标。其一般可分为建设项目综合指标、单项工程指标和单位工程指标三个层次。

投资估算指标也是一种计价指标。它是在项目建议书和可行性研究阶段编制投资估算,计算投资需要量时使用的定额,也可作为编制固定资产长远计划投资额的参考(表3-3)。

表 3-3　　　　　　　　　　　　　　建设项目投资估算指标

每平方米综合造价指标(单位:元/m²)

项目	综合指标	直接工程费				取费(综合费)
		合价	其中			三类工程
			人工费	材料费	机械费	
工程造价	530.39	407.99	74.69	308.13	25.17	122.40
土建	503.00	386.92	70.95	291.8	24.17	116.08
水卫(消防)	19.22	14.73	2.38	11.94	0.41	4.49
电气照明	8.67	6.35	1.36	4.39	0.60	2.32

续表

土建工程各分部占直接工程费的比例及每平方米直接费

分部工程名称	占直接工程费比例/%	每平方米直接费/（元/m²）	分部工程名称	占直接工程费比例/%	每平方米直接费/（元/m²）
标高在±0.00以下的工程	13.01	50.40	楼地面工程	2.62	10.13
脚手架及垂直运输	4.02	15.56	屋面及防水工程	1.43	5.52
砌筑工程	16.90	65.37	防腐、保温、隔热工程	0.65	2.52
钢筋及钢筋混凝土工程	31.78	122.95	装饰工程	9.56	36.98
构件运输及安装工程	1.91	7.40	金属结构制作工程	—	—
门窗及木结构工程	18.12	70.09	零星项目	—	—

人工、材料消耗量指标

项目	单位	每100 m²消耗量	材料名称	单位	每100 m²消耗量
（一）定额用工	工日	382.06	（二）材料消耗（土建工程）		
土建工程	工日	368.83	钢材	t	2.11
			水泥	t	16.76
水卫（消防）	工日	11.60	木材	m³	1.80
			标准砖	千块	21.82
电气照明	工日	6.63	中粗砂	m³	34.39
			碎石	m³	26.20

（3）按照投资的费用性质分类

按照投资的费用性质，工程定额分为建筑工程定额、设备安装工程定额、建筑安装工程费用定额、工器具定额及工程建设其他费用定额等。

① 建筑工程定额。

建筑工程一般可理解为房屋和构筑物工程，具体包括一般土建工程、电气（动力、照明、弱电）工程、卫生技术（水、保暖、通风）工程、工业管道工程、特殊构筑物工程等。在广义上，它也被理解为除房屋和构筑物外还包含其他各类工程，如道路、铁路、桥梁、隧道、运河、堤坝、港口、电站、机场等工程。建筑工程定额是建筑工程的施工定额、预算定额、概算定额和概算指标的统称。建筑工程定额在整个工程定额中是一种非常重要的定额，在定额管理中具有举足轻重的地位。

② 设备安装工程定额。

设备安装工程是对需要安装的设备进行定位、组合、校正、调试等的工程。在工业项目中，机械设备安装工程和电气设备安装工程占有重要地位。因为生产设备大多要安装后才能运转，不需要安装的设备很少。在非生产性的建设项目中，由于社会生活和城市设施的日益现代化，设备安装工程也在不断增加。设备安装工程定额是设备安装工程施工定额、预算定额、概算定额和概算指标的统称。设备安装工程定额也是工程定额的重要组成部分。

③ 建筑安装工程费用定额。

建筑安装工程费用定额一般包括以下两部分内容：

a. 措施费用定额。其是指预算定额分项内容以外,为完成工程项目施工,发生于该工程施工前和施工过程中非工程实体的项目费用,且与建筑安装施工生产直接有关的各项费用的开支标准。对于措施费用定额,由于其费用发生的特点不同,故只能独立于预算定额之外。它也是编制施工图预算和概算的依据。

b. 间接费用定额。其是指与建筑安装施工生产的个别产品无关,而为企业生产全部产品,为维持企业的经营管理活动所必须发生的各项费用开支的标准。在间接费用中,许多费用的发生与施工任务的大小没有直接关系,因此通过间接费用定额来有效控制间接费的发生是十分必要的。

④ 工器具定额。

工器具定额是为新建或扩建项目投产运转而首次配置的工具、器具的数量标准。工具和器具是指按照有关规定不符合固定资产标准而起劳动手段作用的工具、器具和生产用家具,如翻砂用模型、工具箱、计量器、容器、仪器等。

⑤ 工程建设其他费用定额。

工程建设其他费用定额是独立于建筑安装工程费、设备和工器具购置费之外其他费用开支的额度标准。工程建设其他费用的发生和整个项目的建设密切相关,一般要占项目总投资的10%左右。工程建设其他费用定额是按各项独立费用分别制定的,以便合理控制这些费用的开支。

(4) 按照专业性质分类

按照专业性质,工程定额可分为全国通用定额、行业通用定额和专业专用定额三种。全国通用定额是指在部门间和地区间都可以使用的定额;行业通用定额是指具有专业特点,在行业部门内可以通用的定额;专业专用定额是指特殊专业的定额,只能在指定范围内使用。

(5) 按编制单位和管理权限分类

按编制单位和管理权限,工程定额可分为全国统一定额、行业统一定额、地区统一定额、企业定额和补充定额五种。

① 全国统一定额。

全国统一定额是由国家建设行政主管部门综合全国工程建设中技术和施工组织管理的情况编制的,在全国范围内执行的定额,如《全国统一建筑工程基础定额》(GJD-101—1995)、《全国统一安装工程预算定额》(GYD-207—2000)、《全国统一市政工程预算定额》(GYD-309—2001)等。

② 行业统一定额。

行业统一定额是考虑到各行业部门专业工程技术的特点以及施工生产和管理水平编制的,一般只在本行业和相同专业性质的范围内使用的专业定额,如矿井建设工程定额、铁路建设工程定额等。

③ 地区统一定额。

地区统一定额包括省、自治区、直辖市定额。地区统一定额是在主要考虑地区性特点和全国统一定额水平的基础上作适当调整、补充而编制的,如《上海市建筑工程预算定额》《吉林省建筑工程预算定额》等。

④ 企业定额。

企业定额是指施工企业在考虑本企业具体情况的基础上,参照国家、部门或地区定额的水平制定的定额。企业定额只在企业内部使用,是企业素质的一个标志。企业定额水平一般应高于国家现行定额水平,这样才能满足生产技术发展、企业管理和市场竞争的需要。

3.1.2.3 工程定额的作用

(1) 工程定额是编制、确定工程造价的基础

工程造价的确定需通过编制工程概(预)算的方法来实现。编制工程概(预)算时离不开工程

定额,特别是工程概(预)算定额中规定的资源消耗量。确定和控制工程造价时,在依据概(预)算定额规定的消耗量标准计算出资源消耗量的基础上,再换算成以货币指标表现的工程造价。所以,工程定额是编制、确定工程造价的基础。此外,在工程招标标底的编制和投标报价时,都要以工程定额为基础。因此,在工程招投标中,工程定额同样起着控制劳动消耗和工程价格水平的作用。

（2）工程定额是对工程设计方案进行优选的依据

工程设计在保证建设工程的功能、安全、美观、舒适和方便的同时,更要求讲究经济效果。这就要求设计人员在设计中必须进行多方案比较。对选择的新材料、新技术、新工艺,在不影响其功能、效果的前提下,借助建设工程定额进行分析比较,通过分析比较才有可能把握不同设计方案中人工、材料、机械等的消耗量对造价产生的影响。因此,依据工程定额对设计方案进行技术经济比较,从经济角度考虑设计效果,是优化选择设计方案的最佳途径。

（3）工程定额是编制工程施工组织设计的依据

为了更好地组织和管理建设工程生产,保证建设工程施工的顺利进行,必须编制建设工程施工组织设计。根据建设工程定额规定的各种消耗量指标,能较精确地计算出建设工程所需要的人工、材料、机械等资源量,从而可科学选择施工方法和技术,采取科学、合理的技术组织措施来组织施工,以实现建设工程的各项目标。

（4）工程定额是工程筹资和签订工程施工合同的依据

在资金短缺的情况下,向商业银行等金融机构申请工程贷款进行筹资时,必须以工程定额及以其为依据编制的工程造价为依据,经审查后方可贷款。此外,工程承发包双方签订工程施工合同时,为明确双方的权利与义务,在确定合同条款的主要内容时,也必须以工程定额的有关规定作为签订合同的依据。

（5）工程定额是施工企业进行成本分析的依据

在工程施工过程中,加强经济核算,进行成本分析是作为独立经济实体的施工企业自主定价、自负盈亏的重要前提。因此,施工企业必须按照工程施工定额提供的各种消耗量确定企业成本及生产价格,并结合本企业成本的现状作出客观分析,以便找出活劳动与物化劳动的薄弱环节及其原因,便于对预算成本与实际成本进行对照比较、分析,从而改进管理,提高劳动生产率,降低成本消耗。这样,施工企业才能在市场价格竞争中具有较强的应变能力,进而促使企业以最少的消耗取得最佳的经济效益。

3.1.3 人工定额

人工定额也称劳动定额。人工定额是在正常的施工技术组织条件下,完成单位合格产品所必需的人工消耗量标准。人工定额可反映出生产工人在正常施工条件下的劳动效率,表示每个工人为生产一件合格产品必须消耗的劳动时间,或者在一定的劳动时间内所生产出的合格产品的数量。

（1）人工定额的形式

人工定额按表现形式的不同,可分为时间定额和产量定额两种形式。

① 时间定额。

时间定额是某种专业、某种技术等级工人班组或个人在合理的生产组织和合理使用材料的条件下,完成单位合格产品所必需的工作时间,包括准备与结束时间、基本生产时间、辅助生产时间、不可避免的中断时间及工人必需的休息时间。时间定额以工日为单位,每一工日按 8 h 计算。其计算方法如下:

$$单位产品时间定额（工日）=\frac{1}{每工产量}$$

或

$$单位产品时间定额（工日）=\frac{小组成员工日数总和}{机械台班产量}$$

② 产量定额。

产量定额是在合理的生产组织和合理使用材料的条件下,某种专业、某种技术等级的工人班组或个人在单位工日内所应完成的合格产品的数量。其计算方法如下:

$$产量定额=\frac{1}{单位产品时间定额（工日）}$$

产量定额的计量单位有 m、m^2、m^3、t、块、根、件、扇等。

③ 时间定额与产量定额的关系。

时间定额与产量定额互为倒数,即

$$时间定额\times 产量定额=1$$

④ 定额的标定对象。

按定额标定对象的不同,人工定额可分为单项工序定额和综合定额两种。综合定额表示完成同一产品中的各单项(工序或工种)定额的综合,按工序综合的用“综合”表示,按工种综合的一般用“合计”表示。其计算方法如下:

$$综合时间定额（工日）=\sum 各单项（工序或工种）时间定额$$

$$综合产量定额=\frac{1}{综合时间定额（工日）}$$

（2）人工定额的编制

编制人工定额时,其工作内容主要包括拟订正常的施工条件以及拟订施工作业的定额时间两项。

① 拟订正常的施工条件即规定执行定额时应该具备的条件。正常施工条件若不能满足,则可能达不到定额中的人工消耗量标准,因此正确拟订正常的施工条件有利于定额的实施。

拟订正常的施工条件包括拟订施工作业的内容,拟订施工作业的方法,拟订施工作业地点的组织,拟订施工作业人员的组织等。

② 拟订施工作业的定额时间是在拟订基本工作时间、辅助工作时间、准备与结束时间、不可避免的中断时间、休息时间的基础上完成的。

上述各项时间是以时间研究为基础,通过时间测定的方法得出相应的观测数据,经加工整理计算后得到的。时间测定的方法有多种,如测时法、写实记录法、工作日写实法等。

3.1.4 材料消耗定额

材料消耗定额是在合理和节约使用材料的条件下,生产单位质量合格产品所必须消耗的一定规格的原材料、成品、半成品和水、电等资源的数量标准。

定额材料消耗指标的组成,按其使用性质、用途和用量大小可划分为四类,即:

① 主要材料,指直接构成工程实体的材料。

② 辅助材料,指直接构成工程实体,但密度较小的材料。

③ 周转性材料,又称工具性材料,指施工中多次使用但并不构成工程实体的材料,如模板、脚手架等。

④ 零星材料,指用量小,价值不大,不便计算的次要材料,消耗定额可用估算法计算。

（1）材料消耗定额的编制

编制材料消耗定额的内容主要包括确定直接使用在工程上的材料净用量,在施工现场内运输及操作过程中不可避免的废料和损耗。

① 材料净用量的确定。

材料净用量的确定一般有以下几种方法。

a. 理论计算法。

理论计算法是根据设计、施工验收规范和材料规格等,从理论上计算材料的净用量。如砖墙的用砖数和砌筑砂浆的用量可用下列理论计算公式计算。

用砖数:

$$A = \frac{1}{墙厚 \times (砖长 + 灰缝) \times (砖厚 + 灰缝)} K$$

式中　K——墙厚的砖数×2(墙厚的砖数是 0.5 砖墙、1 砖墙、4.5 砖墙等)。

砌筑砂浆用量:

$$B = 1 - 砖数 \times 砖块体积$$

b. 测定法。

根据试验情况和现场测定的资料数据确定材料的净用量。

c. 图纸计算法。

根据选定的图纸,计算各种材料的体积、面积、延长米或重量。

d. 经验法。

根据历史上同类材料的经验值进行估算。

② 材料损耗量的确定。

材料的损耗量一般用损耗率表示。材料损耗率可以通过观察法或统计法计算确定。材料损耗量的计算公式如下:

$$损耗量 = 净用量 \times 损耗率$$
$$总消耗量 = 净用量 + 损耗量 = 净用量 \times (1 + 损耗率)$$

（2）周转性材料消耗定额的编制

周转性材料是指在施工过程中多次使用、周转的工具性材料,如钢筋混凝土工程用的模板,搭设脚手架用的杆子、跳板,挖土方工程用的挡土板等。

周转性材料的消耗一般与下列四个因素有关:

① 第一次制造时的材料消耗(一次使用量)。

② 每周转使用一次材料的损耗(第二次使用时需要补充)。

③ 周转使用次数。

④ 周转性材料的最终回收及其回收折价。

定额中周转性材料消耗量指标应当用一次使用量和摊销量两个指标表示。一次使用量是指周转性材料在不重复使用时的使用量,供施工企业组织施工用;摊销量是指周转性材料退出使用后,应分摊到每一计量单位的结构构件上的周转性材料消耗量,供施工企业成本核算或预算用。

例如,捣制混凝土结构时木模板用量的计算:

$$一次使用量 = 净用量 \times (1 + 操作损耗率)$$
$$周转使用量 = \frac{一次使用量 \times [1 + (周转次数 - 1) \times 损耗率]}{周转次数}$$

$$回收量＝\frac{一次使用量×(1-损耗率)}{周转次数}$$

$$摊销量＝周转使用量-回收量×回收折价率$$

又例如，预制混凝土构件时模板用量的计算：

$$一次使用量＝净用量×(1+操作损耗率)$$

$$摊销量＝\frac{一次使用量}{周转次数}$$

3.1.5　机械台班定额

机械台班定额也称机械台班使用定额或机械台班消耗定额，指施工机械在正常施工条件下完成单位合格产品所必需的工作时间。它反映了合理、均衡地组织劳动和使用机械时该机械在单位时间内的生产效率。

（1）机械台班定额的形式

① 机械时间定额。

机械时间定额是指在进行合理劳动组织与合理使用机械的条件下，完成单位合格产品所必需的工作时间，包括有效工作时间（正常负荷下的工作时间和降低负荷下的工作时间）、不可避免的中断时间、不可避免的无负荷工作时间。机械时间定额以台班表示，即一台机械工作一个作业班时间。一个作业班时间为 8 h。

$$单位产品机械时间定额(台班)＝\frac{1}{台班产量}$$

由于机械必须由工人小组配合工作，所以完成单位合格产品的时间定额都同时列出人工时间定额，即：

$$单位产品人工时间定额(工日)＝\frac{小组成员总数}{台班产量}$$

例如，斗容量 0.5 m³ 拉铲挖土机，挖四类土并装车，挖土深度在 2 m 内，小组成员 2 人，机械台班产量为 4.48（定额单位为 100 m³），则：

$$挖 100 \ m^3 \ 的人工时间定额＝\frac{2}{4.48}＝0.45(工日)$$

$$挖 100 \ m^3 \ 的机械时间定额＝\frac{1}{4.48}＝0.22(台班)$$

② 机械产量定额。

机械产量定额是指在进行合理劳动组织与合理使用机械的条件下，机械在每个台班时间内应完成合格产品的数量。

$$机械产量定额＝\frac{1}{机械时间定额(台班)}$$

机械产量定额和机械时间定额互为倒数。

③ 机械台班定额的表示方法。

机械台班定额复式表示法的形式：$\frac{人工时间定额}{机械台班产量}$。

例如，拉铲挖土机每一台班劳动定额表中 $\frac{4}{3.306}$ 表示在挖一、二类土，挖土深度在 1.5 m 以内，且需装车的情况下，斗容量为 0.5 m³ 的拉铲挖土机的台班产量（时间）定额为 3.306（台班/100 m³），配合挖土机施工的工人小组的人工时间定额为 4（工日/100 m³），同时可以推算出挖土机的时间（产量）定额，应为台班产量（时间）定额的倒数，即 $\frac{1}{3.306}=0.302$ [台班/（100 m³）]，还能推算出配合挖土机施工的工人小组的人数应为 $\frac{人工时间定额}{机械台班产量}$，即 $\frac{4}{0.302}=13.2$（人），或人工时间定额×机械台班产量定额，即 $4\times3.306=13.2$（人）。

（2）机械台班使用定额的编制

编制机械台班使用定额时，应主要包括以下内容：

① 拟订机械工作的正常施工条件，包括工作地点的合理组织、施工机械作业方法的拟订、配合机械作业施工小组的组织、机械工作班制度等。

② 确定机械净工作生产率，即确定出机械工作 1 h 的正常生产率。

③ 确定机械的利用系数。机械的利用系数是指机械在施工作业班内对作业时间的利用率。

$$机械利用系数=\frac{工作班净工作时间}{机械工作时间}$$

④ 计算机械台班定额。施工机械台班产量定额和时间定额的计算如下：

$$施工机械台班产量定额＝机械生产率×工作班延续时间×机械利用系数$$

$$施工机械时间定额＝\frac{1}{施工机械台班产量定额}$$

⑤ 拟订工人小组的定额时间。工人小组的定额时间是指配合施工机械作业的工人小组的工作时间总和。

$$工人小组定额时间＝施工机械时间定额×工人小组的人数$$

3.2　建筑工程预算定额的应用

3.2.1　建筑工程预算定额的概念、性质和作用

3.2.1.1　预算定额的概念

预算定额是在施工定额的基础上进行综合扩大编制而成的。预算定额是指完成单位合格产品（分项工程或结构构件）所需人工、材料和机械的消耗数量标准，是计算建筑安装产品价格的基础。如 11.251 工日/（10 m³）一砖混水砖墙，5.337 千块/（10 m³）一砖混水砖墙，0.228 台班干混砂浆罐式搅拌机/（10 m³）一砖混水砖墙等。

预算定额是工程建设中一项重要的技术经济文件，它的各项指标反映了完成单位分项工程所消耗的活劳动和物化劳动的数量限度。编制施工图预算时，需要按照施工图纸和工程量计算规则计算工程量，还需要借助于某些可靠的参数计算人工、材料和机械（台班）的消耗量，并在此基础上计算出资金的需要量和建筑安装工程的价格。预算定额是编制施工图预算的主要依据。

3.2.1.2　预算定额的性质

预算定额是在编制施工图预算时计算工程造价和计算工程中人工、材料和机械台班消耗量使用的一种定额。预算定额是一种计价性质的定额，在工程定额中占有很重要的地位。

3.2.1.3　预算定额的作用

① 预算定额是编制施工图预算，确定建筑安装工程造价的基础。施工图设计完成以后，工程预算就取决于工程量的计算是否准确，预算定额水平和人工、材料、机械台班的单价及取费标准等

因素,所以预算定额是确定建筑安装工程造价的基础之一。

② 预算定额是编制施工组织设计的依据。施工组织设计的重要任务之一是确定施工中人工、材料、机械的需求量,并做出最佳安排。施工单位在缺乏企业定额的情况下,根据预算定额也能较准确地计算出施工中所需的人工、材料、机械的需求量,为有计划地组织材料采购和预制构件加工、劳动力和施工机械的调配提供了可靠的计算依据。

③ 预算定额是工程结算的依据。工程结算是建设单位和施工单位按照工程进度对已完的分部分项工程实现货币支付的行为。按进度支付工程款时,需要根据预算定额将已完工程的造价计算出来。单位工程验收后再按竣工工程量、预算定额和施工合同的规定进行工程结算,以保证建设单位建设资金的合理使用和施工单位的经济收入。

④ 预算定额是施工单位进行经济活动分析的依据。预算定额中规定的人工、材料、机械的消耗指标是施工单位在生产经营中允许消耗的最高标准。目前,预算定额决定着施工单位的收入,施工单位就必须以预算定额作为评价企业工作的重要标准,作为努力实现的具体目标。只有在施工中尽量降低劳动消耗,采用新技术,提高劳动者的素质,提高劳动生产率,才能取得较好的经济效果。

⑤ 预算定额是编制概算定额的基础。概算定额是在预算定额的基础上经综合扩大编制的。概算定额以预算定额作为编制依据,不但可以节约编制工作所需的大量人力、物力、时间,收到事半功倍的效果,还可以使概算定额在定额的水平上保持一致。

⑥ 预算定额是合理编制招标标底、拦标价、投标报价的基础。在招投标阶段建设单位须参照预算定额编制标底、拦标价。随着工程造价管理的不断深化改革,对于施工单位来说,预算定额作为指令性的作用正日益削弱,施工企业的报价应按照企业定额来编制,只是现在施工单位无企业定额,还在参照预算定额编制投标报价。

3.2.2　预算定额的内容

预算定额一般以单位工程为对象编制,按分部工程分章,章以下为节,节以下为定额子目。每一个定额子目代表一个与之相对应的分项工程,所以分项工程是构成预算定额的最小单元。为方便使用,预算定额一般表现为"量""价"合一,再加上必要的说明与附录,这样就组成了一套预算定额手册。完整的预算定额手册一般由以下内容构成。

3.2.2.1　建设行政主管部门发布的文件

该文件是预算定额具有法令性的必要依据。文件中明确规定了预算定额的执行时间、适用范围,并说明了预算定额的解释权和管理权。

3.2.2.2　预算定额总说明

① 预算定额的指导思想、目的、作用以及适用范围。

② 预算定额的编制原则、编制的主要依据及有关编制精神。

③ 预算定额的一些共性问题,如人工、材料、机械台班消耗量如何确定,人工、材料、机械台班消耗量允许换算的原则,预算定额考虑的因素、未考虑的因素及未包括的内容,以及其他一些共性问题等。

3.2.2.3　建筑面积计算规则

建筑面积计算规则的内容包括建筑面积计算的具体规定及计算的范围等。

3.2.2.4　分部工程说明

① 分部工程工程量计算规则。

② 分部工程定额内综合的内容、换算及调整系数使用的有关规定。

3.2.2.5　分项工程定额项目表

① 表头部分说明分项工程的工作内容及施工工艺标准。

② 分部分项工程的定额编号、项目名称。

③ 各定额子目的基价，包括人工费、材料费、机械费。

④ 各定额子目的人工、材料、机械的名称、单位、单价、消耗数量标准。

⑤ 表下方附注。

3.2.2.6　附录及附表

一般情况下编排混凝土及砂浆配合比表，用于组价和材料分析。

3.2.3　预算定额中人工、材料和机械台班消耗量的确定

3.2.3.1　人工消耗量指标的确定

预算定额中人工消耗量水平和技工、普工比例，以人工定额为基础，通过有关图纸的规定，计算定额人工的工日数。

（1）人工消耗量指标的组成

预算定额中人工消耗量指标包括完成该分项工程所必需的各种用工量。

① 基本用工。

基本用工是指完成分项工程的主要用工量。例如，砌筑各种墙体工程的砌砖、调制砂浆以及运输砖和砂浆的用工量。

② 其他用工。

其他用工是指辅助基本用工消耗的工日。按其工作内容的不同，又分为以下三类。

a. 超运距用工，指超过人工定额规定的材料、半成品运距的用工。

b. 辅助用工，指材料需在现场加工的用工，如筛砂子、淋石灰膏等增加的用工。

c. 人工幅度差用工，指人工定额中未包括的，在一般正常施工情况下又不可避免的一些零星用工。其内容如下：

（a）各种专业工种之间的工序搭接及土建工程与安装工程的交叉、配合中不可避免的停歇时间。

（b）施工机械在场内单位工程之间变换位置及在施工过程中移动临时水、电线路引起的临时停水、停电所发生的不可避免的间歇时间。

（c）施工过程中的水电维修用工。

（d）隐蔽工程验收等工程质量检查影响的操作时间。

（e）现场内单位工程之间操作地点转移影响的操作时间。

（f）施工过程中工种之间交叉作业造成的不可避免的剔凿、修复、清理等用工。

（g）施工过程中不可避免的直接少量零星用工。

（2）人工消耗量指标的计算

预算定额中的各种用工量应根据测算后综合取定的工程量和人工定额进行计算。

① 综合取定工程量。

预算定额是一项综合性定额，它是按组成分项工程内容的各工序综合而成的。

编制分项定额时,要按工序划分的要求测算、综合取定工程量。如砌墙工程除了主体砌墙外,还需综合砌筑门窗洞口、附墙烟囱、弧形及圆形旋、垃圾道、预留抗震柱孔等的含量。综合取定工程量是指按照一个地区历年实际设计房屋的情况,选用多份设计图纸进行测算取定数量。

　　② 计算人工消耗量。

　　按照综合取定的工程量或单位工程量和劳动定额中的时间定额,计算出各种用工的工日数量。

　　a. 基本用工的计算。

$$基本用工数量 = \sum (工序工程量 \times 时间定额)$$

　　b. 超运距用工的计算。

$$超运距用工数量 = \sum (超运距材料数量 \times 时间定额)$$

$$超运距 = 预算定额中规定的运距 - 劳动定额规定的运距$$

　　c. 辅助用工的计算。

$$辅助用工数量 = \sum (加工材料数量 \times 时间定额)$$

　　d. 人工幅度差用工的计算。

$$人工幅度差用工数量 = \sum (基本用工 + 超运距用工 + 辅助用工) \times 人工幅度差系数$$

3.2.3.2　材料消耗量指标的确定

　　材料消耗量指标是在节约和合理使用材料的条件下,生产单位合格产品所必须消耗的一定品种、规格的原材料、燃料、半成品或配件的数量标准。材料消耗量指标以材料消耗定额为基础,按预算定额的定额项目,综合材料消耗定额的相关内容,经汇总后确定。

3.2.3.3　机械台班消耗量指标的确定

　　预算定额中的建筑施工机械台班消耗量指标是以台班为单位进行计算的,每一台班为 8 h 工作制。预算定额的机械化水平应以多数施工企业采用的和已推广的先进施工方法为标准。预算定额中的机械台班消耗量按合理的施工方法取定,并考虑增加了机械幅度差。

　　(1) 机械幅度差

　　机械幅度差是指在劳动定额(机械台班量)中未包括的,机械在合理的施工组织条件下所必需的停歇时间,在编制预算定额时应予以考虑。其内容包括:

　　① 施工机械转移工作面及配套机械互相影响损失的时间。

　　② 在正常施工情况下,机械施工中不可避免的工序间歇。

　　③ 检查工程质量影响机械操作的时间。

　　④ 临时水、电线路在施工中移动位置所发生的机械停歇时间。

　　⑤ 工程结尾时,工作量不饱满所损失的时间。

　　由于垂直运输用的塔吊、卷扬机及砂浆、混凝土搅拌机是按小组配合的,故应以小组产量计算机械台班产量,不另增加机械幅度差。

　　(2) 机械台班消耗量指标的计算

　　① 小组产量计算法:按小组日产量的大小来计算耗用机械台班的多少。其计算公式如下:

$$分项定额机械台班使用量 = \frac{分项定额计量单位值}{小组产量}$$

　　② 台班产量计算法:按台班产量的大小来计算定额内机械消耗量的大小。其计算公式如下:

$$定额台班用量＝\frac{定额单位}{台班产量}×机械幅度差系数$$

3.2.4　预算定额的应用

3.2.4.1　预算定额的套用

预算定额是确定工程预算造价，办理工程价款结算，处理承发包工程经济关系的主要依据之一。定额应用得正确与否直接影响工程造价。因此，必须熟练而准确地使用预算定额。定额项目的选套方法有以下三种情况。

① 直接套用定额。当施工图设计的工程内容与定额项目工程内容一致，且计量单位相同时，就可以直接套用其各消耗量指标。

② 套用换算后的定额。当施工图设计的工程内容与定额项目的工程内容不一致，而定额规定允许换算或用系数调整时，则必须进行定额换算，然后套用换算后的定额。

③ 套用补充定额。当施工图设计的工程内容在定额项目工程内容上完全查不到，采用新材料、新结构、新工艺的工程内容，则应套用补充定额。

3.2.4.2　预算定额的换算

预算定额的换算是指将定额中规定的工程内容和施工图设计要求的内容部分按定额规定的方法和范围进行调整而取得一致的过程。

（1）定额换算的内容和范围

预算定额换算的内容包括消耗量和预算单价的换算、工程量的调整。

预算定额换算的范围包括增减设计用料、规格品种、标号、配合比、数量、厚度、施工方法、距离。另外，根据机械种类、型号的不同，定额工日应增减系数等。

（2）定额换算的方法

① 工程量换算法。

工程量换算法是依据预算定额的规定，将施工图设计的工程项目工程量乘以定额规定的调整系数。换算后的工程量一般可按下式计算：

$$换算后的工程量＝按施工图计算的工程量×定额规定的调整系数$$

② 系数增减换算法。

当施工图设计的工程项目内容与定额规定的内容不完全相符时，定额规定在允许范围内采用增减系数调整定额基价或其中的人工费、机械使用费等。

系数增减换算法的步骤如下。

a. 根据施工图纸设计的工程项目内容，从定额手册目录中查出工程项目在定额中的页数及其部位，并判断是否需要增减系数，调整定额项目。

b. 如需调整，从定额项目表中查出定额基价和定额人工费（或机械使用费等），并从定额总说明、分部工程说明或附注内容中查出相应的调整系数。

c. 计算调整后的定额基价，调整后的定额基价一般可按下式计算：

$$调整后的定额基价＝调整前的定额基价±定额人工费（或机械费）×相应调整系数$$

d. 写出调整后的定额编号。

e. 计算调整后的预算价格。调整后的预算价格一般可按下式计算：

$$调整后的预算价格＝工程项目工程量×调整后的定额价格$$

③ 材料价格换算法。

材料价格换算法的步骤如下。

a. 根据施工图纸设计的工程项目内容,从定额手册目录中查出工程项目所在定额中的页数及其部位,并判断是否需要进行定额换算。

b. 如需换算,则从定额项目表中查出工程项目相应的换算前定额基价和定额消耗量。

c. 从建筑材料市场价格信息资料中,查出相应的材料市场价格。

d. 计算换算后的定额基价。换算后的定额基价一般可按下式计算:

换算后的定额基价＝换算前的定额基价±换算材料定额消耗量×(换算材料市场价格－换算材料预算价格)

e. 写出调整后的定额编号。

f. 计算换算后的预算价格。换算后的预算价格按下式计算:

换算后的预算价格＝工程项目工程量×相应的换算材料预算价格

④ 材料用量换算法。

当施工图设计的项目主材用量与定额规定的主材消耗量不同而引起定额基价的变化时,必须进行定额换算。其换算步骤如下。

a. 根据施工图设计的工程项目内容,从定额手册目录中查出工程项目所在定额的页数及其部位,并判断是否需要进行定额换算。

b. 从定额项目表中查出工程项目相应的定额基价、定额主材消耗量和相应的预算价格。

c. 计算工程量项目主材的实际用量和定额单位主材实际消耗量。其一般可按下式进行计算:

主材实际用量＝主材设计净用量×(1＋损耗率)

$$定额单位主材实际消耗量＝\frac{主材实际用量}{工程项目工程量}×工程项目定额计量单位$$

d. 计算换算后的定额基价。其一般可按下式计算:

换算后的定额基价＝换算前的定额基价±(定额单位主材实际消耗量－定额规定的主材消耗量)×相应主材预算价格

e. 写出调整后的定额编号。

f. 计算换算后的预算价格。

3.3　建筑工程企业定额的应用

企业定额是工程施工企业根据本企业的技术水平和管理水平编制制定的完成单位合格产品所必需的人工、材料和施工机械台班消耗量,以及其他生产经营要素消耗的数量标准。企业定额可反映出企业的施工生产与生产消费之间的数量关系,是施工企业生产力水平的体现。企业的技术和管理水平不同,企业定额的水平也就不同。因此,企业定额是施工企业进行施工管理和投标报价的基础和依据,也是企业核心竞争力的具体表现。

3.3.1　企业定额的作用

随着我国社会主义市场经济体制的不断完善,工程造价管理制度改革的不断深入,企业定额日益成为工程施工企业进行管理的重要工具。

① 企业定额是施工企业计算和确定工程施工成本的依据,是施工企业进行成本管理、经济核算的基础。

企业定额是根据本企业的人员技能、施工机械装备程度、现场管理和企业管理水平制定的,按企业定额计算得到的工程费用是企业进行施工生产所需的成本。在施工过程中,对实际施工成本的控制和管理,应以企业定额作为控制的计划目标数开展相应的工作。

② 企业定额是施工企业进行工程投标,编制工程投标价格的基础和主要依据。

企业定额的定额水平可反映出企业施工生产的技术水平和管理水平。在确定工程投标价格时,首先要依据企业定额计算出施工企业拟完成投标工程需发生的计划成本。在掌握工程成本的基础上,再根据所处的环境和条件确定在该工程上拟获得的利润、预计的工程风险费用和其他应考虑的因素,从而确定投标价格。因此,企业定额是施工企业编制计算投标报价的基础。

③ 企业定额是施工企业编制施工组织设计的依据。

企业定额可以应用于工程的施工管理中,用于签发施工任务单、限额领料单以及结算计件工资或计量奖励工资等。企业定额直接反映本企业的施工生产力水平。运用企业定额可以更合理地组织施工生产,有效确定和控制施工中人力、物力消耗,节约成本开支。

3.3.2　企业定额的编制原则

工程施工企业在编制企业定额时应依据本企业的技术能力和管理水平,以基础定额为参照和指导,测定计算本企业完成分项工程或工序所必需的人工、材料和机械台班的消耗量,准确反映本企业的施工生产力水平。

目前,为适应国家推行的工程量清单计价办法,企业定额可采用基础定额的形式,按统一的工程量计算规则、统一划分的项目、统一的计量单位进行编制。

在确定人工、材料和机械台班消耗量以后,需按选定的市场价格,包括人工价格、材料价格和机械台班价格等编制分项工程基价,并确定工程间接成本、利润、其他费用项目等的计费原则,编制分项工程的综合单价。

3.3.3　企业定额的编制方法

编制企业定额最关键的工作是确定人工、材料和机械台班的消耗量,以及计算分项工程的单价或综合单价。具体测定和计算方法同前述施工定额及基础定额的编制。

人工消耗量的确定,首先是根据企业环境拟订正常的施工作业条件,分别计算测定基本用工和其他用工的工日数,进而拟订施工作业的定额时间。

材料消耗量的确定,是通过对企业历史数据的统计分析、理论计算、实验试验、实地考察等计算确定材料(包括周转材料)的净用量和损耗量,从而拟订材料消耗的定额指标。

机械台班消耗量的确定,同样需要按照企业的环境拟订机械工作的正常施工条件,确定机械净工作率和利用系数,据此拟订施工机械作业的定额台班和与机械作业相关的工人小组的定额时间。

人工单价即劳动力价格,一般情况下应按地区劳务市场的价格计算确定。人工单价最常见的是日工资。通常根据工种和技术等级的不同分别计算人工单价,有时可以简单地按专业工种将人工粗略划分为结构、精装修、机电三大类,然后按每个专业工种需要的不同等级人工的比例综合计算人工单价。

材料价格按市场价格计算确定。其应是供货方将材料运至工地现场堆放地或工地仓库的价格,包括材料的生产成本、包装费、利润、税金、运输费、装卸费和其他相关的所有费用。进口材料的价格也应是材料到达施工现场的价格,包括材料出厂价、运输费、运输保险费、装卸费、进口税、采购费、仓储费及其他相关的费用。

施工机械使用价格最常用的是台班价格,包括机械设备的折旧费、安装拆卸费、燃料动力费、操作人工费、维修保养费、辅助工具和材料消耗费等。施工机械使用费根据具体情况可以在开办费中单独列项,也可以摊入分部分项工程的费用之中。

3.4 建筑工程概算定额和概算指标的应用

3.4.1 概算定额

工程概算定额是确定建设工程一定计量单位扩大结构分部工程的人工、材料、机械台班消耗量的数量标准。

3.4.1.1 概算定额的作用

概算定额是初步设计阶段编制设计概算或技术设计阶段编制修正概算的依据,是确定建设项目投资额的依据。概算定额可用于进行设计方案的技术经济比较,是编制建筑安装工程主要材料使用计划的依据。概算定额是编制概算指标的基础。

3.4.1.2 编制概算定额的一般要求

① 概算定额的编制深度要适应设计深度的要求。由于概算定额是在初步设计阶段使用的,受初步设计的设计深度所限制,因此定额项目划分应坚持简化、准确和适用的原则。

② 概算定额的水平应与基础定额、预算定额的水平基本一致。它必须反映在正常条件下大多数企业的设计、生产、施工和管理水平。

由于概算定额是在基础定额的基础上适当地再一次扩大、综合和简化,因而在工程标准、施工方法和工程量取值等方面进行综合测算时,概算定额与基础定额之间必将产生并允许留有一定的幅度差,以便根据概算定额编制的概算能够控制施工图预算。

3.4.1.3 概算定额的编制方法

概算定额是在基础定额的基础上综合而成的,每一项概算定额项目都包括了数项基础定额的定额项目。

① 直接利用综合基础定额,如砖基础、钢筋混凝土基础、楼梯、阳台、雨篷等。

② 在基础定额的基础上再合并其他次要项目。如墙身再包括伸缩缝,地面包括平整场地、回填土、明沟、垫层、找平层、面层及踢脚。

③ 改变计量单位。如屋架、天窗架等不再按体积计算,而按屋面水平投影面积计算。

④ 采用标准设计图纸的项目,其概算定额可以根据预先编好的标准预算计算。如构筑物中的烟囱、水塔、水池等,以座为单位。

⑤ 将工程量计算规则进一步简化。如砖基础、带型基础以轴线(或中心线)长度乘以断面面积计算;内外墙也均以轴线(或中心线)长度乘以高扣除门窗洞口面积计算;屋架按屋面投影面积计算;烟囱、水塔按座计算;细小零星的占造价比例很小的项目,不计算工程量,按占主要工程的百分比计算。

3.4.1.4 概算定额的内容

概算定额手册的基本内容是由文字说明、定额项目表格和附录组成的。

概算定额的文字说明包括总说明和分章说明,有的还有分册说明。在总说明中,通常说明编制的目的和依据,包括的内容和用途,使用的范围和应遵守的规定;建筑面积的计算规则;分章说明;分部分项工程的工程量计算规则。在章节说明中,一般规定分部工程的工程量计算规则,所包括的

定额项目和工程内容等。

定额项目表格的内容一般包括项目编码，项目名称，计量单位，人工、主要材料和机械台班的单位消耗量。

3.4.2 概算指标

概算指标是以每 100 m² 建筑面积、每 1000 m³ 建筑体积或每座构筑物为计量单位，规定其人工、材料、机械及造价的定额指标。

概算指标是概算定额的扩大与合并。它是以整个房屋或构筑物为对象，以更为扩大的计量单位来编制的，也包括人工、材料和机械台班定额三个基本部分，还列出了各结构分部的工程量及单位工程（以体积计或以面积计）的造价。例如，每 1000 m³ 房屋或构筑物、每 1000 m 管道或道路、每座小型独立构筑物所需要的人工、材料和机械台班的消耗量等。

3.4.2.1 概算指标的作用

概算指标的作用与概算定额相同，在设计深度不够的情况下，往往用概算指标来编制初步设计概算。

因为概算指标比概算定额进一步扩大与综合，所以依据概算指标来估算投资更为简便，但精确度随之降低。

3.4.2.2 概算指标的编制方法

由于各种性质建设工程所需要的人工、材料和机械台班的数量不同，故概算指标通常按工业建筑和民用建筑分别编制。工业建筑中，概算指标按各工业部门的类别、企业大小、车间结构来编制；民用建筑中，概算指标按用途性质、建筑层高、结构类别来编制。

单位工程概算指标，一般选择常见的工业建筑的辅助车间（如机修车间、金工车间、装配车间、锅炉房、变电站、空压机房、成品仓库、危险品仓库等）和一般民用建筑项目（如单身宿舍、办公楼、教学楼、浴室、门卫室等）为编制对象，根据设计图纸和现行的概算定额等，测算出每 100 m² 建筑面积或每 1000 m³ 建筑体积所需的人工、主要材料、机械台班的消耗量指标和相应的费用指标等。

3.4.2.3 概算指标的内容和形式

概算指标的内容一般分为文字说明、指标列表和附录等几部分。

（1）说明和分册说明

概算指标文字说明的内容通常包括概算指标的编制范围、编制依据、分册情况、指标包括的内容、指标未包括的内容、指标的使用范围、指标允许调整的范围及调整方法等。

（2）列表形式

建筑工程的列表形式中，房屋建筑、构筑物一般以建筑面积、建筑体积、座、个等为计量单位，附以必要的示意图，给出建筑物的轮廓示意图或单线平面图，列有自然条件，建筑物类型，结构形式，各部位中结构的主要特点、主要工程量，列出综合指标人工、主要材料、机械台班的消耗量。

建筑工程的列表形式中，设备以"t"或"台"为计量单位，也有以设备购置费或设备的百分比表示的，列出指标编号、项目名称、规格、综合指标等。

3.5 建筑工程投资估算指标的应用

3.5.1 估算指标的概念

估算指标是确定建设项目在建设全过程中全部投资支出的技术经济指标。它具有较强的综合性和概括性,涉及建设前期、建设实施期和竣工验收交付使用期等各阶段的费用支出,内容包括工程费用和工程建设其他费用。不同行业、不同项目和不同工程的费用构成差异很大,因此估算指标中既有反映整个建设项目全部投资及其构成(建筑工程费用、安装工程费用、设备工器具购置费用和其他费用)的指标,又有组成建设项目投资的各单项工程投资(主要生产设施投资、辅助生产设施投资、公用设施投资、生产福利设施投资等)的指标。其既能综合使用,又能个别分解使用。其中,占投资比重大的建筑工程和工艺设备的指标既有量又有价,根据不同结构类型的建筑物列出每100 m²的主要工程量和主要材料量,主要设备要列出其规格、型号和数量,同时要列出以编制年度为基期的价格。这样便于不同方案、不同建设期中对估算指标进行价格的调整和量的换算,使估算指标具有更大的覆盖面和适用性。

3.5.2 估算指标的作用

在项目建议书和可行性研究阶段,估算指标是进行多方案比选,正确编制投资估算,合理确定项目投资额的重要基础和依据。在建设项目评价和决策阶段,估算指标是评价建设项目可行性和分析投资经济效益的主要经济指标。在实施阶段,估算指标是限额设计和工程造价控制的约束标准。

3.5.3 估算指标项目表

估算指标项目表一般分为建设项目综合指标、单项工程指标和单位工程指标三个层次。

(1)建设项目综合指标

建设项目综合指标是反映建设项目从立项筹建到竣工验收交付使用所需的全部投资指标,包括建设投资(单项工程投资和工程建设其他费用)和流动资金投资。一般以建设项目单位综合生产能力的投资表示,如元/[年生产能力(t)]、元/[小时产气量(m³)]等,或以建设项目单位使用功能的投资表示,如元/床(对于医院)、元/套客房(对于宾馆)。

(2)单项工程指标

单项工程指标是建造能独立发挥生产能力或使用效益的单项工程所需的全部费用指标。其包括建筑工程费用,安装工程费用和该单项工程内的设备、工器具购置费用,不包括工程建设其他费用。单项工程指标一般以单项工程单位生产能力造价或单位建筑面积造价表示,如元/(kV·A)(对于变电站)、元/[年产蒸汽(t)](对于锅炉房)、元/[建筑面积(m²)](对于办公室和住宅)。

(3)单位工程指标

单位工程指标是建造能独立组织施工的单位工程的造价指标,即建筑安装工程费用指标,包括直接费、间接费、利润和税金,类似于概算指标。一般以单位工程量造价表示,如元/m²(对于房屋)、元/m²(对于道路)、元/座(对于水塔)、元/m(对于管道)。

知识归纳

(1)工程定额的分类。
(2)劳动定额。
(3)材料消耗量定额。
(4)机械台班使用定额。
(5)预算定额。
(6)企业定额。

（7）概算定额和概算指标。

（8）投资估算指标。

 **思 考 题**

思考题答案

3-1　定额按生产要素划分有哪些？

3-2　定额按编制程序和用途划分有哪些？

3-3　定额时间（必须消耗时间）和非定额时间（损失时间）包括哪些内容？

3-4　什么是概算定额？它与概算指标有什么区别？

参考文献

［1］　中华人民共和国住房和城乡建设部,中华人民共和国质量监督检验检疫总局.GB 50500—2013　建设工程工程量清单计价规范.北京:中国计划出版社,2013.

［2］　中华人民共和国住房和城乡建设部,中华人民共和国质量监督检验检疫总局.GB 50854—2013　房屋建筑与装饰工程工程量计算规范.北京:中国计划出版社,2013.

［3］　全国造价工程师执业资格考试培训教材编审委员会.建设工程计价.北京:中国计划出版社,2013.

［4］　吉林省住房和城乡建设厅.JLJD-FY—2014　吉林省建设工程费用定额.长春:吉林人民出版社,2013.

［5］　方俊,宋敏.工程估价:上册.武汉:武汉理工大学出版社,2008.

［6］　吉林省住房和城乡建设厅.JLJD-JZ—2014　吉林省建筑工程计价定额.长春:吉林人民出版社,2013.

4　建筑与装饰工程计价方法

内容提要

本章主要分析和叙述了建筑与装饰工程的定额计价法和工程量清单计价法两种计价方法。本章的教学重点和难点是这两种计价方法的基本原理和程序的基础知识及其应用。

能力要求

通过本章的学习,学生应在了解和掌握建筑与装饰工程的造价构成及计算、工程定额的编制和应用的基础上,学习和掌握两种建筑与装饰工程计价方法的原理和程序,并能应用这两种计价方法完成实际工程项目工程造价的计算。

重难点

4.1　工程计价方法的选择

建筑与装饰工程计价是按照一定的计价程序、方法和依据,对建筑与装饰工程造价进行估算或确定的行为。目前,我国建筑与装饰工程计价方法有两种:一种是定额计价法,也叫作工料单价法;另一种是工程量清单计价法,也叫作综合单价法。

在进行工程造价计算时,要根据投资性质、项目特点和工程造价计算阶段的要求选取其中的一种方法进行计价计算。

4.1.1　《建设工程工程量清单计价规范》(GB 50500—2013)中对方法选择的强制性条文规定

使用国有资金投资的建设工程的发承包,必须采用工程量清单计价。根据这一规定,在建设项目发承包阶段,如果建设项目是国有资金投资项目,那么发包方的标底或招标控制价的计算、投标方的报价计算,以及工程项目施工阶段的结算与竣工结算和决算都要使用工程量清单计价方法。

4.1.2　《建设工程工程量清单计价规范》(GB 50500—2013)中对方法选择的一般规定

对于非国有资金投资的建设工程,宜采用工程量清单计价。

如果是非国有资金投资项目,国家不强制使用工程量清单计价,只是建议使用工程量清单计价法,也可以使用定额计价法。所以,非国有资金投资项目在施工图预算,发承包阶段发包方的标底或招标控制价的计算、承包方的投标报价计

算,施工阶段的结算,竣工结算和决算可以根据招标文件的规定和施工合同的约定来选择使用工程量清单计价法或定额计价法。

4.2 工程计价标准和依据

工程计价标准和依据包括计价活动的主要规章规程、工程量清单计价规范和计量规范、工程定额和相关工程造价信息等。

4.2.1 工程计价活动的主要规章规程

现行计价活动的主要规章规程包括建设工程发包与承包计价管理办法、建设项目投资估算编审规程、建设项目设计概算编审规程、建设项目施工图预算编审规程、建设项目招标控制价编审规程、建设项目工程结算编审规程、建设项目全过程造价咨询规程、建设项目工程造价咨询成果文件质量标准、建设工程造价鉴定规程等。

4.2.2 工程量清单计价规范和计量规范

工程量清单计价规范和计量规范由《建设工程工程量清单计价规范》(GB 50500—2013)、《房屋建筑与装饰工程工程量计算规范》(GB 50854—2013)等 9 部工程量规范构成。

4.2.3 工程定额

工程定额主要是指国家、地方、行业和有关专业部门制定的,在正常施工条件下完成某一合格单位产品或完成一定量的工作所需消耗的人工、材料、机械台班和财力的数量标准(或额度)。

4.2.4 工程造价信息

其是指工程造价管理机构根据调查和测算发布的建设工程人工、材料、工程设备、施工机械台班的价格信息,以及各类工程的造价指数、指标。

4.3 工程计价基本原理

工程计价基本原理是将建设项目进行逐层分解,直至分解到计价所需的计算单元,然后计算计算单元的工程量,再选取一定的计价方法计算工程单价,之后用工程量乘以工程单价,汇总组合计算结果,形成相应层次的工程造价。

工程计价包括两个主要环节:工程计量与工程计价。

4.3.1 工程计量

工程造价的确定,就是以工程所要完成的工程实体数量为依据,对工程实体数量作出正确的计算并以一定的计量单位表述工程量,然后利用工程量计算费用的过程。工程计量就是以物理计量单位或自然计量单位表示工程量计算单元数量的过程。工程量计算得准确与否,将直接影响工程计价的结果,因此工程量的计算是工程计价的基础工作。工程量的计算是承包企业编制施工进度计划,组织劳动力、材料和施工机具进场的重要依据。工程计量主要包括工程量计算单元的划分和工程量计算单元的工程量计算。

4.3.1.1 工程量计算单元的划分

工程量计算单元主要按照工程计价的需要来划分。如果在设计阶段进行工程造价计算,工程量计算单元应该按照设计概算定额或指标的规定来划分,工程量计算单元应该是扩大的建筑与装饰工程的分部分项工程或结构构件。如果在招投标阶段、施工阶段和竣工验收阶段进行工程造价的计算,工程量计算单元应该是分部分项工程或结构构件。一般来讲,如果采用工程量清单计价法来计算工程造价,则要按照工程量计算规范的要求划分工程量计算单元;如果采用定额计价法,则要按照工程定额的规定来划分工程量计算单元。

4.3.1.2 工程量计算单元的工程量计算

按照要求完成工程量计算单元的划分后,对于工程量计算单元的工程量计算,应该选择使用相应的工程量计算规则来计算工程量计算单元的实物数量。目前,我国的工程量计算规则有两种:

① 各类工程定额规定的计算规则;

② 各专业工程量计算规范附录中的计算规则。

4.3.2 工程计价

工程计价就是对工程造价的计算。工程计价主要包括工程单价的确定和工程总价的计算过程。

4.3.2.1 工程单价的确定

工程单价主要是指完成工程量计算单元实物量所需的基本费用。

工程单价包括两种:工料单价和综合单价。

(1) 工料单价

工料单价是指完成工程量计算单元实物量所需的人工费、材料费和施工机具费用之和。工料单价的计算公式见式(4-1):

$$工料单价 = \sum(人、材、机消耗量 \times 人、材、机单价) \tag{4-1}$$

式中,人、材、机消耗量是指国家、地区和有关专业部门制定的工程定额规定的每完成一工程量计算单元实物量所需要的人工、材料、施工机具的消耗量指标。

人、材、机单价是指国家、地区和有关专业部门制定的工程定额中人工、材料和施工机具的单位价格或市场信息所显示的单位价格。人工单价的单位为元/工日,材料单价的单位为元/物理或自然计量单位,施工机具单价的单位为元/台班。

(2) 综合单价

目前,我国的工程计价中使用的综合单价为部分费用综合单价。这与其他国家使用的完全费用综合单价稍有不同。本教材以下内容中出现的综合单价是指我国在工程计价时使用的综合单价。

综合单价是指完成工程量计算单元实物量所需的人工费、材料费、施工机具费、管理费、利润和风险费用之和。综合单价的计算公式见式(4-2):

$$综合单价 = 人工费 + 材料费 + 施工机具费 + 管理费 + 利润 + 风险费 \tag{4-2}$$

计算综合单价时所使用的人、材、机消耗量均来自企业或国家、地区和各专业部门制定的工程定额消耗量指标,所采用的人、材、机单价均是承包企业或市场信息价格。

4.3.2.2 工程总价的计算过程

工程总价就是工程造价的最终计算结果。工程总价主要按照所选取计价方法规定的程序来计算。工程总价根据工程造价计算阶段的不同和工程层次的不同,分为分项工程总价、分部工程总价、单位工程总价、单项工程总价和建设项目总价等。工程总价的计算程序和方法有以下两种。

① 定额计价法:使用工料单价来计算工程总价。

② 工程量清单计价法：使用综合单价来计算总价。

4.4　定额计价法

定额计价法是我国传统的计价方法。定额计价法是一种与计划经济相适应的工程计价方法。

4.4.1　定额计价法原理

定额计价法是指在编制工程造价时使用国家或地区统一编制的工程定额或指标，对建筑与装饰工程产品进行计价的方法。它的计价原理是：国家或地区以假定的建筑产品为对象，制定统一的工程定额或指标，计算者根据不同计价阶段的要求，按照工程定额规定的工程量计算单元来划分计算项目，逐项计算工程量，套用定额，计算工料单价，再将工料单价与工程量计算单元的实物量相乘，计算出人工费、材料费、施工机具使用费，然后依次计算措施费、管理费、利润和税金，经汇总后即为单位工程造价，再汇总形成单项工程造价和建设项目造价。

定额计价法的特点就是"量"与"价"的结合。

根据人工费、材料费和施工机具使用费计算时所采用的单价来源不同，定额计价法还可分为定额单价法和实物法两种计价程序。

4.4.2　定额单价法的计价程序

定额单价法又叫作工料单价法或预算单价法，是指工程量计算单元的工程单价为人工费、材料费和施工机具使用费的合计费用，工程量计算单元的工程单价直接套用工程定额的定额单价（定额基价）得到，不用单独计算，在确定完成工程量计算单元的工程量和工程单价后，按照一定的计算程序依次完成其他费用的计算，汇总形成工程造价的方法。定额单价法的计价程序如下。

4.4.2.1　收集和熟悉计价资料，熟悉和了解施工现场情况和施工组织设计

收集和熟悉计价资料是工程计价的准备工作。准备工作做得越充分，工程造价的计价结果才能越接近实际情况。收集和熟悉计价资料的内容主要包括：现行的国家、地区和各专业部门制定的各种规范，现行的国家、地区和各专业部门制定的各种定额和指标，各地区取费标准，各地区人、材、机单价，设计文件和相应资料，项目施工现场情况资料、工程特点及常规施工方案，经批准的工程造价前期文件，项目所在地社会、交通、税务资料等。

（1）熟悉设计图纸等设计文件的要求

设计图纸等设计文件是工程计价的基本依据。只有对设计图纸等设计文件进行全面熟悉和了解之后，才能结合工程定额项目正确而全面地分析、划分并列出工程项目的工程量计算单元，才可能按照工程定额既定的工程量计算规则计算出计算单元的工程量并正确地计算出工程造价。

（2）熟悉工程定额的要求

工程定额是工程计价的主要依据。只有对工程定额的形式、使用方法和工作内容有较明确的了解，才能结合设计图纸等设计文件快速准确地计算出工程项目工程量计算单元的工程量。

（3）熟悉和了解施工现场情况和施工组织设计

只有全面、充分地了解和熟悉工程项目的施工方案和措施，才能正确计算出工程量和措施费等费用。只有熟悉和了解施工现场情况，包括工程所在地的水文、地质、地形、地貌、气象资料、资源供应情况、施工条件等，才能根据实际计算出工程造价的各项费用。

4.4.2.2　列出工程量计算单元

列出工程量计算单元就是所谓的列项。其是指在熟悉设计图纸等设计文件和工程定额的基础

上,依据工程定额中的子项目名称列出工程量计算单元的名称。准确列出工程量计算单元是工程计价非常关键的步骤。工程量计算单元的数量,决定了工程计价的计算结果。正确列出工程量计算单元的方法有以下两种。

(1)工程定额法

工程定额法即按照工程定额的子目列出工程量计算单元的方法。这种方法主要是按照工程定额的编制顺序,从定额的第一个子目开始,逐项对照设计图纸看是否发生了此项定额子目的工程内容。如果发生了,就逐一列出工程量计算单元的名称,直至工程定额的全部内容核对完毕。用这种方法列项不容易漏项,但是列项速度较慢。

(2)施工图法

施工图法即按照施工图纸施工过程的顺序列出工程量计算单元的方法。这种方法主要是根据施工图纸,按照施工过程的顺序,自施工准备开始逐项在工程定额中查找应该套用的相应定额子目,直至工程完毕,逐一列出工程量计算单元。这种方法列项速度较快,但是有时容易漏项。

4.4.2.3　计算工程量计算单元工程量

工程量的计算要按照工程定额规定的计算规则,结合设计图纸等设计文件进行。工程量计算是编制工程造价的基本数据。工程量计算的要求是"不重不漏",即在工程量计算时不重项不漏项、不重算不漏算。工程量要严格按照工程量计算规则的规定进行计算,要特别注意工程定额中规定的计算规则中的特殊地方,如现浇楼梯混凝土工程量的计算。同时,应注意工程定额工程量计算规则中规定的应扣除和不应扣除的内容,应增加和不应增加的内容,也要注意按照一定的计算顺序来计算:一般是"先基础,后主体,再装饰;装饰工程先外后内;同一张图纸按先上后下、先左后右的顺序计算;需要重复利用的数据先行计算;先整体,后扣除,再增加"等。

4.4.2.4　套工程定额中的定额单价(定额基价)

当工程量计算完成,经自检无误后,就可以按照工程定额子目的排列顺序排列工程量计算单元,在工程预算表格中逐项填写出工程定额编号、项目名称、工程量、计量单位及工程定额单价(定额基价)等。工程预算表见表4-1。

表4-1　　　　　　　　　　　　　　建筑工程预算表

工程名称:　　　　　　标段:　　　　　　　　　　　　　　　　第　页　共　页

序号	定额编号	项目名称	单位	工程量	单价/元	合价/元	其中	
							人工费/元	机械费/元

在套用工程定额时,一般会遇到以下四种情况:工程定额的直接套用、近似套用、换算和补充。

在套用工程定额的定额工料单价时,要区分以下几种情况。

(1)直接套用工程定额的子目和定额单价(定额基价)

当工程量计算单元与工程定额子目的工程内容、技术特征、施工方法、项目及型号规格等完全相同时,可以直接套用工程定额的子目和定额单价(定额基价)。

(2)近似套用工程定额的子目和定额单价(定额基价)

当工程量计算单元与工程定额子目的工程内容、技术特征、施工方法、项目及型号规格等不完

全相同,但工程定额不允许换算时,只能近似套用工程定额的子目和定额单价(定额基价)。

(3) 套用换算后的工程定额子目和定额单价(定额基价)

当工程量计算单元与工程定额子目的工程内容、技术特征、施工方法、项目及型号规格等不完全相同,但工程定额允许换算时,工程定额要在允许调整的规定范围内加以调整换算,套用换算后的工程定额子目和定额单价(定额基价)。

(4) 编制一次性补充定额估价表

如果工程定额没有子目和定额单价,则属于定额缺项,需要编制一次性补充定额估价表,报工程造价管理机构审批,按照批准的内容套用。

4.4.2.5　计算人工费、材料费和施工机具使用费

套用定额中的定额单价(定额基价),就是套用每个列出的工程量计算单元相应的定额基价,计算出人工费、材料费、施工机具使用费。人工费、材料费和施工机具使用费的计算公式见式(4-3)。

$$单位工程人、材、机费用 = \sum(每个列出的工程量计算单元工程量 \times 相应工程定额单价) \quad (4-3)$$

4.4.2.6　计算企业管理费

各个地区企业管理费的计算方法不同。以《吉林省建设工程费用定额》(JLJD-FY—2014)中企业管理费计算为例,企业管理费的计算公式见式(4-4)和式(4-5)。

$$建筑工程企业管理费 = (人工费 + 施工机具使用费) \times 费率 \quad (4-4)$$

$$装饰工程企业管理费 = 人工费 \times 费率 \quad (4-5)$$

4.4.2.7　计算利润

各个地区利润的计算规定不同。以《吉林省建设工程费用定额》(JLJD-FY—2014)中利润的计算为例,利润的计算公式见式(4-6)。

$$利润 = 人工费 \times 费率 \quad (4-6)$$

4.4.2.8　计算规费

规费是按上级有关主管部门规定计算的费用。以《吉林省建设工程费用定额》(JLJD-FY—2014)中规费的计算为例,吉林省的规费有六项计算内容,规费的计算公式见式(4-7)。

$$规费 = 人工费 \times 费率 \quad (4-7)$$

4.4.2.9　工料机消耗量分析计算

工料机消耗量分析计算是计算人工、材料和施工机具价差的准备工作,也是计取其他费用的基础。

工程造价管理部门规定允许差价调整和量差调整的人工、材料和施工机具均应进行工料分析。进行工料分析时应注意以下事项。

(1) 损耗的规定

工程定额中已经包含场内运输、操作,场外运输和保管损耗的,不再另外分析计算。

(2) 半成品的工料分析

混凝土、砂浆这些半成品材料需要进行二次分析。

(3) 工料分析范围

工料分析只分析允许调整价差的人工、材料和施工机具的用量,其他不允许调整价差和用系数调整价差的人工、材料和施工机具的用量不用分析计算。

4.4.2.10　工料机价差调整

(1) 人工价差的计算

以《吉林省建设工程费用定额》(JLJD-FY—2014)为例,人工价差的计算方式见式(4-8)。

$$人工价差 = 人工消耗量 \times \frac{人工调整价差}{工日} \tag{4-8}$$

人工价差也可使用地区造价管理部门规定的计算方法进行调整。

（2）材料价差的计算

以《吉林省建设工程费用定额》（JLJD-FY—2014）为例，材料价差的计算公式见式（4-9）。

$$材料价差 = \sum(材料消耗量 \times 材料调整价差) \tag{4-9}$$

材料价差也可使用地区造价管理部门规定的计算方法调整。

（3）施工机具价差的计算

以《吉林省建设工程费用定额》（JLJD-FY—2014）为例，施工机具价差的计算公式见式（4-10）。

$$施工机具价差 = \sum(施工机具消耗量 \times 施工机具调整价差) \tag{4-10}$$

施工机具价差也可使用地区造价管理部门规定的计算方法调整。

4.4.2.11　计算税金

以《吉林省建设工程费用定额》（JLJD-FY—2014）为例，税金的计算公式见式（4-11）。

$$税金 = 不含税费用总和 \times 综合税率 \tag{4-11}$$

4.4.2.12　汇总，形成单位工程造价

将以上计算结果汇总，即形成单位工程造价。

4.4.2.13　计算单项工程造价

将各个单位工程造价进行汇总，再加上设备及工器具购置费，即形成单项工程造价，计算公式见式（4-12）。

$$单项工程造价 = \sum 单位工程造价 + 设备及工器具购置费 \tag{4-12}$$

4.4.2.14　计算建设项目造价

将各个单项工程造价进行汇总，再加上预备费，即形成建设项目造价，计算公式见式（4-13）。

$$建设项目造价 = \sum 单项工程造价 + 预备费 \tag{4-13}$$

将以上单位工程费用计算结果填入单位工程预算费用表，表的形式见表4-2。

表4-2　　　　　　　　　　　　　　　单位工程预算费用表

工程名称：

序号	项目名称	合价	建筑工程		××工程	
			费率	金额	费率	金额

【例4-1】　某房屋建筑工程为一类工程。土石方工程分部工程列项为：① 人工平整场地 1000 m²；② 人工挖槽（三类土，挖土深度为 3.5 m）3200 m³；③ 装载机（斗容量 1 m³）装运土方 1500 m³，运距 90 m。以《吉林省建筑工程计价定额》（JLJD-JZ—2014）、《吉林省建设工程费用定额》（JLJD-FY—2014）和工程造价信息价——人工单价 120 元/工日为工程计价依据，用定额单价法计算单位工程的工程造价（本工程假定无措施费）。给定的《吉林省建设工程费用定额》（JLJD-FY—2014）取费程序表见表4-3（计算其他费用时，在给定的费率表中标有"按规定计取"的费用本例题假定没有发生，不用计算；只有人工进行价差调整；计算结果保留整数）。

表 4-3　　　　　　　　　　　　　　　　　　　单位工程取费程序表

工程名称：某工程、一类工程／市区

序号	费用名称	取费说明		费率/%
		工程类别		
		建筑工程	装饰、独立土石方	
一	人工费			
二	材料费			
三	机械费			
四	企业管理费	（人工费＋机械费）×费率（13.75%）	人工费×费率（16.21%）	
五	措施项目费	1＋2＋3＋4＋5＋6＋7＋8＋9		
1	安全文明施工费	（人工费＋机械费）×费率（9.06%）	人工费×费率（8.85%）	
2	夜间施工增加费	按规定计算		
3	非夜间施工增加费	按规定计算		
4	二次搬运费	人工费×费率		0.3
5	冬季施工增加费	按规定计取		
6	雨季施工增加费	人工费×费率		0.38
7	地上地下设施、建筑物的临时保护设施费用	按规定计取		
8	已完工程保护费	按规定计取		
9	工程定位复测费	（人工费＋机械费）×费率（1.18%）	人工费×费率（2.52%）	
六	规费	1＋2＋3＋4＋5＋6		
1	工程排污费	人工费×费率		0.3
2	社会保险费	(1)＋(2)＋(3)＋(4)＋(5)＋(6)		
(1)	养老保险费	按企业取费证书计算		
(2)	失业保险费	按企业取费证书计算		
(3)	医疗保险费	按企业取费证书计算		
(4)	住房公积金	按企业取费证书计算		
(5)	生育保险费	人工费×费率		0.42
(6)	工伤保险费	人工费×费率		0.61
3	防洪基础设施建设资金	按各市、州建设行政主管部门规定的标准计取		
4	副食品价格调节基金	按规定计取		
5	残疾人就业保障金	人工费×费率		0.48
6	其他规费	按规定计取		
七	利润	人工费×费率		16
八	价差			
九	其他项目费	按规定计取		
十	税金	不含税造价×综合税率		3.48
十一	工程造价	一十二十三十四十…十十		

【解】 本例题要求使用定额单价法计价。根据之前阐述的定额单价法计价程序和例题给定的已知条件,我们假定已经完成计价程序的第 1 步(收集和熟悉计价资料,熟悉和了解施工现场情况和施工组织设计)、第 2 步(列出工程量计算单元)和第 3 步(计算工程量计算单元工程量)三个步骤。下面,我们从第 4 步开始计算。

(1) 完成第 4 步、第 5 步[套工程定额中的定额单价(定额基价),计算人工费、材料费和施工机具使用费]

① 第 1 个分项工程是人工平整场地。套《吉林省建筑工程计价定额》(JLJD-JZ—2014)中的相应定额子目,定额编号为 A1-0001。由于工作内容和施工条件与定额子目一致,所以可以直接套用定额单价(定额基价)2381.4 元/(1000 m^2),计算人工、材料和施工机具使用费。

人工平整场地人工、材料和施工机具使用费=1000 m^2×2381.4 元/(1000m^2)≈2381 元

其中:

$$人工费=1000 \ m^2×2381.4 \ 元/(1000 \ m^2)≈2381 \ 元$$

$$材料费=0$$

$$机械费=0$$

② 第 2 个分项工程是人工挖槽(三类土,挖土深度为 3.5 m)3200 m^3。套《吉林省建筑工程计价定额》(JLJD-JZ—2014)相应定额子目,定额编号为 A1-0041。由于工作内容和施工条件与定额子目一致,所以可以直接套用定额单价(定额基价)4838.69 元/(100 m^3),计算人工、材料和施工机具使用费。

人工挖槽(三类土,挖土深度为 3.5 m)人工、材料和施工机具使用费
=3200 m^3×4838.69 元/(100 m^3)≈154838 元

其中:

$$人工费=3200 \ m^3×4836.93 \ 元/(100 \ m^3)≈154782 \ 元$$

$$材料费=0$$

$$机械费=3200 \ m^3×1.76 \ 元/(100 \ m^3)≈56 \ 元$$

③ 第 3 个分项工程是装载机(斗容量 1 m^3)装运土方 1500 m^3,运距 90 m。套《吉林省建筑工程计价定额》(JLJD-JZ—2014)相应定额子目,定额编号为 A1-0286。由于工作内容和施工条件与定额子目一致,所以可以直接套用定额单价(定额基价)5212.25 元/(1000 m^3),计算人工、材料和施工机具使用费。

装载机(斗容量 1 m^3,运距 90 m)装运土方人工、材料和施工机具使用费
=1500 m^3×5212.25 元/(1000 m^3)≈7818 元

其中:

$$人工费=1500 \ m^3×453.6 \ 元/(1000 \ m^3)≈680 \ 元$$

$$材料费=0$$

$$机械费=1500 \ m^3×4758.65 \ 元/(1000 \ m^3)≈7138 \ 元$$

三项分部分项工程人工、材料和施工机具使用费合计=2381 元+154838 元+7818 元
$$=165037 \ 元$$

其中:

$$人工费合计=2381 \ 元+154782 \ 元+680 \ 元=157843 \ 元$$

$$材料费合计=0$$

$$施工机具使用费(机械费)=0+56 \ 元+7138 \ 元=7194 \ 元$$

三项分部分项工程的人工、材料和施工机具使用费计算完成后，填写建筑工程预算表。填写完成的建筑工程预算表见表4-4。

表4-4　　　　　　　　　　　　　　　建筑工程预算表

工程名称：某工程　　　　　　　　　　　标段：1　　　第1页　共1页

序号	定额编号	项目名称	单位	工程量	单价/元	合价/元	其中	
							人工费/元	机械费/元
1	A1-0001	人工平整场地	1000 m²	1	2381.4	2381	2381	
2	A1-0041	人工挖槽	100 m³	32	4838.69	154838	154782	56
3	A1-0286	装载机装运土方	1000 m³	1.5	5212.25	7818	680	7138
合计						165037	157843	7194

（2）完成第6步到第8步，计算其他费用

① 计算企业管理费。查《吉林省建设工程费用定额》（JLJD-FY—2014）费率表，一类建筑工程企业管理费费率为13.75%，独立土石方工程企业管理费费率为16.21%。

建筑工程企业管理费＝（人工费＋施工机具使用费）×费率＝（2381＋680＋7138）×13.75%
＝1402（元）

独立土石方工程企业管理费＝人工费×费率＝154782×16.21%＝25090（元）

② 计算利润。

《吉林省建设工程费用定额》（JLJD-FY—2014）中利润的费率为16%。

利润＝人工费×费率＝157843×16%＝25255（元）

③ 计算规费。

根据《吉林省建设工程费用定额》（JLJD-FY—2014）中规定的规费的六项计算内容、计算方法和查得的规费费率，规费的计算过程为：

社会保险费＝人工费×费率＝157843×（0.42%＋0.61%）＝1626（元）

工程排污费＝人工费×费率＝157843×0.3%＝474（元）

残疾人就业保障金＝人工费×费率＝157843×0.48%＝758（元）

（3）完成第9步，进行工料机消耗量分析计算

人工消耗量＝22.68/1000×1000 ＋ 46.066/100×3200＋4.32/1000×1500＝1503（工日）

材料消耗量＝0

施工机具消耗量＝0.064/100×3200＋7.208/1000×1500＝12.86（台班）

（4）完成第10步，完成工料机价差计算

人工价差＝1503×（120－105）＝22545（元）

（5）完成第11步，计算税金

税金＝（165037＋1402＋25090＋25255＋1626＋474＋758＋22545）×3.48%＝8428（元）

（6）完成第12步，汇总，完成单位工程造价计算

单位工程造价＝250615 元

4.4.3　实物法计价程序

实物法与定额单价法都属于定额计价方法。只是实物法在计价过程中套用工程定额时不使用

工程定额中的定额单价或称工料单价(定额基价),而是套用工程定额中的人工、材料和施工机具的定额消耗量进行工料机分析,然后使用市场人工、材料和施工机具的信息价格进行计价。这种方法更加能够满足工程项目施工时实际工程的计价需要。实物法计价程序如下。

4.4.3.1 收集和熟悉计价资料

收集和熟悉的计价资料内容主要包括:现行国家、地区和各专业部门制定的各种规范,现行国家、地区和各专业部门制定的各种定额和指标,各地区取费标准,各地区人材机预算单价和市场单价,设计文件和相应资料,项目施工现场情况资料,工程特点及常规施工方案,经批准的工程造价前期文件,项目所在地社会、交通、税务资料等。

实物法收集和熟悉计价资料的要求和内容基本同定额单价法,只有一点区别,就是收集资料时要尤其注意人工、材料和施工机具市场价格信息的准确性。

熟悉图纸和熟悉工程定额的方法和要求同定额单价法。

4.4.3.2 列出工程量计算单元

这一程序的内容和要求同定额单价法。

4.4.3.3 计算工程量计算单元工程量

这一程序的内容和要求同定额单价法。

4.4.3.4 套工程定额中工料机的定额消耗量指标,进行工料机消耗量的分析计算

套工程定额中的工料机消耗量指标,就是套用每个列出的工程量计算单元相应定额中的工料机消耗量指标进行工料机分析,计算出人工、材料、施工机具的消耗量。这一步骤同定额单价法中工料机消耗量分析计算程序的要求是不同的。它们之间的区别在于,定额单价法进行工料机消耗量分析计算是为价差调整计算做准备,是有选择的分析计算,即只分析计算工程造价管理部门规定允许价差调整和量差调整的人工、材料和施工机具的消耗量;而实物法的工料机分析是对工程造价基础数据的计算,必须将所有列出的工程量计算单元的工料机消耗量全部计算出来,才能完整、准确地计算出工程造价,不能进行有选择的分析计算。工料机消耗量的计算方法见式(4-14)。

$$单位工程人、材、机消耗量 = \sum(每个列出的工程量计算单元的工程量 × 人、材、机定额消耗量)$$

$$(4-14)$$

4.4.3.5 计算工料机费用

这一程序是利用工料机分析计算的结果来进行计算的。

(1)人工费计算

人工费计算公式见式(4-15)。

$$人工费 = \sum(工日消耗量 × 日工资市场单价) \tag{4-15}$$

(2)材料费和工程设备费计算

材料费和工程设备费的计算公式见式(4-16)和式(4-17)。

$$材料费 = \sum(材料消耗量 × 材料市场单价) \tag{4-16}$$

$$工程设备费 = \sum(工程设备量 × 工程设备市场单价) \tag{4-17}$$

(3)施工机具费计算

施工机具费的计算分为施工机械使用费的计算和仪器仪表使用费的计算。其计算公式见式(4-18)和式(4-19)。

① 施工机械使用费。

$$施工机械使用费 = \sum (施工机械台班消耗量 \times 机械台班市场单价) \tag{4-18}$$

② 仪器仪表使用费。

$$仪器仪表使用费 = 工程使用的仪器仪表摊销费 + 维修费 \tag{4-19}$$

4.4.3.6　计算企业管理费

其与定额单价法的同一步骤相同。

4.4.3.7　计算利润

其与定额单价法的同一步骤相同。

4.4.3.8　计算规费

其与定额单价法的同一步骤相同。

4.4.3.9　计算税金

其与定额单价法的同一步骤相同。

4.4.3.10　汇总，形成单位工程造价

其与定额单价法的同一步骤相同。

4.4.3.11　单项工程造价

其与定额单价法的同一步骤相同。

4.4.3.12　建设项目造价

其与定额单价法的同一步骤相同。

【例 4-2】　工程背景资料同例 4-1，增加的条件为：夯实机市场租赁单价为 40 元/台班，装载机市场租赁单价为 800 元/台班。要求使用实物法计算单位工程造价。

【解】　本例题的大部分解题步骤同例 4-1，在此只将不同的步骤作分析计算。

（1）工料分析

人工消耗量 = 22.68/1000×1000 ＋ 46.066/100×3200 ＋ 4.32/1000×1500 = 1503（工日）

$$材料消耗量 = 0$$

$$夯实机机具消耗量 = 0.064/100 \times 3200 = 2.048（台班）$$

$$装载机机具消耗量 = 7.208/1000 \times 1500 = 10.8（台班）$$

（2）人工费计算

$$人工费 = 1503 \times 120 = 180360（元）$$

$$材料费 = 0$$

$$施工机具使用费 = 2.048 \times 40 + 10.8 \times 800 = 8722（元）$$

其余步骤同例 4-1。

4.5　工程量清单计价法

定额计价法是我国较传统的工程造价计算方法。由于对设计图纸等设计文件的理解有差异，对工程定额的使用和理解有差异，所以容易造成工程造价计算结果相差较多，发承包双方容易产生纠纷。工程量清单计价法由发包方统一计算和提供工程量计算结果，承包方在统一的工程量计算平台上，根据企业自身实际情况和市场价格信息自主计算工程造价。这样就从某些方面改进了定额计价法的不足，使工程造价计算更加符合实际，更能体现承包商自身的优势，可在一定程度上规范建筑市场秩序,确保工程质量。发包方提供工程量清单,承包商根据企业自身情况自主报价,工程造价计算的高低体现着承包企业管理水平和技术水平的高低。这种局面促成了承包企业整体市场的竞争,有利于我国建筑市场的快速发展。采用工程量清单计价法,避免了传统计价时发承包双方重复计算工程量的工作,能够实现快速报价。使用工程量清单计价法后,在签订施工合同时基本上采用单价合同,工程结算时,只要根据实际工程量的完成数值,就可以快速完成结算等工作,减少了发承包双方的纠纷。因为工程单价相对固定,采用工程量清单计价法对于工程变更等对工程造价的影响可较容易察觉到,所以有利于对工程造价的控制。

工程量清单计价法是指在工程招投标阶段,招标人按照国家统一的《建设工程工程量清单计价规范》(GB 50500—2013)的要求和各个专业工程量计算规范的规定编制和提供工程量清单,投标人依据工程量清单、拟建工程的施工方案,结合自身实际情况并考虑风险后自主报价的工程造价计算方法。

4.5.1 工程量清单计价原理

工程量清单计价原理是:按照工程量清单计价规范的规定,在各个专业工程量计算规范规定的工程量清单项目设置和工程量计算规则的基础上,针对具体工程的施工图纸和施工组织设计计算出各个清单项目的工程量,再依据规定的方法计算出综合单价,汇总各个清单合价得出工程总价。

工程量清单计价过程分为两个环节:第一个环节是工程量清单的编制,第二个环节是根据工程量清单进行工程造价的计算。

4.5.2 工程量清单的编制程序

4.5.2.1 收集和熟悉工程量清单编制依据

收集和熟悉工程量清单编制依据是保证工程量清单编制结果准确的非常重要的准备工作。收集和熟悉的工程量清单编制依据主要有:

① 《建设工程工程量清单计价规范》(GB 50500—2013)、各个专业工程量计算规范;

② 国家、地区、行业主管部门颁发的工程定额计价办法;

③ 建设项目设计文件及相关资料;

④ 与建设有关的标准、规范和技术资料;

⑤ 拟订的招标文件;

⑥ 施工现场情况、地勘水文资料、工程特点及常规施工方案;

⑦ 其他相关资料。

4.5.2.2 列出工程量计算单元的名称

在熟悉计价规范、计算规范和施工图纸的基础上,根据各个专业计算规范的项目,列出工程量计算单元的名称。列出工程量计算单元是编制工程量清单的关键。准确列出工程量计算单元的方法有两种:

(1) 计算规范法

计算规范法即按照专业计算规范列出工程量计算单元的方法。这种方法主要是按照专业计算规范的编制顺序,从计算规范的第一个子目开始,逐项对照设计图纸,看是否发生。如果发生了,就逐一列出工程量计算单元,直至计算规范的全部内容核对完毕。用这种方法列项不容易漏项,但是列项速度较慢。

(2) 施工图法

施工图法即依照施工图纸内容,按照施工过程的顺序列出工程量计算单元的方法。这种方法

主要是按照施工过程的顺序,自施工准备开始逐项查找计算规范应该选取的相应子目,直至工程完毕,逐一列出工程量计算单元。用这种方法列项速度较快,但是有时容易漏项。

4.5.2.3　计算工程量

根据各个专业工程量计算规范中的工程量计算规则,逐一将列出的工程量计算项目的工程量计算出来。

工程量计算是指编制工程量清单的基本数据。计算工程量时要严格按照各个专业工程量计算规范中的工程量计算规则,结合设计文件和列出的工程量计算项目进行。计算工程量时要特别注意工程量计算规范中计算规则特殊的地方,如现浇楼梯混凝土工程量的计算。同时应注意工程量计算规则中规定的应扣除和不应扣除的内容,应增加和不应增加的内容。同时也要注意按照一定的计算顺序来计算,一般是"先基础,后主体,再装饰;装饰工程先外后内;同一张图纸按先上后下、先左后右的顺序计算;需要重复利用的数据先行计算;先整体,后扣除,再增加"等。

4.5.2.4　填写工程量清单表格,完成工程量清单的编制

① 按照计价规范要求的工程量清单的规范表格填写项目编码和名称;

② 填写项目特征;

③ 填写计量单位和工程量计算结果;

④ 填写其他内容。

4.5.3　工程量清单计价程序

工程量清单计价程序是依据招标工程量清单,现行的国家、地区和各专业部门制定的各种规范,现行的国家、地区和各专业部门制定的各种定额和指标,各地区取费标准,各地区工料机预算单价,设计文件和相应资料,项目施工现场情况资料、工程特点及常规施工方案/施工企业编制的施工方案,经批准的工程造价前期文件,项目所在地社会、交通、税务资料等资料,根据工程量计价规范规定的步骤和程序,计算分部分项工程费用、措施项目费、其他项目费、规费和税金的过程。

4.5.3.1　收集和熟悉相关资料

(1)招标人应收集和熟悉的相关资料

招标人应收集和熟悉现行的国家、地区和各专业部门制定的各种规范,现行的国家、地区和各专业部门制定的各种定额和指标,各地区取费标准,各地区工料机预算单价,设计文件和相应资料,项目施工现场情况资料、工程特点及常规施工方案,经批准的工程造价前期文件,项目所在地社会、交通、税务资料等。

(2)投标人应收集和熟悉的相关资料

投标人应收集和熟悉现行的国家、地区和各专业部门制定的各种规范,企业定额和现行的国家、地区和各专业部门制定的各种定额和指标,各地区取费标准,各地区工料机预算单价,设计文件和相应资料,项目施工现场情况资料、工程特点及企业施工方案,经批准的工程造价前期文件,项目所在地社会、交通、税务资料等。

4.5.3.2　计算综合单价

根据拟订的招标文件、工程量清单中的项目特征描述和有关要求,招标文件中的材料等暂估价基本信息和其他价格的市场信息计算综合单价。综合单价的计算公式见式(4-20)。

综合单价＝人工费＋材料费(包括工程设备费)＋施工机具使用费＋企业管理费＋利润＋风险费

(4-20)

4.5.3.3　计算分部分项工程费

分部分项工程费的计算公式见式(4-21)。

$$分部分项工程费 = \sum(分部分项工程量 \times 相应分部分项综合单价) \qquad (4\text{-}21)$$

4.5.3.4　计算措施项目费

措施项目费的计算公式见式(4-22)。

$$措施项目费 = \sum 各措施项目费 \qquad (4\text{-}22)$$

4.5.3.5　计算其他项目费

其他项目费的计算公式见式(4-23)。

$$其他项目费 = 暂列金额 + 暂估价 + 计日工 + 总承包服务费 + 其他 \qquad (4\text{-}23)$$

4.5.3.6　计算规费和税金

规费和税金按照计价规范的要求计算。

4.5.3.7　单位工程造价的计算

单位工程造价的计算公式见式(4-24)。

$$单位工程造价 = 分部分项工程费 + 措施项目费 + 其他项目费 + 规费 + 税金 \qquad (4\text{-}24)$$

4.5.3.8　汇总，形成单项工程造价

单项工程造价的计算公式见式(4-25)。

$$单项工程造价 = \sum 单位工程造价 + 设备及工器具费用 \qquad (4\text{-}25)$$

4.5.3.9　建设项目总造价的计算

建设项目总造价的计算公式见式(4-26)。

$$建设项目总造价 = \sum 单项工程造价 + 预备费 \qquad (4\text{-}26)$$

知识归纳

本章主要分析叙述了两种工程计价方法——定额计价法和工程量清单计价法。

(1) 定额计价法的基本原理。其是国家或地区以假定的建筑产品为对象，制定统一的工程定额或指标，计算者根据不同计价阶段的要求，按照工程定额规定的工程量计算单元来划分计算项目，逐项计算工程量，之后套用定额，计算工料单价，再将工料单价与工程量计算单元实物量相乘，计算出人工费、材料费、施工机具使用费，最后依次计算措施费、管理费、利润和税金，经汇总后即为单位工程造价。

根据人工费、材料费和施工机具使用费计算时所采用的单价来源不同，定额计价法分为定额单价法和实物法两种计价程序。定额计价法两种计价程序的最主要区别是套用定额的内容不同。前者套用工程定额的单价(定额基价)来计算人工费、材料费和施工机具使用费，然后计算其他费用，进而计算出工程造价；后者套用的是工程定额中的人工、材料和施工机具的消耗量指标进行工料机消耗量计算，然后用人、材、机消耗量乘以相应的市场单价，计算出人工费、材料费和施工机具使用费，最后计算其他费用，进而计算出工程造价。

(2) 工程量清单计价法的基本原理。其是按照工程量清单计价规范的规定，在各个专业工程量计算规范规定的工程量清单项目设置和工程量计算规则的基础上，针对具体工程的施工图纸和施工组织设计计算出各个清单项目的工程量，之后依据规定的方法计算出综合单价，最后汇总各个清单合价得出工程造价。

　　两种方法目前在工程计价中都可使用,但使用国有资金投资的建设工程的发承包必须采用工程量清单计价法。根据这一规定,在建设项目发承包阶段,如果建设项目是国有资金投资项目,那么发包方的标底或招标控制价的计算、投标方的报价计算,以及工程项目施工阶段的结算与竣工结算和决算都要使用工程量清单计价法。对于非国有资金投资的建设工程,宜采用工程量清单计价法。但国家不强制使用工程量清单计价法,只是建议使用,也可以使用定额计价法。

思考题

4-1　工程计价方法如何选择?

4-2　简述定额计价法的原理和程序。

4-3　简述工程量清单计价法的原理和程序。

4-4　定额计价法因人工、材料和施工机具的单价来源不同,又可分为哪几种方法?

4-5　定额单价法和实物法有什么不同?

4-6　定额计价法与工程量清单计价法有什么区别和联系?

思考题答案

参考文献

［1］　中华人民共和国住房和城乡建设部,中华人民共和国质量监督检验检疫总局.GB 50500—2013　建设工程工程量清单计价规范.北京:中国计划出版社,2013.

［2］　中华人民共和国住房和城乡建设部,中华人民共和国质量监督检验检疫总局.GB 50854—2013　房屋建筑与装饰工程工程量计算规范.北京:中国计划出版社,2013.

［3］　全国造价工程师执业资格考试培训教材编审委员会.建设工程计价.北京:中国计划出版社,2013.

［4］　吉林省住房和城乡建设厅.JLJD-FY—2014　吉林省建设工程费用定额.长春:吉林人民出版社,2013.

［5］　方俊,宋敏.工程估价:上册.武汉:武汉理工大学出版社,2008.

［6］　吉林省住房和城乡建设厅.JLJD-JZ—2014　吉林省建筑工程计价定额.长春:吉林人民出版社,2013.

5 工程量清单计价规范

内容提要

本章主要分析介绍了工程量清单计价的主要依据——《建设工程工程量清单计价规范》(GB 50500—2013)的基本条款内容,并依据《建设工程工程量清单计价规范》(GB 50500—2013)的基本要求详细介绍了工程量清单的编制方法。本章的教学重点和难点是工程量清单的编制。

能力要求

通过本章的学习,学生应在了解和掌握工程量清单计价规范所有条款的基础上,学会工程量清单的编制方法,并能应用学到的知识完成实际工程项目工程量清单的编制。

重难点

工程量清单计价规范和计算规范由《建设工程工程量清单计价规范》(GB 50500—2013)、《房屋建筑与装饰工程工程量计算规范》(GB 50854—2013)等 9 部规范组成。

《建设工程工程量清单计价规范》(GB 50500—2013)包括总则、术语、一般规定、工程量清单编制、招标控制价、投标报价、合同价款约定、工程计量、合同价款调整、合同价款期中支付、竣工结算与支付、合同解除的价款结算与支付、合同价款争议的解决、工程造价鉴定、工程计价资料与档案、工程计价表格及 11 项附录。

5.1 概　　述

为规范建设工程计价行为,统一建设工程计价文件的编制原则和计价方法,中华人民共和国住房和城乡建设部根据《中华人民共和国建筑法》《中华人民共和国合同法》《中华人民共和国招标投标法》等法律法规,对《建设工程工程量清单计价规范》(GB 50500—2008)进行了修订,发布了《建设工程工程量清单计价规范》(GB 50500—2013),于 2013 年 7 月 1 日起实施。

5.1.1　基本概念

工程量清单是工程量清单计价方法的基础数据,是由招标人提供的一种技术文件,是招标文件的组成部分。一经中标签订合同,其即为合同文件的组成部分。工程量清单的描述对象是拟建工程,其内容涉及清单项目的特征、数量等,以表格为主要表现形式。

5.1.1.1　工程量清单

工程量清单是载明建设工程分部分项工程项目、措施项目、其他项目的名称

和相应数量以及规费、税金项目等内容的明细清单。

5.1.1.2　招标工程量清单

招标工程量清单是招标人依据国家标准、招标文件、设计文件以及施工现场的实际情况编制的，随招标文件发布供投标报价的工程量清单，包括其说明和表格。

5.1.1.3　已标价工程量清单

已标价工程量清单是构成合同文件组成部分的投标文件中已标明价格，经算术性错误修正（如有）且承包人已确认的工程量清单，包括其说明和表格。

5.1.2　工程量清单计价的适用范围

5.1.2.1　建设阶段范围

工程量清单计价适用于建设工程发承包及实施阶段的工程造价计价活动。

5.1.2.2　投资范围

全部使用国有资金投资或以国有资金投资为主的工程建设项目，必须采用工程量清单计价。

国有资金投资的工程建设项目范围包括以下几方面。

（1）国有资金投资的工程建设项目

① 使用各级财政预算资金的项目；

② 使用纳入财政管理的各种政府性专项建设资金的项目；

③ 使用国有企事业单位自有资金，并且国有资金投资者实际有控制权的项目。

（2）国家融资资金投资的工程建设项目

① 使用国家发行债券所筹资金的项目；

② 使用国家对外借款或者担保所筹资金的项目；

③ 使用国家政策性贷款的项目；

④ 国家授权投资主体融资的项目；

⑤ 国家特许的融资项目。

（3）以国有资金（含国家融资资金）为主的工程建设项目

以国有资金（含国家融资资金）为主的工程建设项目是指国有资金占投资总额 50％以上，或虽不足 50％但国有投资者实质上拥有控股权的工程建设项目。

5.1.3　从事工程计价活动主体的分类和定义

招标工程量清单的编制，招标控制价，投标报价，合同价款约定，工程计量，合同价款调整，合同价款期中支付，竣工结算与支付，合同解除的价款结算与支付，合同价款争议的解决，工程造价鉴定等工程造价文件的编制与审核应由具有专业资格的工程造价人员承担。

5.1.3.1　发包人

发包人是指具有工程发包主体资格和支付工程价款能力的当事人以及取得该当事人资格的合法继承人，有时又称招标人。

5.1.3.2　承包人

承包人是指被发包人接受的具有工程施工承包主体资格的当事人以及取得该当事人资格的合法继承人，有时又称投标人。

5.1.3.3　工程造价咨询人

工程造价咨询人是指取得工程造价咨询资质等级证书，接受委托从事建设工程造价咨询活动的当事人以及取得该当事人资格的合法继承人。

5.1.3.4 造价工程师

造价工程师是指取得造价工程师注册证书,在一个单位注册,从事建设工程造价活动的专业人员。

5.1.3.5 造价员

造价员是指取得全国建设工程造价员资格证书,在一个单位注册,从事建设工程造价活动的专业人员。

5.1.4 工程量清单计价原则

5.1.4.1 工程量清单应采用综合单价计价

在我国,综合单价是指部分费用综合单价,由除了规费和税金之外的费用构成。

5.1.4.2 对措施项目费的规定

措施项目费中的安全文明施工费必须按国家或省级、行业建设主管部门的规定计算,不得作为竞争性费用。

5.1.4.3 对规费和税金的规定

规费和税金必须按国家或省级、行业建设主管部门的规定计算,不得作为竞争性费用。

5.1.5 计价风险因素

5.1.5.1 对计价风险的基本规定

建设工程发承包时,必须在招标文件、合同中明确计价中的风险内容及其范围,不得采用无限风险、所有风险或类似语句规定计价中的风险内容及范围。

5.1.5.2 合同价款调整

由于下列因素的出现,影响合同价款调整的,应由发包人承担。

① 国家法律、法规、规章和政策发生变化;

② 省级或行业建设主管部门发布的人工费发生调整,但承包人对人工费或人工单价的报价高于发布的情况除外;

③ 由政府定价或政府指导价管理的原材料等的价格进行了调整。

5.1.5.3 市场物价波动

市场物价波动影响合同价款的,应由发承包双方合理分摊,按规范要求填写"承包人提供主要材料和工程设备一览表"作为合同附件;当合同中没有约定,发承包双方发生争议时,应按《建设工程工程量清单计价规范》(GB 50500—2013)中的相关规定调整合同价款。

5.1.5.4 承包人自身

由于承包人使用机械设备,承包人的施工技术以及组织管理水平等自身原因造成施工费用增加的,应由承包人全部承担。

5.1.5.5 不可抗力问题

当不可抗力发生并影响合同价款时,应按《建设工程工程量清单计价规范》(GB 50500—2013)中的相关规定执行。

5.2 工程量清单计价的相关规定

5.2.1 工程造价的构成

建设工程发承包及实施阶段的工程造价应由分部分项工程费、措施项目费、其他项目费、规费

和税金组成。

5.2.1.1　分部分项工程费

分部分项工程费是分部分项工程量清单中计算单元的工程量与相应综合单价相乘的计算结果。其是工程造价的主要组成部分，是拟建项目所有计算单元的人工费、材料费、施工机具费、企业管理费、利润和风险费的总和。

5.2.1.2　措施项目费

措施项目费是指为完成工程项目施工，发生于该工程施工准备和施工过程中的技术、生活、安全、环境保护等方面的项目费用。其分为可计量措施项目费和不可计量措施项目费。

5.2.1.3　其他项目费

其他项目费是除了分部分项工程费和措施项目费之外的，拟建项目可能发生的费用。其主要包含四类费用：暂列金额、暂估价、计日工和总包服务费。

5.2.1.4　规费和税金

规费和税金是有关权力部门规定计入工程造价的费用。

5.2.2　工程量清单的分类

工程量清单可分为分部分项工程量清单、措施项目清单、其他项目清单、规费和税金清单。

5.3　分部分项工程量清单及其编制

分部分项工程是分部工程和分项工程的总称。

分部工程是单项或单位工程的组成部分。按结构部位、路段长度及施工特点或施工任务，可将单项或单位工程划分为若干分部工程。例如，建筑与装饰工程的土石方工程、钢筋混凝土工程、砌筑工程、楼地面装饰工程等都是分部工程。

分项工程是分部工程的组成部分。按不同施工方法、材料、工序及路段长度等，可将分部工程划分为若干个分项工程。例如，土石方工程分为平整场地、人工挖基础土方、回填土等分项工程。

工程量清单编制和计价的基本计算单元就是分项工程。

分部分项工程量清单必须载明项目编码、项目名称、项目特征、计量单位和工程量。分部分项工程量清单必须根据相关工程现行国家计量规范中规定的项目编码、项目名称、项目特征、计量单位和工程量计算规则进行编制。

5.3.1　项目编码

分部分项工程量清单的项目编码用阿拉伯数字标识。分部分项工程量清单的编码以五级编码设置，用12位阿拉伯数字表示。一、二、三、四级编码即12位阿拉伯数字中的前9位数字，其编码规则是全国统一的，按照计量规范中规定的编码设置；第五级编码（即第10至第12位阿拉伯数字）为清单项目编码，应该根据拟建工程的工程量清单项目名称设置，不得有重号。这三位清单项目编码数字由招标人针对招标项目的具体情况编制，应从001起顺序编制。当同一标段或合同项目的一份工程量清单是以单位工程为编制对象时，在编制工程量清单时一定要注意清单计价规范中对第10至第12位编码不得重复的规定。例如，一个标段或合同项目中有三个单位工程，每个单位工程都有项目特征相同的人工挖基础土方的分部分项工程。在工程量清单中需要反映三个单位工程中人工挖基础土方的工程量时，则三个单位工程人工挖基础土方项目编码的前九位均相同，都是

010101004,最后三位要不同,以示区别。所以,第一个单位工程的人工挖基础土方分部分项工程的编码为010101004001,第二个单位工程的人工挖基础土方分部分项工程的编码为010101004002,第三个单位工程的人工挖基础土方分部分项工程的编码为010101004003,而且要分别列出三个单位工程人工挖基础土方的工程量结果。

假如某分部分项工程的 12 位编码为 $X_1X_2X_3X_4X_5X_6X_7X_8X_9X_{10}X_{11}X_{12}$,则各级编码代表的含义为:

① X_1X_2 代表第一级编码,表示工程分类顺序码。

② X_3X_4 代表第二级编码,表示专业工程顺序码。

③ X_5X_6 代表第三级编码,表示分部工程顺序码。

④ $X_7X_8X_9$ 代表第四级编码,表示分项工程项目名称顺序码。

⑤ $X_{10}X_{11}X_{12}$ 代表第五级编码,表示工程量清单项目名称顺序码。

5.3.2　项目名称

分部分项工程量清单中的项目名称应按计量规范中的项目名称结合拟建工程的实际情况确定。计量规范中的分项工程项目名称如有缺陷,招标人可作补充,并报当地工程造价管理机构(省级)备案。如计量规范中"墙面一般抹灰"这个分项工程名称,可以根据拟建项目的墙面抹灰内容细化为"外墙面一般抹灰"和"内墙面一般抹灰"。

5.3.3　项目特征

项目特征是对项目的准确描述,是构成分部分项工程项目自身价值的本质特征,是区分清单项目的依据,是确定一个清单项目综合单价不可或缺的重要依据,是履行合同义务的基础。其由清单编制人视项目的具体情况确定,以准确描述清单项目为准,不能因为工程内容中有描述而简化或取消对项目特征的描述。

项目特征应按照各个专业工程计量规范附录中规定的项目特征,结合技术规范、标准图集、施工图纸,按照工程结构、使用材质及规格或安装位置等实际情况予以详细描述。

在各个专业工程计量规范附录中,还有关于工程量清单各项目工作内容的描述。工作内容是指完成清单项目时可能发生的具体工作和操作程序。在编制工程量清单时,不需要描述工作内容。工作内容决定清单计价时综合单价的组价内容。

例如,计价规范在实心砖墙的"项目特征"及"工程内容"栏内均包含有"勾缝",但两者的性质完全不同。"项目特征"栏中的"勾缝"体现的是实心砖墙的实体特征,是一个名词,体现的是用什么材料勾缝;而"工程内容"栏内的"勾缝"表述的是操作工序或称操作行为,在此处是一个动词,体现的是怎么做。因此,如果需要勾缝,就必须在项目特征中描述,而不能因为工程内容有描述就不在项目特征中描述,否则将视为清单项目漏项,可能在施工中引起索赔。

5.3.4　计量单位

计量单位应采用基本单位,除各专业另有特殊规定外均按以下单位计量:

① 以重量计算的项目:吨或千克(t 或 kg);

② 以体积计算的项目:立方米(m^3);

③ 以面积计算的项目:平方米(m^2);

④ 以长度计算的项目:米(m);

⑤ 以自然计量单位计算的项目：个、套、块、樘、组、台等；

⑥ 没有具体数量的项目：宗、项等。

各专业有特殊计量单位的，再另外加以说明；当计量单位有两个或两个以上时，应根据所编工程量清单项目的特征要求，选择一个最适宜表现该项目特征并方便计量的单位。

5.3.5　工程数量的计算

工程数量主要通过工程量计算规则计算得到。除另有说明外，所有清单项目的工程量应以实体工程量为准，并以完成后的净值计算。投标人投标报价时，应在单价中考虑施工中的各种损耗和需要增加的工程量。

编制工程量清单时，对于清单中出现的附录中未包括的项目，编制人应作补充，并报省级或行业工程造价管理机构备案，省级或行业工程造价管理机构应汇总报中华人民共和国住房和城乡建设部标准定额研究所。补充项目的编码由计量规范代码、B和3位阿拉伯数字组成，并应从×B001起顺序编制，同一招标工程的项目不得重码。工程量清单中需附有补充项目的名称、项目特征、计量单位、工程量计算规则、工程内容。

5.3.6　分部分项工程量清单与计价表

工程量计算结果和分部分项工程费用计算结果要填入分部分项工程量清单与计价表中。分部分项工程量清单与计价表见表5-1。

表5-1

分部分项工程量清单与计价表

工程名称：　　　　　　　　　标段：　　　　　　　　　　　　　　　第　页　共　页

序号	项目编码	项目名称	项目特征描述	计量单位	工程量	金额/元		
						综合单价	合价	其中:暂估价

编制分部分项工程量清单与计价表时，招标人负责表中前六项内容的填写，金额部分在编制招标控制价或投标报价时填写。项目编码、项目名称、项目特征描述、计量单位和工程量的编制要符合相关要求。

5.4　措施项目清单及其编制

5.4.1　措施项目的概念

措施项目是指为完成工程项目施工，发生于该工程施工准备和施工过程中的技术、生活、安全、环境保护等方面的项目。

5.4.2　措施项目的类型

措施项目有两种类型：一种是总价措施项目，另一种是单价措施项目。

5.4.2.1　总价措施项目

总价措施项目是工程量清单中以总价计价的项目，即在相关工程现行国家计量规范中无工程量计算规则，而以总价（或计算基数乘以费率）计算的项目。不能计算工程量的项目清单，以"项"为计量单位,工程量为 1。计量规范中的总价措施项目主要有以下几方面内容。

① 安全文明施工(含环境保护、文明施工、安全施工、临时设施);

② 夜间施工;

③ 非夜间施工照明;

④ 二次搬运;

⑤ 冬雨季施工;

⑥ 地上、地下设施和建筑物的临时保护;

⑦ 已完工程及设备保护等。

5.4.2.2 单价措施项目

单价措施项目是工程量清单中以单价计价的项目。单价措施项目宜采用分部分项工程量清单的方式编制,列出项目编码、项目名称、项目特征、计量单位和工程量计算规则,即根据合同工程图纸(含设计变更)和相关工程现行国家计量规范中规定的工程量计算规则进行计量,与已标价工程量清单中的相应综合单价进行价款计算的项目编制方法。计量规范中的单价措施项目有脚手架工程、混凝土模板及支架、垂直运输、超高施工增加、大型机械设备进出场及安拆、施工排水和施工降水等。

5.4.3 措施项目清单的编制

措施项目清单必须根据相关工程现行国家计量规范的规定编制,应根据拟建工程的实际情况列项。因为措施项目有两种类型,所以措施项目清单与计价表也有两种表格形式:措施项目清单与计价表(一)和措施项目清单与计价表(二)。

5.4.3.1 措施项目清单与计价表(一)

其适用于以"项"计价的措施项目,如安全文明施工费、夜间施工费、二次搬运费等以一定计费基数乘以一定费率的措施项目。

表 5-2 所示为措施项目清单与计价表(一),用于计算不能计算工程量的措施项目费。

表 5-2　　　　　　　　　　　　　　　**措施项目清单与计价表(一)**

工程名称:　　　　　　　　　标段:　　　　　　　　　　　第　页　共　页

序号	项目编码	项目名称	计算基数	费率/%	金额/元
		安全文明施工			
		夜间施工			
		非夜间施工照明			
		二次搬运			
		冬雨季施工			
		地上、地下设施和建筑物的临时保护			
		已完工程及设备保护			
		各专业工程的措施项目			
		合计			

注:1. 此表用于计算总价措施项目费。

2. 在计算总价措施项目费时,要根据国家、地区的措施项目费计算文件、招标文件的要求,各地区水文地质、环境、气候、安全等因素条件来选取计算基数和费率。

3. 各项措施项目费的计算公式:各项措施项目费=计算基数×费率(%)。

5.4.3.2　措施项目清单与计价表(二)

措施项目清单与计价表(二)用来计算能计算工程量的单价措施项目费。它的格式和使用方法与分部分项工程量清单与计价表基本相同,表格形式见表5-3。

表5-3　　　　　　　　　　　　措施项目清单与计价表(二)

工程名称：　　　　　　　　标段：　　　　　　　　　　　　第　页　共　页

序号	项目编码	项目名称	项目特征描述	计量单位	工程量	金额/元	
						综合单价	合价

5.5　其他项目清单及其编制

5.5.1　其他项目清单概述

其他项目清单是指除分部分项工程量清单、措施项目清单外,因招标人的特殊要求而发生的与拟建工程有关的其他费用项目及其相应数量的清单。其他项目清单宜按照计量规范中给定的格式编制,未包含在表格内容中的项目可根据工程实际情况进行补充。

5.5.2　其他项目清单包含的内容

5.5.2.1　暂列金额

暂列金额是招标人在工程量清单中暂定并包括在合同价款中的一笔款项,用于工程合同签订时尚未确定或者不可预见的所需材料、工程设备、服务的采购,施工中可能发生的工程变更、合同约定调整因素出现时的合同价款调整以及发生的索赔、现场签证确认等费用的支付。

暂列金额应根据工程特点按有关计价规定估算。

5.5.2.2　暂估价

暂估价包括材料暂估单价、工程设备暂估单价、专业工程暂估价。

暂估价是招标人在工程量清单中提供的用于支付必然发生但暂时不能确定价格的材料、工程设备及专业工程的金额。

暂估价中的材料(工程设备)暂估单价应根据工程造价信息或参照市场价格估算,列出明细表;专业工程暂估价应分不同专业按有关计价规定估算,列出明细表。

5.5.2.3　计日工

计日工是在施工过程中,承包人完成发包人提出的工程合同范围以外的零星项目或工作,按合同中约定的单价计价的一种方式。

计日工应列出项目名称、计量单位和暂估数量。

5.5.2.4　总承包服务费

总承包服务费是总承包人为配合、协调发包人进行专业工程发包,对发包人自行采购的材料、工程设备等进行保管以及施工现场管理、竣工资料汇总整理等服务所需的费用。

总承包服务费应列出服务项目及其内容等。

5.5.3　其他项目清单与计价表

5.5.3.1　其他项目清单与计价汇总表

其他项目清单与计价汇总表的形式见表5-4。

表 5-4 其他项目清单与计价汇总表

序号	项目名称	计量单位	金额/元	备注
1	暂列金额			
2	暂估价			
2.1	材料(工程设备)暂估价			
2.2	专业工程暂估价			
3	计日工			
4	总承包服务费			
5	其他			

5.5.3.2 暂列金额明细表

此表由招标人填写,不需要填写详细明细时可以只填写总价。投标人在报价时将此表金额数据报入总价即可,不能更改。暂列金额明细表的形式见表 5-5。

表 5-5 暂列金额明细表

工程名称:　　　　　　　　标段:　　　　　　　　　　　第 页 共 页

序号	项目名称	计量单位	暂定金额/元	备注

5.5.3.3 暂估价表

暂估价表见表 5-6 和表 5-7。

表 5-6 材料(工程设备)暂估单价表

工程名称:　　　　　　　　标段:　　　　　　　　　　　第 页 共 页

序号	材料(工程设备)名称、规格、型号	计量单位	单价/元	备注
1				
2				
3				

表 5-7 专业工程暂估价表

工程名称:　　　　　　　　标段:　　　　　　　　　　　第 页 共 页

序号	工程名称	工程内容	金额/元	备注
1				
2				
3				

5.5.3.4　计日工表

计日工表见表 5-8。

表 5-8

计日工表

工程名称：　　　　　　　　标段：　　　　　　　　　　　　　第　页　共　页

序号	项目名称	单位	暂定数量	综合单价/元	合价/元
一	人工				
1					
2					
二	材料				
1					
三	施工机械				
1					
	总计				

5.5.3.5　总承包服务费计价表

总承包服务费计价表见表 5-9。

表 5-9

总承包服务费计价表

工程名称：　　　　　　　　标段：　　　　　　　　　　　　　第　页　共　页

序号	项目名称	项目价值	服务内容	费率/%	金额/元
1					
2					
3					

其他项目清单与计价表的填写要求如下：

① 暂列金额应按招标工程量清单中列出的金额填写；

② 暂估价中的材料（工程设备）暂估单价应按招标工程量清单中列出的单价计入综合单价；

③ 暂估价中的专业工程金额应按招标工程量清单中列出的金额填写；

④ 计日工应按招标工程量清单中列出的项目根据工程特点和有关计价依据确定综合单价计算；

⑤ 总承包服务费应根据招标工程量清单列出的内容和要求估算。

5.6　规费和税金项目清单及其编制

5.6.1　规费项目清单

规费是指根据国家法律、法规的规定，省级政府或省级有关权力部门规定施工企业必须缴纳的，应计入建筑安装工程造价内的费用。

规费项目清单应按照下列内容列项：

① 社会保险费，包括养老保险费、失业保险费、医疗保险费、工伤保险费、生育保险费；

② 住房公积金；

③ 工程排污费。

出现计价规范中未列的项目时，应根据省级政府或省级有关权力部门的规定列项。

5.6.2　税金项目清单

税金是指国家税法规定的应计入建筑安装工程造价内的营业税、城市维护建设税、教育费附加和地方教育附加。

5.6.2.1　税金项目清单中应包括的内容

① 营业税；

② 城市维护建设税；

③ 教育费附加；

④ 地方教育附加。

出现计价规范中未列出的项目时，应根据税务部门的规定列项。

5.6.2.2　规费和税金项目计价表

规费和税金项目计价表的形式见表5-10。

表 5-10

规费和税金项目计价表

工程名称：　　　　　　　　　标段：　　　　　　　第　页　共　页

序号	项目名称	计算基础	计算基数	计算费率/%	金额/元
1					
2					
3					

知识归纳

(1)《建设工程工程量清单计价规范》(GB 50500—2013)的基本条款；

(2) 工程量清单的编制方法；

(3) 采用工程量清单计价时的表格填写方法。

思考题

5-1　简述《建设工程工程量清单计价规范》(GB 50500—2013)的基本条款。

5-2　简述分部分项工程量清单的编制方法。

5-3　简述措施项目清单的编制方法。

5-4　简述其他项目清单的编制方法。

5-5　综合单价如何确定？

5-6　分部分项工程量的项目编码是如何规定的？

5-7　规费和税金如何计算？

5-8　措施项目费如何计算？

思考题答案

参考文献

[1]　中华人民共和国住房和城乡建设部,中华人民共和国质量监督检验检疫总局. GB 50500—2013　建设工程工程量清单计价规范. 北京:中国计划出版社,2013.

[2]　中华人民共和国住房和城乡建设部,中华人民共和国质量监督检验检疫总局. GB 50854—2013　房屋建筑与装饰工程工程量计算规范. 北京:中国计划出版社,2013.

[3]　全国造价工程师执业资格考试培训教材编审委员会. 建设工程计价. 北京:中国计划出版社,2013.

[4]　吉林省住房和城乡建设厅. JLJD-FY—2014　吉林省建设工程费用定额. 长春:吉林人民出版社,2013.

[5]　方俊,宋敏. 工程估价:上册. 武汉:武汉理工大学出版社,2008.

[6]　吉林省住房和城乡建设厅. JLJD-JZ—2014　吉林省建筑工程计价定额. 长春:吉林人民出版社,2013.

6 建筑与装饰工程计量

内容提要

本章的主要内容包括工程计量的基本概念、建筑面积的计算规则、工料单价法建筑工程工程量计算规则、工料单价法装饰工程工程量计算规则、工程量清单计算规则。本章的教学重点和难点是建筑面积的计算规则、建筑工程工程量计算方法、装饰工程工程量计算方法、工程量清单计算规则。

能力要求

通过本章的学习,学生应了解工程计量的基本概念,掌握建筑面积的计算规则、建筑工程工程量计算规则和装饰工程工程量计算规则、工程量清单计算规则。

重难点

6.1 建筑工程计量概述

工程计量是指运用一定的划分方法和计算规则进行计算,并以物理计量单位或自然计量单位来表示分部分项工程、措施项目、结构构件或项目总的实体数量的工作。建设项目所处的阶段及设计深度不同,工程计量对应的计量单位、计量方法及精确程度也随之变化。工程计量的主要工作就是对选定的计量对象进行工程量的计算。工程量计算是进行工程造价计算的基础。工程量计算准确与否,直接影响工程造价的准确性和合理性,也直接影响其他与工程造价有关工作的准确性。因此,工程计量即工程量的计算非常重要。

建筑工程计量工作包括工程项目的划分和工程量的计算。

① 单位工程基本构造单元的确定,即工程项目的划分。编制工程概算预算时,主要是按工程定额进行项目的划分;编制工程量清单时,主要是按工程量计算规范中规定的清单项目进行划分。

② 工程量的计算就是按照工程项目的划分和工程量的计算规则,结合施工图设计文件和施工组织设计对分项工程的实物量进行计算。工程实物量是计价的基础,不同的计价依据有不同的计算规则。目前,工程量计算规则包括以下两大类。

a. 各类工程定额规定的计算规则。

b. 各专业工程工程量计算规范中的计算规则。

6.1.1　基本概念及工程量计算原则和要求

6.1.1.1　工程量的概念

工程量是以自然计量单位或物理计量单位表示的各分项工程、措施项目或结构构件的数量。

自然计量单位是以物体的自然属性来表示的计量单位。如灯箱、镜箱、柜台以"个"为计量单位,帘子杆、晾衣架、毛巾架以"根"或"套"为计量单位等。

物理计量单位是以物体的某种物理属性来表示的计量单位。如墙面抹灰以"平方米(m^2)"为计量单位,窗帘盒、窗帘轨、楼梯扶手、栏杆以"米(m)"为计量单位等。

正确计算工程量的意义主要表现在以下几个方面:

① 工程计价以工程量为基本依据。因此,工程量计算得准确与否,直接影响工程造价的准确性以及对工程建设投资的控制。

② 工程量是施工企业编制施工作业计划,合理安排施工进度,编制人工、材料、机具台班需求量的重要依据。

③ 工程量是施工企业编制工程形象进度统计报表,向工程建设投资方结算工程价款的重要依据。

6.1.1.2　工程量计算原则和要求

工程量是正确进行工程计价的重要依据。工程量列项是否正确,其计算结果是否准确,直接影响工程造价计算的准确性。

① 工程量计算时,工程量列项应注意的几点要求。

a.工程量列项必须与设计图纸一致。

设计图纸是计算工程量的基础和依据,工程量计算项目必须与图纸设计的内容保持一致,不得随意修改。

b.工程量列项必须与分部分项工程(或结构构件)计算规则的项目划分相统一。

每一具体的分部分项工程或结构构件在预(概)算定额中都有相应的项目。计算工程量时必须根据定额子目的划分原则及所包含的工作内容进行计算,不得重复计算和漏算。尤其要注意学习定额每章、每节工作内容中所含有的施工过程。一般来说,工作内容包含的施工内容就不应再单独列项计算了。

c.工程量列项必须按照工程量计算相关规则和规范进行。

《全国统一建筑工程预算工程量计算规则》(GJDGZ—101—95)和《建设工程工程量清单计价规范》(GB 50500—2013)是具体计算工程量的法规性文件,它们规定了工程量计算单位、计算顺序及计算方法。由于工程造价计价过程中要经常使用地方性定额,因此在计算工程量时,除要学习上述国家统一性质的工程量计算规则外,还要根据各地方定额中的工程量计算规则来执行和计算。

② 工程量计算结果必须准确。

在计算工程量时,必须严格按照图纸所示尺寸计算,不得任意加大或缩小。各种数据在工程量计算过程中要正确保留规定的小数位数,以保证计算结果的准确性。

6.1.2　工程量计算的依据

(1)施工图纸及配套的标准图集

施工图纸及配套的标准图集是工程计量的基础资料和基本依据。这是因为施工图纸全面反映了建筑物或构筑物的结构构造以及各部位的尺寸和工程做法。

(2)预算定额、工程量清单计价规范

根据工程计价的不同方式(定额计价或工程量清单计价),计算工程量时应选择相应的工程量计算规则。如编制施工图预算,应按预算定额及其工程量计算规则计算工程量;工程招投标编制工程量清单,则应按计价规范附录中的工程量计算规则计算工程量。

（3）施工组织设计和施工方案

施工图纸主要表现拟建工程的实体项目,分项工程所采用的具体施工方法和措施应由施工组织设计或施工方案确定。如计算开挖基础土方时,施工方法是采用人工开挖还是机械开挖,基坑周围是否需要放坡、预留工作面或做支撑防护等,应以施工组织设计或施工方案作为计算依据。

6.1.3 工程量计算的资料

① 施工图纸及设计说明书、相关图集、设计变更资料、图纸答疑、会审记录等。

② 经审定的施工组织设计或施工方案。

③ 工程施工合同、招标文件的商务条款。

④ 与之相适应的工程量计算规则。

6.1.4 工程量计算的顺序

工程量计算应按照一定的顺序依次进行。这样既可以节省时间、加快计算速度,又可以避免漏算或重复计算。

（1）单位工程的计算顺序

① 按施工顺序计算法。按施工顺序计算法是指按照工程施工顺序的先后来计算工程量。如一般民用建筑按照土方、基础、墙体、地面、楼面、屋面、门窗安装、外墙抹灰、内墙抹灰、喷涂、油漆、玻璃等顺序进行计算。

② 按定额顺序计算法。按定额顺序计算工程量是指按照规则中规定的分部或分部分项工程顺序来计算工程量。这种计算顺序对初学人员尤为适用。

（2）单个分项工程的计算顺序

① 按顺时针方向计算。按顺时针方向计算就是先从平面图的左上角开始,自左至右,再由上而下,最后转回到左上角为止,依次计算工程量。例如,计算外墙、地面、天棚等分项工程时都可以按照此顺序计算。

② 按"先横后竖,先上下,先左后右"顺序计算。此法就是在平面图上从左上角开始,按"先横后竖,先上下,先左后右"的顺序计算工程量。例如房屋的条形基础土方、基础垫层、砖石基础、砖墙砌筑、门窗过梁、墙面抹灰等分项工程,均可按这种顺序计算。

③ 按图纸分项编号顺序计算。此法就是按照图纸上所注结构构件、配件的编号顺序计算工程量。例如计算混凝土构件、门窗、屋架等分项工程时,均可以按照此顺序计算。

在计算工程量时,不论按照哪种顺序计算,都不能有漏算、少算或多算的现象发生。

6.1.5 工程量计算的步骤

6.1.5.1 熟悉资料

（1）熟悉施工图

① 熟悉房屋的开间、进深、跨度、层高、总高。

② 弄清建筑物各层平面和层高是否有变化及室内外高差。

③ 图纸上有门窗表、混凝土构件表和钢筋下料长度表时,应选择1~2种构件进行校核。

④ 了解屋面作法是刚性还是柔性。

⑤ 大致了解内墙面、楼地面、天棚和外墙面的装饰作法。

⑥ 不必核对图中尺寸是否正确,无须仔细阅读大样详图,因为在计算工程量时仍然要看图。

⑦ 图中有建筑面积时,必须校核,不能直接取用。

（2）熟悉施工方案

进行工程量计算前,要熟悉施工方案。

6.1.5.2　列项

① 根据工程内容和预算定额项目,列出需计算工程量的分部分项工程名称。

② 根据一定的计算顺序和计算规则列出计算式。

③ 根据施工图纸上的设计尺寸及有关数据,代入计算式进行数值计算。

④ 对计算结果的计量单位进行调整,使之与定额中相应分部分项工程的计量单位保持一致。

6.1.6　工程量计算的注意事项

6.1.6.1　必须与工程量计算规则口径相一致

根据施工图列出的工程项目（工程项目所包括的内容及范围）必须与计量规则中规定的工程项目相一致,才能准确套用工程量单价。计算工程量前,除必须熟悉施工图纸外,还必须熟悉计算规则中每个项目所包括的内容和范围。

6.1.6.2　必须按工程量计算规则计算

工程量计算规则是综合和确定各项消耗指标的基本依据,也是具体工程测算和资料分析的准绳。例如 1.5 砖墙的厚度,无论施工图中标注出的尺寸是 360 mm 还是 370 mm,都应以计算规则中规定的 365 mm 进行计算。

6.1.6.3　必须按图纸尺寸计算

工程量计算时,应严格按照图纸所注尺寸进行计算,不得任意加大或缩小、增加或减少,以免影响工程量计算的准确性。对于图纸中的项目,不得漏项、余项或重复计算。

6.1.6.4　必须列出计算式

在列计算式时,按一定的顺序排列,必须详细列项,部位清楚,注明计算构件的轴线和所处位置,以便审核和校对。保留工程量计算书,作为复查依据。工程量计算应尽量简单明了,醒目易懂。

6.1.6.5　必须计算准确

工程量计算的精度将直接影响工程造价的精度,计算必须准确。工程量的精确度应按计算规则中的相关规定执行。

6.1.6.6　计量单位必须一致

工程量的计量单位必须与计算规则中规定的计量单位相一致,这样才能准确套用工程量单价。由于所采用的制作方法和施工要求不同,其计算工程量的计量单位是有区别的,应予以注意。

6.1.6.7　必须注意计算顺序

为了保证计算时既不漏项目,又不重复计算,应按照一定的顺序进行计算。

6.1.6.8　力求分层分段计算

结合施工图纸,按照结构分楼层,内装修分楼层并分房间,外装修自地面向上分层计算。这样,既可在计算工程量时避免漏项,又可为编制工料分析和施工进度计划提供数据参考。

6.1.6.9　必须注意统筹计算

分析各个分项工程项目的施工顺序、相互位置及构造尺寸之间的内在联系,统筹计算顺序。例如,墙基沟槽挖土与基础垫层之间的联系,砖墙基础与墙体防潮层之间的联系,门窗与砖墙及抹灰之间的联系。通过了解构件之间存在的内在联系,寻找简化计算过程的途径,以达到快速、高效计算的目的。

6.1.6.10 必须进行自我检查复核

工程量计算完毕后,检查其项目、计算式、数据及小数点等有无错误和遗漏,以避免预算审查时返工计算。

6.1.7 运用统筹法计算工程量

运用统筹法计算工程量,就是分析工程量计算中各分项工程量计算之间的固有规律和相互之间的依赖关系,运用统筹法原理和统筹图图解来合理安排工程量的计算程序,以达到节约时间、简化计算、提高工效,以及为及时、准确地编制工程预算提供科学数据的目的。

运用统筹法计算工程量,首先要根据统筹法原理、工程量计算规则,设计出"计算工程量程序统筹图"。统筹图以"线、面"作为基数,连续计算与之有共性关系的分项工程量,而与基数无共性关系的分项工程量则按图纸所示尺寸进行计算。利用统筹图可全面了解工程量的计算及各项目间相互依赖的关系,有利于合理安排计算工作。

运用统筹法计算工程量的基本要点是:统筹程序,合理安排;利用基数,连续计算;一次算出,多次使用;结合实际,灵活机动。

所谓"三线一面",就是可以多次使用的基数,以下就是"三线一面"的概念说明。

6.1.7.1 外墙中心线

外墙中心线是建筑物外墙的中心长度之和。主要用来计算基础挖土、基础、外墙墙体等工程量。

6.1.7.2 外墙外边线

外墙外边线是建筑物外墙的外边线长度之和。主要在计算外墙装饰等工程量时使用。

6.1.7.3 内墙净长线

内墙净长线是建筑物所有内墙的净长度之和。主要在计算内墙墙体、内墙装饰等工程量时使用。

6.1.7.4 底层建筑面积

底层建筑面积是建筑物底层的建筑面积。主要在计算平整场地、地面等工程量时使用。

6.2 建筑工程工程计量

6.2.1 建筑面积的计算

6.2.1.1 建筑面积的概念及计算建筑面积的作用

(1) 建筑面积的概念

建筑面积是指建筑物(包括墙体)所形成的楼地面面积。其主要包括以下几种。

① 使用面积。使用面积是指建筑物各层平面布置中可直接为生产或生活使用的净面积总和。净面积在民用建筑中称为居住面积。

② 辅助面积。辅助面积是指建筑物各层平面布置中辅助部分(如公共楼梯、公共走廊)的面积之和。辅助面积在民用建筑中称为公共面积。

使用面积与辅助面积的总和称为有效面积。

③ 结构面积。结构面积是指建筑物各层平面布置中结构部分的墙体或柱体所占面积之和(不包括抹灰厚度所占面积)。

（2）计算建筑面积的作用

① 确定建设规模的重要指标。根据项目立项批准文件所核准的建筑面积是初步设计的重要控制指标，用来控制施工图设计的规模。对于国家投资的项目，施工图的建筑面积不得超过初步设计的 5%，否则必须重新报批。

② 确定各项技术经济指标的基础。建筑面积是衡量工程造价、人工消耗量、材料消耗量和机械台班消耗量的重要经济指标。建筑面积与使用面积、辅助面积、结构面积之间存在着一定的比例关系。设计人员在计算建筑面积的基础上再分别计算出使用面积、辅助面积和结构面积等技术指标。有了建筑面积，才能确定每一平方米建筑面积的工程造价和其他的技术经济指标。

③ 评价设计方案的依据。建筑设计和建筑规划中，经常使用建筑面积控制某些指标，比如容积率、建筑密度、建筑系数等。在评价设计方案时，通常采用居住面积系数、土地利用系数、有效面积系数、单方造价等指标，这些指标都与建筑面积密切相关。因此，为了评价设计方案，必须准确计算建筑面积。

④ 计算有关分项工程量的依据和基础。建筑面积是确定一些分项工程量的基本数据。应用统筹计算方法，根据底层建筑面积，就可以很方便地推算出室内回填土体积、地（楼）面面积和顶棚面积等。另外，建筑面积也是计算脚手架、垂直运输等项目数据的基础。

⑤ 选择概算指标和编制概算的基础。概算指标通常是以建筑面积为计量单位，用概算指标编制概算时，应以建筑面积为计算基础。

6.2.1.2　建筑面积计算规则

（1）计算建筑面积的范围

① 建筑物的建筑面积应按自然层外墙结构外围水平面积之和计算。结构层高在 2.2 m 及以上者，应计算全面积；高度不足 2.2 m 者，应计算 1/2 面积。

自然层是指按楼地面结构分层的楼层。结构层高是指楼面或地面结构层上表面至上部结构上表面之间的垂直距离。上下均为楼面时，结构层高是相邻两层楼板结构层上表面之间的垂直距离。建筑物最底层，从"混凝土构造"的上表面算至上层楼板结构层上表面（分两种情况：一是有混凝土底板的，从底板上表面算起，如底板上有上反梁，则应从上反梁上表面算起；二是无混凝土底板、有地面构造的，从地面构造中最上层混凝土垫层或混凝土找平层上表面算起）。建筑物顶层，从楼板结构层上表面算至屋面板结构层上表面。计算建筑面积时不考虑勒脚。如图 6-1 所示。

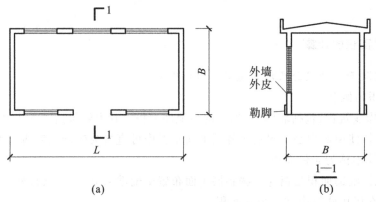

图 6-1　建筑物的建筑面积

(a) 平面；(b) 剖面

建筑面积按建筑平面图外轮廓线尺寸计算，计算公式如下：

$$S = LB \tag{6-1}$$

式中　S——建筑的建筑面积，m^2；

　　　L——两端山墙勒脚以上外表面间水平长度，m；

　　　B——两纵墙勒脚以上外表面间水平长度，m。

② 建筑物内设有局部楼层者，对于局部楼层的二层及以上楼层，有围护结构的应按其围护结构外围水平面积计算，无围护结构的应按其结构底板水平面积计算。层高在 2.20 m 及以上者应计算全面积；层高不足 2.20 m 者应计算 1/2 面积。如图 6-2 所示。

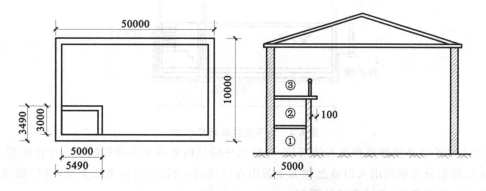

图 6-2　设有局部楼层的单层建筑物的建筑面积

若局部楼层结构层高均超过 2.20 m，则该建筑的建筑面积：首层建筑面积＝50 m×10 m＝500 m^2；局部二层建筑面积（按围护结构计算）＝5.49 m×3.49 m＝19.16 m^2；局部三层建筑面积（按底板计算）＝(5+0.1)m×(3+0.1)m＝15.81 m^2。

③ 多层建筑物（图 6-3）的建筑面积，按各层建筑物面积之和计算，其首层建筑面积按建筑物外墙勒脚以上结构的外围水平面积计算，二层及以上楼层应按其外墙结构外围水平面积计算。层高在 2.20 m 及以上者应计算全面积；层高不足 2.20 m 者应计算 1/2 面积（注意：外墙外边线是否一致）。同一建筑物结构、层数不同时，应分别计算建筑面积。形成建筑空间的坡屋顶，结构净高在 2.10 m 及以上的部位应计算全面积；结构净高在 1.20 m 及以上至 2.10 m 以下的部位应计算 1/2 面积；结构净高在 1.20 m 以下的部位不应计算建筑面积。

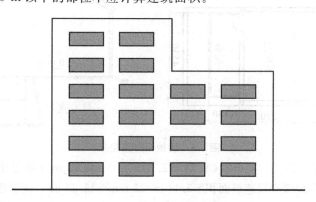

图 6-3　建筑物各部位层数不同

结构净高是指楼面或地面结构层上表面至上部结构层下表面之间的垂直距离。

④ 场馆看台下的建筑空间，结构净高在 2.10 m 及以上的部位应计算全面积；结构净高在 1.20 m 及以上至 2.10 m 以下的部位应计算 1/2 面积；结构净高在 1.20 m 以下的部位不应计算面积。室内单独设置的有围护设施的悬挑看台，应按看台结构底板水平投影面积计算建筑面积。有顶盖无

围护结构的场馆看台应按其顶盖水平投影面积的1/2计算面积。

⑤ 地下室、半地下室应按其结构外围水平面积计算。结构层高在2.20 m及以上者，应计算全面积；结构层高在2.20 m以下的，应计算1/2面积。如图6-4所示。

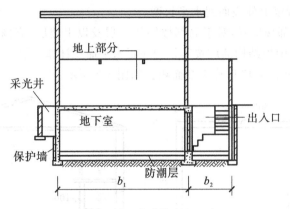

图6-4　地下室建筑面积示意

⑥ 出入口外墙外侧坡道有顶盖的部位，应按其外墙结构外围水平面积的1/2计算面积。

出入口坡道分有顶盖出入口坡道和无顶盖出入口坡道，顶盖以设计图纸为准，对后增加及建设单位自行增加的顶盖等，不计算建筑面积。

坡道是以从建筑物内部一直延伸到建筑物外墙结构外边线为界，建筑物内的部分随建筑物正常计算建筑面积。对建筑物内、外的划分以建筑物外墙结构外边线为界。所以，出入口坡道顶盖的挑出长度，为顶盖结构外边线至围墙结构外边线的长度。

⑦ 建筑物架空层及坡地建筑物吊脚架空层，应按其顶板水平投影面积计算建筑面积。结构层高在2.20 m及以上的，应计算全面积；结构层高在2.20 m以下的，应计算1/2面积。顶板水平投影面积是指架空层结构顶板的水平投影面积，不包括架空层主体结构外的阳台、空调板、通长水平挑板等外挑部分。如图6-5所示。

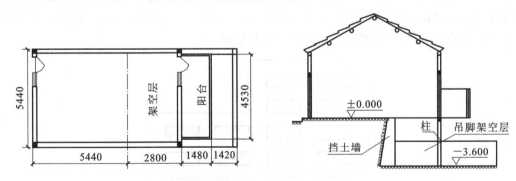

图6-5　坡地吊脚架空层

单层建筑的建筑面积＝5.44 m×（5.44＋2.80）m＝44.83 m²；阳台建筑面积＝（1.48 m×4.53 m）/2＝3.35 m²；吊脚架空层建筑面积＝5.44 m×2.8 m＝15.23 m²。建筑面积合计为63.41 m²。

⑧ 建筑物的门厅、大厅按一层计算建筑面积。门厅、大厅内设置走廊的应按走廊结构底板水平面积计算。结构层高在2.20 m及以上者应计算全面积；结构层高在2.20 m以下的，应计算1/2面积。

⑨ 建筑物间的架空走廊，有顶盖和围护结构的，应按其围护结构外围水平面积计算全面积；无围护结构、有围护设施的，无论是否有顶盖，均计算1/2面积。有围护结构的，按围护结构计算面

积;无围护结构的,按底板计算面积。

⑩ 立体书库、立体仓库、立体车库,有围护结构的,应按其围护结构外围水平面积计算建筑面积;无围护结构、有围护设施的,应按其底板水平投影面积计算建筑面积。无结构层的应按一层计算,有结构层的应按结构层面积分别计算。结构层高在 2.20 m 及以上的,应计算全面积;结构层高在 2.20 m 以下的,应计算 1/2 面积。

⑪ 有围护结构的舞台灯光控制室,应按其围护结构外围水平面积计算。结构层高在 2.20 m 及以上的,应计算全面积;结构层高在 2.20 m 以下的,应计算 1/2 面积。

⑫ 附属在建筑物外墙的落地橱窗,应按其围护结构外围水平面积计算。结构层高在 2.20 m 及以上的,应计算全面积;结构层高在 2.20 m 以下的,应计算 1/2 面积。如图 6-6 所示。

该处橱窗从两点理解:一是附属在建筑物外墙,属于建筑物附属结构;二是落地,橱窗下设置有基础。若不落地,可按凸(飘)窗规定执行。

⑬ 窗台与室内楼地面高差在 0.45 m 以下且结构净高在 2.10 m 及以上的凸(飘)窗,应按其围护结构外围水平面积计算 1/2 面积。凸(飘)窗需同时满足两个条件方能计算建筑面积:一是结构高差在 0.45 m 以下,二是结构净高在 2.10 m 及以上。

⑭ 有围护设施的室外走廊(挑廊),应按其结构底板水平投影面积计算 1/2 面积;有围护设施(或柱)的檐廊,应按其围护设施(或柱)外围水平面积计算 1/2 面积。无论哪一种廊,除了必须有地面结构外,还必须有栏杆、栏板等围护设施或柱,这两个条件缺一不可,缺少任何一个条件都不能计算建筑面积。

⑮ 门斗应按其围护结构外围水平面积计算建筑面积。结构层高在 2.20 m 及以上的,应计算全面积;结构层高在 2.20 m 以下的,应计算 1/2 面积。如图 6-7 所示。

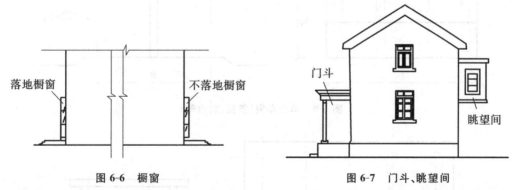

图 6-6 橱窗   图 6-7 门斗、眺望间

⑯ 门廊应按其顶板水平投影面积的 1/2 计算建筑面积;有柱雨篷应按其结构板水平投影面积的 1/2 计算建筑面积;无柱雨篷的结构外边线至外墙结构外边线的宽度在 2.10 m 及以上的,应按雨篷结构板的水平投影面积的 1/2 计算建筑面积。

门廊是指在建筑物出入口,无门、三面或两面有墙,上部有板(或借用上部楼板)围护的部位。

⑰ 设在建筑物顶部的、有围护结构的楼梯间、水箱间、电梯机房等,结构层高在 2.20 m 及以上者应计算全面积;结构层高在 2.20 m 以下的,应计算 1/2 面积(注:围护结构泛指砖墙、玻璃幕墙和封闭玻璃窗等)。如图 6-8 所示。

⑱ 围护结构不垂直于水平面的楼层,应按其底板面的外墙外围水平面积计算。结构净高在 2.10 m 及以上的部位,应计算全面积;结构净高在 1.20 m 及以上至 2.10 m 以下的部位,应计算 1/2面积;结构净高在 1.20 m 以下的部位,不应计算建筑面积。

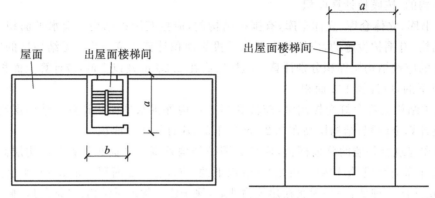

图 6-8 有围护结构的出屋面楼梯间

⑲ 建筑物室内楼梯、电梯井、提物井、管道井、通风排气竖井、烟道，应并入建筑物的自然层计算建筑面积。有顶盖的采光井应按照一层计算建筑面积，结构净高在 2.10 m 及以上的，应计算全面积；结构净高在 2.10 m 以下的，应计算 1/2 面积。

⑳ 室外楼梯应并入所依附的建筑物自然层，并应按其水平投影面积的 1/2 计算建筑面积。

㉑ 在主体结构内的阳台，应按其结构外围水平面积计算全面积；在主体结构外的阳台，应按其结构底板水平投影面积计算 1/2 面积。

㉒ 有顶盖无围护结构的车棚、货棚、站台、加油站、收费站等，应按其顶盖水平投影面积的 1/2 计算建筑面积。如图 6-9、图 6-10 所示。

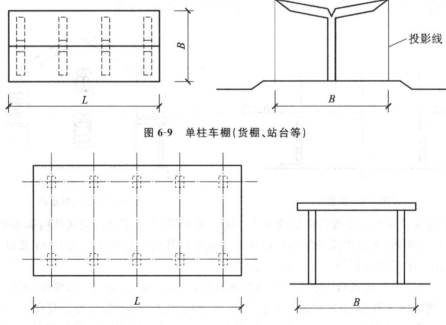

图 6-9 单柱车棚（货棚、站台等）

图 6-10 双柱车棚（货棚、站台等）

㉓ 以幕墙作为围护结构的建筑物，应按幕墙外边线计算建筑面积。幕墙以其在建筑物中所起的作用和功能来区分，直接作为外墙起围护作用的幕墙，按其外边线计算建筑面积；设置在建筑物墙体外起装饰作用的幕墙，不计算建筑面积。

㉔ 建筑物的外墙外保温层，应按其保温材料的水平截面面积计算，并计入自然层建筑面。建

筑物外墙外侧有保温隔热层的,保温隔热层以保温材料的净厚度乘外墙结构外边线长度按建筑物的自然层计算建筑面积,其外墙外边线长度不扣除门窗和建筑物外已计算建筑面积构件所占长度。

㉕ 与室内相通的变形缝,应按其自然层合并在建筑物建筑面积内计算。对于高低连跨的建筑物,当高低跨内部连通时,其变形缝应计算在低跨面积内。

㉖ 对于建筑物内的设备层、管道层、避难层等有结构层的楼层,结构层高在 2.20 m 及以上的,应计算全面积;结构层高在 2.20 m 以下的,应计算 1/2 面积。

(2)不计算建筑面积的范围

① 与建筑物内不相连通的建筑部件。

② 骑楼、过街楼底层的开放公共空间和建筑物通道。

③ 舞台及后台悬挂幕布和布景的天桥、挑台等。

④ 露台、露天游泳池、花架、屋顶的水箱及装饰性结构构件。露台是设置在屋面、首层地面或雨篷上的供人室外活动的有围护设施的平台。

⑤ 建筑物内的操作平台、上料平台、安装箱和罐体的平台。

⑥ 勒脚、附墙柱(指非结构性构件装饰柱)、墙垛、台阶、墙面抹灰、装饰面、镶贴块料面层、装饰性幕墙,主体结构外的空调室外机搁板(箱)、构件、配件,挑出宽度在 2.10 m 以下的无柱雨篷和顶盖高度达到或超过两个楼层的无柱雨篷。如图 6-11 所示。

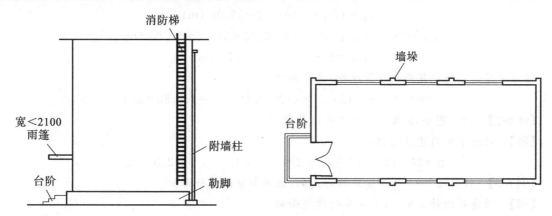

图 6-11　凸出墙面的构配件

⑦ 窗台与室内地面高差在 0.45 m 以下且结构净高在 2.10 m 以下的凸(飘)窗,窗台与室内地面高差在 0.45 m 及以上的凸(飘)窗。

⑧ 室外爬梯、室外专用消防钢楼梯。当钢楼梯是建筑物的唯一通道,并兼消防之用时,应按室外楼梯相关规定计算建筑面积。

⑨ 无围护结构的观光电梯。

⑩ 建筑物以外的地下人防通道,独立的烟囱、烟道、地沟、油(水)罐、气柜、水塔贮水池、贮仓、栈桥等构筑物。

【例 6-1】　某工程项目(图 6-12)为单层框架结构建筑物。涂黑部分为框架柱,截面尺寸为 300 mm×300 mm;框架梁截面尺寸为 200 mm×300 mm,沿外墙和内墙设置;过梁高 120 mm,宽同墙厚,设计过梁长为洞口宽度每边各加 120 mm;C 的截面尺寸为 1500 mm×1800 mm,M_1 的截面尺寸为 1200 mm×2400 mm,M_2 的截面尺寸为 900 mm×2000 mm;屋面板四周挑出距外墙外边线 300 mm 宽的檐,板厚 120 mm;无组织排水,无女儿墙,基础为钢筋混凝土条形基础,内外墙基础

相同,室外设计标高－0.500 m,自然地面标高－0.300 m,室内地面标高±0.000 m,屋面板顶标高
＋3.000 m,轴线居墙体中心线处。内外墙均为 240 mm 厚的砖墙。当地土质为二类土。求建筑面
积(计算结果保留两位小数)。

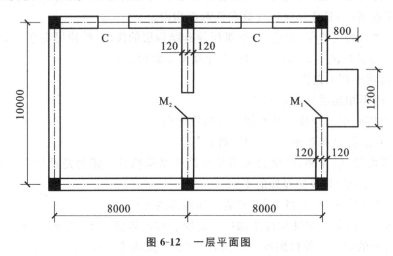

图 6-12　一层平面图

【解】　首先计算"三线":
$$L_{中}=(8+8+10)\times2=52.00（m）$$
$$L_{外}=(8+8+0.12\times2+10+0.12\times2)\times2=52.96（m）$$
$$L_{净}=10-0.12\times2=9.76（m）$$

按照单层建筑物建筑面积计算规则,建筑面积:
$$S=(8+8+0.12\times2)\times(10+0.12\times2)=166.30（m^2）$$

【例 6-2】　计算图 6-13 所示地下室的建筑面积。

【解】　该地下室的建筑面积:
$$S=24\times12+(2+0.12\times2)\times1.5+1.5\times1=292.86（m^2）$$

【例 6-3】　计算图 6-14 所示建筑物外走廊、檐廊部分的建筑面积。

【解】　该建筑物外走廊、檐廊部分的建筑面积:
$$S=(3.6-0.25\times2)\times1.5+1.2\times3.5=8.85（m^2）$$

【例 6-4】　求图 6-15 所示高低连跨单层厂房的建筑面积。柱断面尺寸为 250 mm×250 mm,
纵墙厚 370 mm,横墙厚 240 mm。

【解】　此单层厂房外柱外边就是外墙的外边。

边跨的建筑面积:
$$S_1=60\times(12-0.125+0.185)\times2=1447.20（m^2）$$

中跨的建筑面积:
$$S_2=60\times(18+0.25)=1095.00（m^2）$$

总建筑面积:
$$S=1447.20+1095.00=2542.20（m^2）$$

93

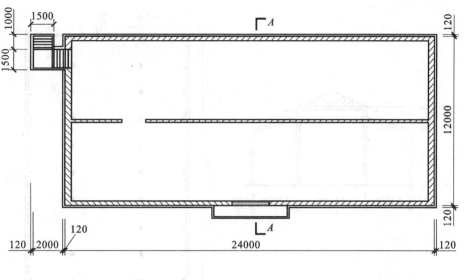

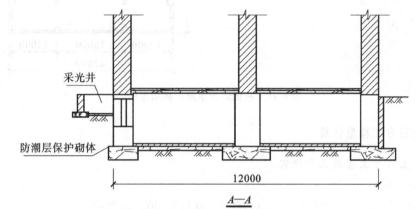

图 6-13 地下室示意图

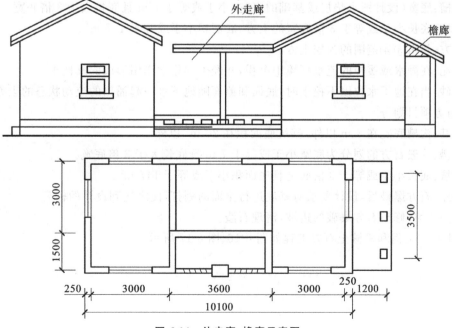

图 6-14 外走廊、檐廊示意图

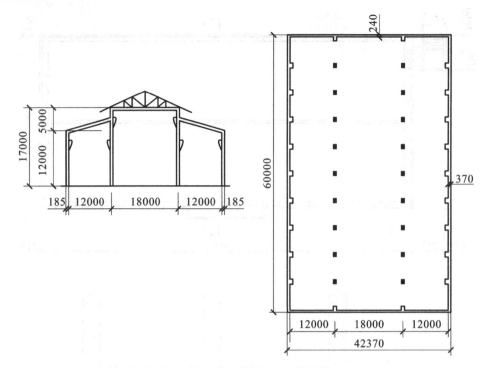

图 6-15　高低连跨单层厂房示意图

6.2.2　土石方工程量计算

6.2.2.1　土石方工程的工作内容

（1）土方项目划分

① 平整场地：厚度小于或等于±0.3 m 的土方就地挖、填、运、找平。

② 竖向布置：厚度大于±0.3 m 的土方挖、填、运、找平。

③ 沟槽：底宽（设计图示垫层或基础的底宽）小于或等于 7 m 且底长大于 3 倍底宽。

④ 基坑：底长小于或等于 3 倍底宽的土方、底面积小于或等于 147 m²。

⑤ 土方：超出③④范围的为挖土方。

⑥ 淤泥：在静水或缓慢的流水环境中沉积，并经生物化学作用形成的黏性土。

⑦ 流砂：当在地下水位以下挖土时，底面和侧面随地下水一起涌出的流动状态的土方。

（2）石方项目划分

① 平基：沟槽底宽在 3 m 以外，基坑底面积在 20 m² 以外。

② 沟槽：一般石方的划分为底宽小于或等于 7 m 且底长大于 3 倍底宽。

③ 基坑：底长小于或等于 3 倍底宽且底面积小于或等于 147 m²。

④ 摊座：石方爆破后，设计要求对基底进行全面的剔打，使之达到设计的标高。

⑤ 修整边坡：修整石方爆破的边坡，清理石渣。

人工土石方工程和机械土石方工程如图 6-16、图 6-17 所示。

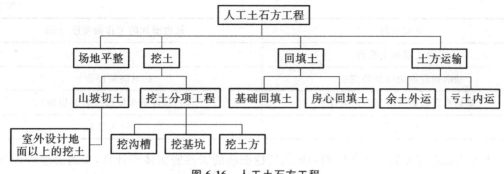

图 6-16　人工土石方工程

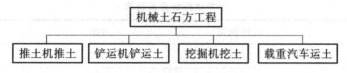

图 6-17　机械土石方工程

6.2.2.2　工程量计算前应确定的资料

① 土壤及岩石类别。

a. 土壤类别:普通土——一、二类土,坚土——三类土,砂砾坚土——四类土。

b. 岩石类别:松石、次坚石、普坚石、特坚石。

② 地下水位标高。地下水位以上的土壤称为干土,地下水位以下的土壤称为湿土。

③ 土方、沟槽、基坑挖(填)起止标高、施工方法及运距。

④ 岩石开凿、爆破方法,石渣清运方法及运距。

⑤ 放坡系数。计算土方前应根据土质和挖土深度选取放坡系数 k 和放坡的起点深度。放坡系数 k 表示当挖土深度为 H (m)时放出的宽度为 kH (m)。放坡系数 k 按表 6-1 选取。

表 6-1　　　　　　　　　　　　　　　　　放坡系数表

土壤类别	放坡起点深度/m	人工挖土	机械挖土		
			在坑内作业	在坑上作业	顺沟槽在坑上作业
一、二类	1.20	1:0.50	1:0.33	1:0.75	1:0.50
三类	1.50	1:0.33	1:0.25	1:0.67	1:0.33
四类	2.00	1:0.25	1:0.10	1:0.33	1:0.25

注:1. 沟槽基坑中土壤类别不同时,分别按其放坡起点、放坡系数依不同土壤厚度加权平均计算。

2. 计算放坡时,在交接处的重复工程量不予扣除,原槽、坑做基础垫层时,放坡自垫层上表面开始计算。

3. 挖冻土不计算放坡。

⑥ 工作面宽度。基础施工所需工作面宽度 c 按表 6-2 选取。

表 6-2　　　　　　　　　　　　　　基础施工所需工作面宽度表

基础材料	每边增加的工作面宽度/mm
砖基础	200
浆砌毛石、条石基础	250
混凝土基础垫层支模板	150

续表

基础材料	每边增加的工作面宽度/mm
混凝土基础支模板	400
基础垂直面做砂浆防潮层	400（防潮层面）
基础垂直面做防水层或防腐层	1000（自防水层面或防腐层面）
支挡土板	100（另加）

⑦ 土方体积折算系数。土方体积一般均按挖掘前的天然密实体积计算,如遇必须以天然密实体积折算的情况,可按表 6-3 中所列系数换算。

表 6-3　　　　　　　　　　　　　　土方体积折算系数表

虚方体积	天然密实	夯填	松散体积
1.00	0.77	0.67	0.83
1.20	0.92	0.80	1.00
1.30	1.00	0.87	1.08
1.50	1.15	1.00	1.25

6.2.2.3 土石方工程工程量计算规则

（1）平整场地工程量计算

平整场地,按设计图纸尺寸,以建筑物首层建筑面积计算。建筑物地下室结构外边线突出首层结构外边线时,其突出部分的建筑面积合并计算。

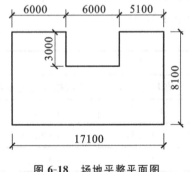

图 6-18　场地平整平面图

【例 6-5】 场地平整平面图如图 6-18 所示,试计算该建筑物场地平整面积。

【解】
$$S = 17.1 \times 8.1 - 3 \times 6 = 120.51(\text{m}^2)$$

（2）挖沟槽工程量计算

挖沟槽土石方,按设计图示沟槽长度乘以沟槽断面面积,以体积计算。沟槽的断面面积,应包括工作面宽度、放坡宽度或石方允许超挖量的面积。

① 外墙沟槽,按外墙中心线长度计算。突出墙面的墙垛,按墙垛突出墙面的中心线长度,并入相应工程量内计算。

② 内墙沟槽、框架间墙沟槽,按基础（含垫层）之间垫层（或基础底）的净长线计算。

③ 挖土深度,从设计室外标高至槽（坑）底。

④ 管道的沟槽长度,按设计规定计算;设计无规定时,以设计图示管道中心线长度(不扣除下口直径或边长小于或等于 1.5 m 的井池)计算。下口直径或边长大于 1.5 m 的井池的土石方,另按照基坑相应规定计算。

根据施工组织设计的要求,沟槽在开挖时应采用不同的断面形式,按相应的公式计算其土方工程量。

① 不放坡,不支挡土板,留工作面。

其计算公式如下:

$$V = (b+2c)hL \qquad (6\text{-}2)$$

式中 V——人工挖沟槽工程量,m^3;

b——垫层宽度,m;

h——挖土深度,m;

L——沟槽长度,m;

c——工作面宽度,m。

② 不放坡,双面支挡土板,留工作面(图6-19)。

其计算公式如下:

$$V = (b+2c+0.1\times2)hL \qquad (6\text{-}3)$$

【例6-6】 如图6-20所示,已知沟槽长度 $L=3.2$ m,混凝土垫层宽度 $b=1.2$ m,挖土深度 $h=2.2$ m,工作面宽度 $c=300$ mm,求该沟槽挖土量。

【解】 $V = (b+2c+0.1\times2)hL = (1.2+0.3\times2+0.1\times2)\times2.2\times3.2 = 14.08$ (m^3)

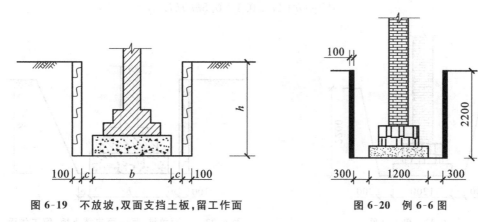

图6-19 不放坡,双面支挡土板,留工作面　　　图6-20 例6-6图

③ 双面放坡,不支挡土板,留工作面(放坡交接处的重复工程量不予扣除)。

对于垫层下表面放坡[图6-21(a)],计算公式如下:

$$V = (b+2c+kh)hL \qquad (6\text{-}4)$$

对于垫层上表面放坡,且 $b=a+2c$[图6-21(b)],计算公式如下:

$$V = [(b+kh_1)h_1+bh_2]L \qquad (6\text{-}5)$$

对于垫层上表面放坡,且 $b<a+2c$[图6-21(c)],计算公式如下:

$$V = [(a+2c+kh_1)h_1+bh_2]L \qquad (6\text{-}6)$$

式中 k——放坡度系;

a——基础底宽度,m。

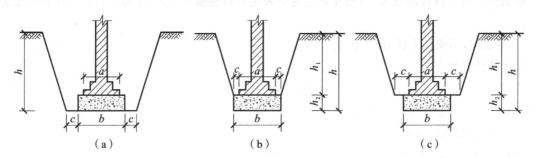

图6-21　双面放坡,不支挡土板的沟槽

(a) 垫层下表面放坡;(b) 垫层上表面放坡,且$b=a+2c$;(c) 垫层上表面放坡,且$b<a+2c$

【例6-7】　如图6-22所示,已知沟槽长度$L=3.2$ m,混凝土垫层宽度$b=1.2$ m,挖土深度$h=2.2$ m,工作面宽度$c=300$ mm,三类土,采用人工挖土,求该沟槽挖土量。

【解】　$V=(b+2c+kh)hL=(1.2+0.3\times2+0.33\times2.2)\times2.2\times3.2=17.78$（m³）

④ 一面放坡,另一面支挡土板,留工作面(图6-23)。

其计算公式如下:

$$V=(b+2c+0.1+0.5kh)hL \tag{6-7}$$

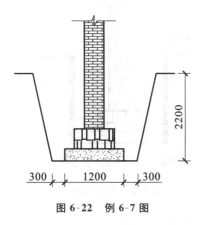

图6-22　例6-7图

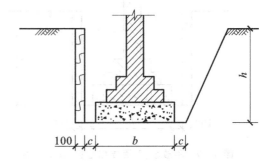

图6-23　一面放坡,另一面支挡土板,留工作面

(3) 人工挖基坑和人工挖土方的工程量计算

人工挖基坑与人工挖土方的工程量计算方法相同,均以体积(m³)计算。

现以独立基础的基坑为例,它的工程量应根据具体情况分别按以下公式计算。

① 矩形不放坡基(地)坑。

其计算公式如下:

$$V=abH \tag{6-8}$$

式中　a——基坑长度,m;

　　　b——基坑宽度,m;

　　　H——基坑深度,m。

【例6-8】 如图6-24所示,已知一矩形地坑的挖土深度$H=$2.6 m,坑长度$a=2.4$ m,地坑宽度$b=1.2$ m,有工作面,工作面宽度$c=0.3$ m,求挖土量。

【解】
$$V=abH$$
$$=(2.4+0.3\times2)\times(1.2+0.3\times2)\times2.6$$
$$=14.04（m^3）$$

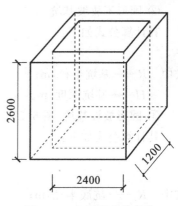

图 6-24 矩形不放坡基坑

② 矩形放坡基坑(图6-25)。

其计算公式如下:

$$V=(a+2c+kH)(b+2c+kH)H+\frac{k^2H^3}{3} \qquad (6-9)$$

式中
a——基础垫层宽度,m;
b——基础垫层长度,m;
c——工作面宽度,m;
H——基坑深度,m;
k——放坡系数。

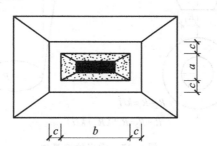

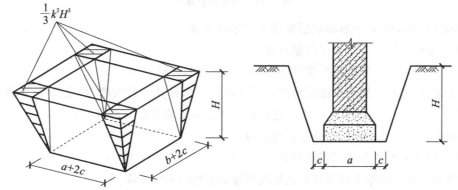

图 6-25 矩形放坡基坑

【例6-9】 如图6-26所示,已知一矩形基坑为二类土,混凝土垫层宽度$a=1.0$ m,混凝土垫层长度$b=1.2$ m,基坑深度$H=2.2$ m,工作面宽度$c=0.3$ m,从垫层下表面开始放坡。求挖土量。

【解】
$$V=(a+2c+kH)(b+2c+kH)H+\frac{k^2H^3}{3}$$
$$=(1.0+0.3\times2+0.5\times2.2)\times(1.2+0.3\times2+0.5\times$$
$$2.2)\times2.2+\frac{1}{3}\times0.5^2\times2.2^3=18.11（m^3）$$

图 6-26 例6-9图

③ 圆形不放坡基坑。

其计算公式如下：

$$V = \pi R^2 H \tag{6-10}$$

式中　R——基坑半径，m；

　　　H——基坑深度，m。

④ 圆形放坡基坑（图 6-27）。

其计算公式如下：

$$V = \frac{1}{3}\pi H(R_1^2 + R_2^2 + R_1 R_2) \tag{6-11}$$

式中　R_1——坑底半径，m；

　　　R_2——坑顶半径，m；

　　　H　——基坑深度，m。

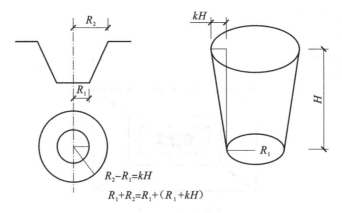

$$R_2 - R_1 = kH$$
$$R_1 + R_2 = R_1 + (R_1 + kH)$$

图 6-27　圆形放坡基坑

注：如有工作面，则 R_1＝基础垫层半径＋工作面宽度。

（4）人工凿石与爆破岩石的工程量计算

① 对于人工凿石，区别石质按设计图示尺寸以立方米计算。

② 对于爆破岩石，区别石质按设计图示尺寸以立方米计算。其沟槽、基坑深度、宽度允许超挖量：次坚岩为 0.2 m，特坚岩为 0.15 m。超挖部分岩石并入岩石挖方量内计算。

③ 预裂爆破按设计图示以钻孔总长度计算。

（5）人工挖孔桩挖土石方工程量计算

① 按图示桩断面面积乘以设计桩孔轴线深度，以体积（m³）计算。

② 挖淤泥、流砂层按该层实际厚度乘设计截面面积以体积计算。

③ 扩大预算工程量按图示尺寸以体积计算，结算时按实际体积计算。

（6）石方回填土工程工程量计算

石方回填土工程工程量计算示意图见图 6-28。

① 回填土体积均以回填后的夯实土或松填土体积为准。

② 沟槽、基坑回填土，按挖方体积减去设计室外地坪以下建筑物、基础（含垫层）的体积计算。

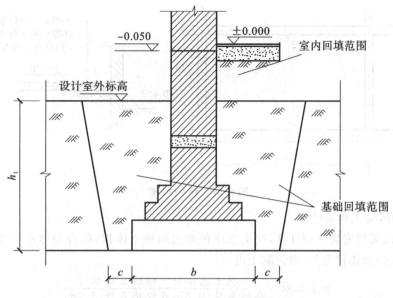

图 6-28 石方回填土工程工程量计算示意图

③ 房心(含地下室内)回填,按主墙间净面积(扣除连续底面积 2 m² 以上的设备基础等面积)乘回填厚度以体积计算。

④ 场区(含地下室顶板以上)回填,按回填土面积乘平均回填厚度以体积计算。

在基础施工完成后,必须将槽、坑四周未做基础的部分填至室外地坪标高。基础回填土必须夯填密实,所以应执行填土定额。

其计算公式如下:

$$V=V_1-V_2 \tag{6-12}$$

式中 V——基础回填土体积,m³;

V_1——基础挖土体积,m³;

V_2——设计室外地坪以下埋设物的体积(建筑物、管道、墙基、柱基等的体积以及各种基础垫层的体积),m³。

室内(房心)回填,按主墙之间的净面积乘回填土厚度计算。

其计算公式如下:

$$V_{室内}=S_{净} h_2 \tag{6-13}$$

式中 $V_{室内}$——室内回填土体积,m³;

$S_{净}$——墙与墙之间的净面积,m²;

h_2——填土厚度,室外地坪与室内设计地坪高差减地面面层和垫层的厚度,m。

【例 6-10】 如图 6-29 所示,求室内回填土体积。

【解】

$$S_{净}=(9-0.24)\times(5.5-0.12-0.18)=45.55 \text{ (m}^2)$$

$$h_2=0.45-0.02-0.06-0.15=0.22 \text{ (m)}$$

$$V_{室内}=45.55\times0.22=10.02 \text{ (m}^3)$$

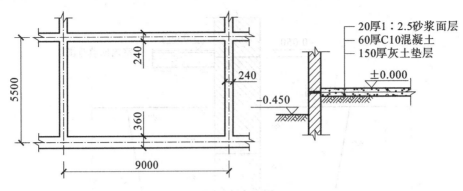

图 6-29　例 6-10 图

（7）土方的运输工程量计算

土方运输，以天然密实体积计算，挖土总体积减去回填土体积（折合天然密实体积），总体积为正，则为余土外运；总体积为负，则为取土内运。

$$余土体积 = \frac{挖土总体积 - 回填土体积}{夯填系数(0.87)或松填系数(1.08)} \qquad (6-14)$$

土方运输距离按以下规定计算：

① 推土机推土运距按挖方区重心至回填区重心之间的直线距离计算。

② 铲运机铲运土运距按挖方区重心至卸土区中心加转向距离 45 m 计算。

③ 自卸车运土运距按挖方区重心至回填区（或堆放地点）重心的最短距离计算。

6.2.3　桩与地基基础工程工程量计算

6.2.3.1　桩基础的概念及桩与地基基础工程的工作内容

（1）桩基础的概念

桩基础是用承台梁或承台板把沉入土中的若干个单桩的顶部联系起来的一种基础。其作用是将上部建筑物的荷载传到深处承载力较大的土层上，或将软弱土层挤密以提高地基土的承载力及密实度。

① 按成桩方式分类。

a. 预制桩：在工厂或施工现场制成的各种材料、各种形式的桩，如图 6-30 所示。

b. 灌注桩：直接在所设计的桩位上开孔，其截面为圆形，成孔后在孔内加放钢筋笼，灌注混凝土而成的桩。

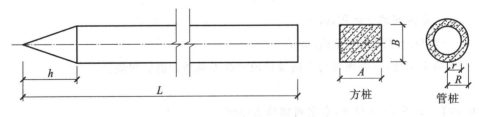

图 6-30　预制桩示意图

② 按桩的材料分类。

按使用的材料不同，桩可分为灰土桩、砂桩、木桩、混凝土桩、钢筋混凝土桩、预应力钢筋混凝土桩和钢桩。

③ 按桩的外形分类。

按外形不同,桩可分为方桩、圆桩等。

(2) 桩与地基基础工程的工作内容

① 预制钢筋混凝土桩应完成的工作内容:桩制作、运输,打桩、试验桩、斜桩,送桩,管桩填充材料、刷防护材料,清理、运输。

② 接桩应完成的工作内容:桩制作、运输,接桩、材料运输。

③ 混凝土灌注桩应完成的工作内容:成孔、固壁,混凝土制作、运输、灌注、振捣、养护,泥浆池及沟槽砌筑、拆除,泥浆制作、运输、清理、运输。

6.2.3.2 计算工程量前应确定的资料

① 土质级别:根据工程地质资料中的土层构造、土壤物理化学性质及每米沉桩时间鉴别适用定额的土质级别。

② 施工方法、工艺流程,确定采用机型,确定桩、土壤、泥浆运距。

6.2.3.3 桩工程量计算规则

(1) 预制钢筋混凝土桩

打、压预制钢筋混凝土桩按设计桩长(包括桩尖)乘桩截面面积,以体积计算。

① 实心方桩。

其计算公式如下:

$$V = L \times (A \times B) \times n \tag{6-15}$$

式中 V——方桩体积,m^3;

L——桩全长,m;

A,B——方桩的长和宽,m;

n——打桩根数,根。

【例 6-11】 某桩长为 9.5 m 的预制钢筋混凝土方桩截面尺寸为 400 mm×400 mm,共打桩 78 根;桩长为 8.5 m 的预制混凝土方桩截面尺寸为 350 mm×350 mm,共打桩 103 根。计算其打桩工程量。

【解】

$$V = L \times (A \times B) \times n = 9.5 \times 0.4^2 \times 78 + 8.5 \times 0.35^2 \times 103 = 225.81 \ (m^3)$$

② 空心管桩。空心管桩的空心体积不扣除,如空心管桩的空心部分按设计要求灌注混凝土或其他填充材料,应另行计算。

其计算公式如下:

$$V = \pi R^2 L n \tag{6-16}$$

式中 R——空心管桩半径;

L——桩全长;

n——打桩根数。

(2) 打孔灌注桩

① 砂桩、碎石桩的体积,按设计规定的桩长乘设计桩截面面积计算。

② 扩大桩的体积按单桩体积乘复打次数计算。

③ 打孔时先埋入预制混凝土桩尖,再灌注混凝土者,灌注桩按设计长度(自桩尖顶面至桩顶面

的高度)乘设计桩截面面积计算。

(3) 现场灌注桩

现场灌注桩的体积按设计桩长增加 0.25 m 乘设计桩截面面积计算。

其计算公式如下：

$$V = (L + 0.25)Sn \tag{6-17}$$

式中　V——灌注桩体积,m³;

　　　L——桩长,m;

　　　S——灌注桩设计截面面积,m²;

　　　n——灌注桩根数,根。

(4) 人工挖孔灌注桩

以立方米计量,按桩芯混凝土体积计算;以根计量,按设计图示数量计算。

(5) 钻孔压浆桩

以米计量,按设计图示尺寸以桩长计算;以根计量,按设计图示数量计算。

(6) 灌注桩后压浆

灌注桩后压浆按设计图示以注浆孔数计算。

(7) 挖孔桩土(石)方

挖孔桩土(石)方按设计图示尺寸(含护壁)截面面积乘挖孔深度以体积计算。

【例6-12】　某工程采用人工挖孔桩基础,设计情况如图6-31所示,桩数为10根。桩端进入中风化泥岩不少于1.5 m,护壁混凝土采用现场搅拌,强度等级为C20,桩芯采用商品混凝土,强度等级为C25,土方采用场内转运。地基情况自上而下为硬石层(四类土)厚5~7 m,强风化泥岩(极软岩)厚3~5 m,以下为中风化泥岩(软岩)。计算该桩基础的工程量。

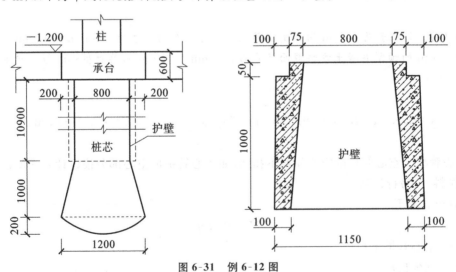

图6-31　例6-12图

【解】　(1) 直芯

$$V_1 = \pi \times \left(\frac{1.15}{2}\right)^2 \times 10.9 = 11.32 \ (\text{m}^3)$$

（2）扩大头

$$V_2=\frac{1}{3}\times 1\times(\pi\times 0.4^2+\pi\times 0.6^2+\pi\times 0.4\times 0.6)=0.80\ (\text{m}^3)$$

（3）扩大头球冠

$$R=\frac{0.6^2+0.2^2}{2\times 0.2}=1.00\ (\text{m})$$

$$V_3=\pi\times 0.2^2\times\left(R-\frac{0.2}{3}\right)=0.12\ (\text{m}^3)$$

$$V=10\times(V_1+V_2+V_3)=10\times(11.32+0.80+0.12)=122.40\ (\text{m}^3)$$

（4）护壁 C20 混凝土

$$V_4=\pi\times\left[\left(\frac{1.15}{2}\right)^2-\left(\frac{0.875}{2}\right)^2\right]\times 10.9\times 10=47.65\ (\text{m}^3)$$

（5）桩芯混凝土

$$V_5=122.4-47.65=74.75\ (\text{m}^3)$$

（8）接桩

当设计基础的打桩深度超过一般预制桩的单根长度时，就需要打入数根桩以满足设计要求。把两根桩紧紧连接起来称为接桩。接桩的方式有电焊接桩和硫黄胶泥接桩。

① 电焊接桩是将上一节桩末端的预埋铁件与下一节桩顶端的桩冒盖用焊接法焊牢。电焊接桩按设计桩头以个计算。

② 硫黄胶泥接桩（图 6-32）是将上节桩下端的预留伸出锚筋插入下节桩上端预留的锚筋孔内，并灌以硫黄胶泥黏结剂将两端黏结起来。硫黄胶泥接桩按桩断面乘接头个数以平方米计算。

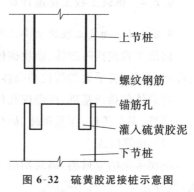

图 6-32　硫黄胶泥接桩示意图

（9）送桩

在打桩过程中，有时要求将桩顶面打到桩操作平台以下或自然地坪以下。由于打桩机安装和操作的要求，桩锤不能直接锤击到桩头，而必须将送桩筒接到桩的上端，以便把桩送至设计标高，此过程称为送桩。一般打桩机的底架离地面均有一段距离（约 50 cm），送桩工程量按桩截面面积乘送桩长度计算。送桩长度为设计桩顶至自然地坪标高的高度另加 0.5 m 计算。

其计算公式如下：

$$V=S(h+0.5)n \tag{6-18}$$

式中　V——送桩体积，m^3；

　　　n——接头个数，个；

　　　S——桩设计截面面积，m^2；

　　　h——桩顶面至自然地坪标高的高度，m。

（10）沉桩

用锤击或液压静力沉入的预制钢筋混凝土桩的体积，按设计桩长乘桩的截面面积计算，不扣除桩尖虚体积。

（11）截桩

预制桩打入地下后,可能会有一部分凸出地面。为了进行下一道工序,必然要将凸出地面的多余桩头截掉。截桩工程量以个计算。

（12）截（凿）桩头

截（凿）桩头以立方米计量,按设计桩截面面积乘桩头长度以体积计算;以根计量,按设计图示数量计算。截（凿）桩头项目适用于地基处理与边坡支护工程、桩基础工程所列桩的桩截（凿）头。

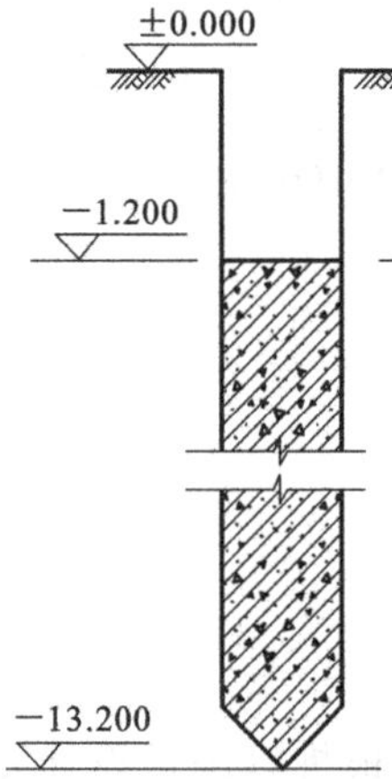

【例6-13】 如图6-33所示,某工程需进行钢筋混凝土方桩的送桩、接桩工作。桩断面尺寸为400 mm×400 mm,每根桩长3 m,设计桩全长12.00 m。桩底标高−13.200 m,桩顶标高−1.200 m。该工程共需用80根桩。试计算送桩和硫黄胶泥接桩工程量。

【解】 （1）$V_{送桩}=0.4\times0.4\times(1.2+0.5)\times80$
$$=21.76\ (\text{m}^3)$$
（2）$V_{接桩}=(12/3-1)\times0.4\times0.4\times80$
$$=38.40\ (\text{m}^3)$$

图6-33 例6-13图

6.2.4 砌筑工程工程量计算

6.2.4.1 砌筑工程的主要工作内容

砌筑工程包括砖砌体、砌块砌体、石砌体、垫层。砌筑工程是一个综合的施工过程,它包括材料的准备、运输,脚手架的搭设和砌体砌筑等。

砖砌体包括砖基础、砖砌挖孔桩护壁、实心砖墙、多孔砖墙、空心砖墙,空斗墙、空花墙、填充墙,实心砖柱、多孔砖柱、零星砌砖、砖检查井、砖散水（地坪）、砖地沟（明沟）。主要的砌体材料如下。

（1）砌筑用砖

按所采用的原材料,砌筑用砖分为黏土砖、灰砂砖、页岩砖、煤矸石砖、水泥砖、矿渣砖等。按形状,其分为实心砖及多孔砖。

① 烧结普通砖。烧结普通砖为实心砖,是以黏土、页岩、煤矸石或粉煤灰为主要原料,经压制、焙烧而成。按原料不同,其可分为烧结黏土砖、烧结页岩砖、烧结煤矸石砖和烧结粉煤灰砖。烧结普通砖的外形为直角六面体,其公称尺寸为长240 mm,宽115 mm,高53 mm。根据抗压强度,其分为MU30、MU25、MU20、MU15、MU10五个强度等级。

② 烧结多孔砖。烧结多孔砖使用的原料和生产工艺与烧结普通砖基本相同,其孔洞率不小于25%。砖的外形为直角六面体,其长度、宽度及高度尺寸应符合290 mm、240 mm、190 mm、180 mm和175 mm、140 mm、115 mm、90 mm的要求。根据抗压强度,其分为MU30、MU25、MU20、MU15、MU10五个强度等级。

③ 烧结空心砖。烧结空心砖的烧制、外形、尺寸要求与烧结多孔砖一致,在与砂浆的接合面上应设有增加结合力的、深度在1 mm以上的凹线槽。根据抗压强度,其分为MU5、MU3、MU2三个强度等级。

④ 蒸压灰砂空心砖。蒸压灰砂空心砖是以石英砂和石灰为主要原料,压制成型后经压力釜蒸汽养护而制成的孔洞率大于 15％ 的空心砖。其外形规格与烧结普通砖一致,根据抗压强度分为MU25、MU20、MU15、MU10、MU7.5 五个强度等级。

⑤ 蒸压粉煤灰砖。蒸压粉煤灰砖是指以粉煤灰为主要原料,掺配适量的石灰、石膏或其他碱性激发剂,再加入一定数量的炉渣作为骨料蒸压制成的砖。其外形规格与烧结普通砖一致,根据抗压强度、抗折强度分为 MU20、MU15、MU10、MU7.5 四个强度等级。

(2) 砌块

砌块的种类较多,按形状分为实心砌块和空心砌块,按规格可分为小型砌块(高度为 180～350 mm)、中型砌块(高度为 360～900 mm)。常用的有普通混凝土小型空心砌块、轻集料混凝土小型空心砌块、蒸压加气混凝土砌块、粉煤灰砌块。

① 普通混凝土小型空心砌块。普通混凝土小型空心砌块以水泥、砂、碎石或卵石加水预制而成。其主规格尺寸为 390 mm×190 mm×190 mm,有两个方形孔,孔洞率不小于 25％。根据抗压强度,其分为 MU20、MU15、MU10、MU7.5、MU5、MU3.5 六个强度等级。

② 轻集料混凝土小型空心砌块。轻集料混凝土小型空心砌块以水泥、砂、轻集料加水预制而成。其主规格尺寸为 390 mm×190 mm×190 mm。其按孔的排数分为单排孔、双排孔、三排孔和四排孔四类。根据抗压强度,其分为 MU10、MU7.5、MU5、MU3.5、MU2.5、MU1.5 六个强度等级。

③ 蒸压加气混凝土砌块。蒸压加气混凝土砌块是以水泥、矿渣、砂、石灰等为主要原料,加入发气剂,经搅拌成型、蒸压养护而成的实心砌块。其主规格尺寸为 600 mm×250 mm×250 mm,根据抗压强度分为 A10、A7.5、A5、A3.5、A2.5、A2、A1 七个强度等级。

④ 粉煤灰砌块。粉煤灰砌块是以粉煤灰、石灰、石膏和轻集料为原料,经加水搅拌、振动成型、蒸汽养护而成的密实砌块。其主规格尺寸为 880 mm×380 mm×240 mm,砌块端面应加灌浆槽,坐浆面宜设抗剪槽。根据抗压强度,其分为 MU13、MU10 两个强度等级。

(3) 石材

砌筑用石有毛石和料石两类。所选石材应质地坚实,无风化剥落和裂纹。用于清水墙、柱表面的石材尚应色泽均匀。

① 毛石分为乱毛石和平毛石。乱毛石是指形状不规则的石块;平毛石是指形状不规则但有两个平面大致平行的石块。毛石应呈块状,其中部厚度不宜小于 150 mm。

② 料石按其加工面的平整程度分为细料石、粗料石和毛料石三种。料石的宽度、厚度均不宜小于 200 mm,长度不宜大于厚度的 4 倍。根据抗压强度,其分为 MU100、MU80、MU60、MU50、MU40、MU30、MU20、MU15、MU10 九个强度等级。

6.2.4.2 砌筑工程工程量计算规则

(1) 砌筑工程工程量计算的一般规则

① 标准砖以 240 mm×115 mm×53 mm 为准计算(标准灰缝为 10 mm)。其砌体计算厚度见表 6-4。

表 6-4 标准砖砌体计算厚度

砖数(厚度)	1/4	1/2	3/4	1	3/2	2	5/2	3
计算厚度/mm	53	115	180	240	365	490	615	740

②使用非标准砖时,其砌体厚度应按砖实际规格和设计厚度计算;如设计厚度与实际规则不同,按实际规格计算。

③多孔砖、空心砖按图示厚度计算,不扣除其孔、空心部分的体积。

④框架间墙:不分内外墙按墙体净尺寸以体积计算。

⑤基础与墙身的划分。基础与墙(柱)身使用同一种材料时,以设计室内地面为界(有地下室者,以地下室室内设计地面为界),以下为基础,以上为墙(柱)身;基础与墙(柱)身使用不同材料时,位于设计室内地面高度小于或等于±300 mm时,以不同材料为分界线,高度大于300 mm时,以设计室内地面为分界线;砖地沟不分墙基和墙身,按不同材质合并工程量套用相应项目;围墙以设计室外地坪为界,以下为基础,以上为墙身。

（2）砌筑基础工程量计算

最常见的砖基础为条形基础。其工程量的计算规则是不分基础厚度和深度,均按图示尺寸以立方米为单位计算。

①基础长度。外墙的基础长度按外墙中心线计算,内墙的基础长度按内墙基净长线计算。

②基础墙厚度。基础墙厚度为基础主墙身的厚度,按表6-4中的规定确定。

③基础断面计算。

砖基础受刚性角的限制,需在基础底部做成逐步放阶的形式,俗称大放脚(图6-34)。大放脚的体积要并入所附基础墙内。增加断面面积可根据大放脚的层数、所附基础墙的厚度及是否等高放阶等因素查表6-5或自行计算。

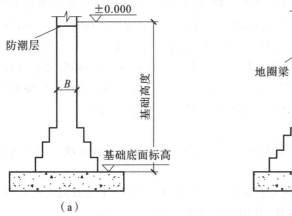
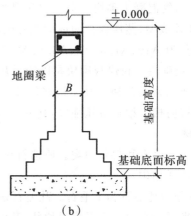

（a）　　　　　　　　　　　　　　（b）

图6-34　基础断面图

（a）等高大放脚砖基础断面图；（b）间隔大放脚砖基础断面图

表6-5　　　　　　　　　　　　**标准砖大放脚折加高度和增加断面面积**

放脚层数	折加高度/m												增加断面面积/m²	
	1/2砖		1砖		3/2砖		2砖		5/2砖		3砖		等高	间隔
	等高	间隔	等高	间隔	等高	间隔	等高	间隔	等高	间隔	等高	间隔		
一	0.137	0.137	0.066	0.066	0.043	0.043	0.032	0.032	0.026	0.026	0.021	0.021	0.01575	0.01575
二	0.411	0.342	0.197	0.164	0.129	0.108	0.096	0.08	0.077	0.064	0.064	0.053	0.04725	0.03938
三			0.394	0.328	0.259	0.216	0.193	0.161	0.154	0.128	0.128	0.106	0.0945	0.07875
四			0.656	0.525	0.432	0.345	0.321	0.253	0.256	0.205	0.213	0.17	0.1575	0.126

续表

放脚层数	折加高度/m												增加断面面积/m²	
	1/2砖		1砖		3/2砖		2砖		5/2砖		3砖			
	等高	间隔	等高	间隔	等高	间隔	等高	间隔	等高	间隔	等高	间隔	等高	间隔
五			0.984	0.788	0.647	0.518	0.482	0.38	0.384	0.307	0.319	0.255	0.2363	0.189
六			1.378	1.083	0.906	0.712	0.672	0.58	0.538	0.419	0.447	0.351	0.3308	0.2599
七			1.838	1.444	1.208	0.949	0.90	0.707	0.717	0.563	0.596	0.468	0.441	0.3465
八			2.363	1.838	1.553	1.208	1.157	0.90	0.922	0.717	0.766	0.596	0.567	0.4411
九			2.953	2.297	1.942	1.51	1.447	1.125	1.153	0.896	0.956	0.745	0.7088	0.5513
十			3.61	2.789	2.372	1.834	1.768	1.366	1.409	1.088	1.171	0.905	0.8863	0.6694

　　注：本表按标准砖双面放脚每层高 126 mm(等高式)，以及双面放脚层高分别为 126 mm、63 mm (间隔式，又称不等高式)砌出 62.5 mm，灰缝按 10 mm 计算。

　　大放脚增加的断面面积计算公式如下：

$$S_{放脚} = h_1 d \qquad (6\text{-}19)$$

式中　$S_{放脚}$——大放脚增加的断面面积，m²；

　　　　h_1——大放脚折加高度，m；

　　　　d——基础墙厚度，m。

　　基础断面面积计算公式如下：

$$S_{断面} = (h_1 + h_2)d \qquad (6\text{-}20)$$

或

$$S_{断面} = h_2 d + S_{放脚} \qquad (6\text{-}21)$$

式中　$S_{断面}$——基础断面面积，m²；

　　　　$S_{放脚}$——大放脚增加的断面面积，m²；

　　　　h_1, h_2——大放脚折加高度和基础设计高度，m；

　　　　d——基础墙厚度，m。

　　④ 砌筑基础工程量按施工图示尺寸以体积计算，应扣除嵌入基础的钢筋混凝土柱和柱基（包括构造柱和构造柱基）、钢筋混凝土梁（包括地圈梁和过梁）及单个面积在 0.3 m² 以上的洞所占的体积。对于基础大放脚 T 形接头处的重叠部分以及嵌入基础的钢筋、铁件、管道、基础防潮层及单个面积在 0.3 m² 以内的孔洞所占的体积不予扣除，但靠墙暖气沟的挑檐体积亦不增加；附墙砖垛基础宽出部分的体积应并入基础工程量内。附墙砖垛基础增加的体积见表 6-6。

表 6-6　　　　　　　　　　　　　　　　　　附墙砖垛基础增加体积表　　　　　　　　　　　　　　（单位：m³）

放脚层数	砖垛断面尺寸										
	125 mm× 240 mm	125 mm× 365 mm	125 mm× 490 mm	250 mm× 240 mm	250 mm× 365 mm	250 mm× 490 mm	250 mm× 615 mm	375 mm× 365 mm	375 mm× 490 mm	375 mm× 615 mm	375 mm× 740 mm
	等高	不等高		等高		不等高		等高		不等高	
一	0.002	0.002		0.004		0.004		0.006		0.006	
二	0.006	0.005		0.012		0.010		0.018		0.015	

续表

放脚层数	砖垛断面尺寸					
	125 mm×240 mm	125 mm×365 mm　125 mm×490 mm	250 mm×240 mm　250 mm×365 mm	250 mm×490 mm　250 mm×615 mm	375 mm×365 mm　375 mm×490 mm	375 mm×615 mm　375 mm×740 mm
	等高	不等高	等高	不等高	等高	不等高
三	0.012	0.010	0.024	0.020	0.036	0.030
四	0.020	0.016	0.039	0.032	0.059	0.047
五	0.030	0.024	0.059	0.047	0.089	0.071
六	0.041	0.032	0.083	0.065	0.124	0.097
七	0.055	0.043	0.110	0.087	0.165	0.130
八	0.071	0.055	0.142	0.110	0.213	0.165
九	0.089	0.069	0.177	0.138	0.266	0.207
十	0.108	0.084	0.217	0.167	0.325	0.251

注：本表放脚增加体积适用于最底层放脚高度为 126 mm 的情况，其他说明同表 6-5。

砖垛基础工程量计算公式如下：

$$V=（砖垛断面面积×砖垛基础高＋单个砖垛放脚增加的体积）×砖垛个数 \qquad (6-22)$$

⑤ 条形砖基础工程量计算。

条形砖基础体积计算公式如下：

$$V=LS_{断面}±V_{其他} \qquad (6-23)$$

式中　L——条形砖基础长度，m；

　　　$V_{其他}$——应并入（或扣除）的体积，m^3。

【例 6-14】　如图 6-35 所示，试计算砖基础工程量。

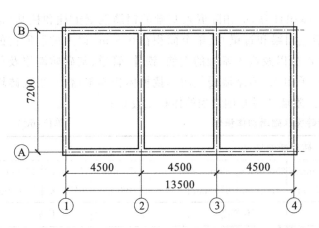
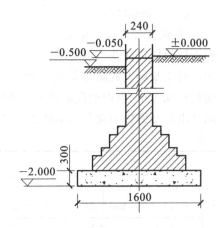

图 6-35　砖基础工程

【解】 (1) 外墙

$$L=(13.5+7.2)\times 2=41.40 \text{ (m)}$$

$$S_{断面}=h_2 d+S_{放脚}$$

查表 6-5 可知,四阶间隔大放脚增加的断面面积为 0.126 m²。

$$h_2=2-0.3=1.70 \text{ (m)}$$

$$S_{断面}=1.70\times 0.24+0.126=0.534 \text{ (m}^2)$$

$$V_{外}=41.40\times 0.534=22.11 \text{ (m}^3)$$

(2) 内墙

$$L_{净}=(7.2-0.24)\times 2=13.92 \text{ (m)}$$

$$V_{内}=13.92\times 0.534=7.43 \text{ (m}^3)$$

$$V=V_{外}+V_{内}=29.54 \text{ m}^3$$

(3) 砌筑墙体工程量计算

一般砖墙包括砖内墙、砖外墙(含女儿墙)和砖砌框架间隔墙。其工程量计算规则为不分墙体厚度和位置,均按图示尺寸以立方米(m³)为单位计算,套用一般砖墙定额。

砖墙的体积计算公式如下:

$$
\begin{aligned}
V_{墙}&=\sum(各部分墙长\times墙高\times墙厚-嵌入墙内的门窗洞孔面积\times墙厚)\pm有关体积\\
&=(Lh-S_{门窗})d\pm V_b
\end{aligned}
\tag{6-24}
$$

① 墙的长度。外墙按中心线长度计算,内墙按净长线计算。

② 外墙高度。斜(坡)屋面无檐口天棚者算至屋面板底,如图 6-36 所示;有屋架且室内外均有天棚者算至屋架下弦底另加 200 mm,如图 6-37 所示;无天棚者算至屋架下弦底另加 300 mm (图 6-38),出檐宽度超过 600 mm 时按实砌高度计算(图 6-39);与钢筋混凝土楼板隔层者算至板顶。平屋顶算至钢筋混凝土板底。

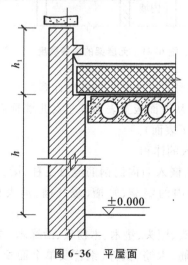

图 6-36 平屋面

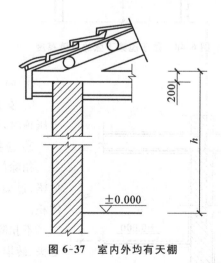

图 6-37 室内外均有天棚

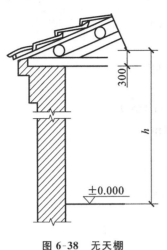

图 6-38　无天棚

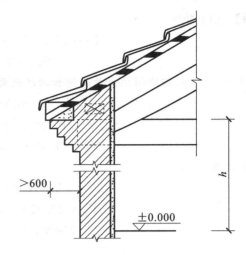

图 6-39　出檐宽度超过 600 m

③ 内墙高度。位于屋架下弦者,算至屋架下弦底,如图 6-40 所示;无屋架者,算至天棚底另加 100 mm,如图 6-41 所示;有钢筋混凝土楼板隔层者算至楼板底,有框架梁时算至梁底,如图 6-42 所示。

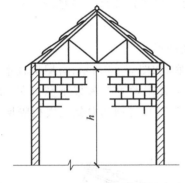

图 6-40　位于屋架下弦的内墙高度

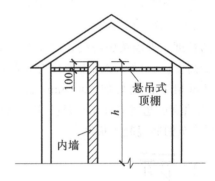

图 6-41　无屋架的内墙高度

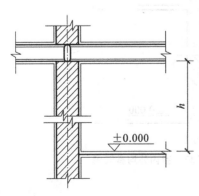

图 6-42　钢筋混凝土楼板隔层
下的内墙高度

④ 内、外山墙墙身高度按其平均高度计算。

⑤ 女儿墙高度,从屋面板上表面算至女儿墙顶面(有混凝土压顶时,算至压顶下表面)。

⑥ 应扣除或并入的体积。

扣除门窗、洞口、嵌入墙内的钢筋混凝土柱、梁、板、圈梁、挑梁、过梁及凹进墙内的壁龛、管槽、暖气槽、消火栓箱所占体积。

不扣除梁头、板头、檩头、垫木、木楞头、沿缘木、木砖、门窗走头、砖墙内加固钢筋、木筋、铁件、钢管及单个面积小于或等于 0.3 m 的孔洞所占的体积。

凸出墙面的腰线、挑檐、压顶、窗台线、虎头砖、门窗套的体积亦不增加。凸出墙面的砖垛并入墙体体积内计算。

不扣除和不增加的零星砖砌体体积见图 6-43。

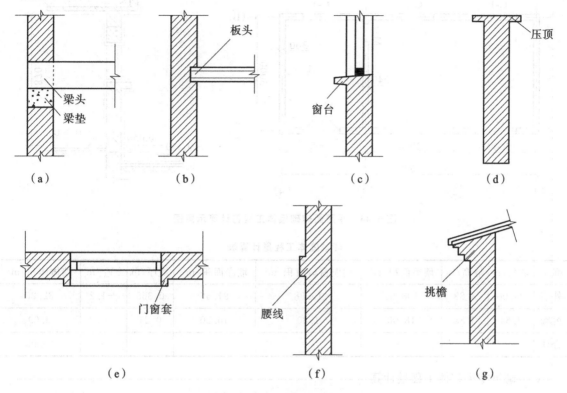

图 6-43 不扣除和不增加的零星砖砌体体积

⑦ 围墙高度算至压顶上表面(有混凝土压顶时,算至压顶下表面),围墙柱并入围墙体积内。

⑧ 空花墙按设计图示尺寸以空花部分外形体积计算,不扣除空洞部分体积。

⑨ 空斗墙按设计图示尺寸以空斗墙外形体积计算。墙角、内外墙交接处、门窗洞口立边、窗台砖、屋檐处的实砌部分体积已包括在空斗墙体积内。

空斗墙的窗间墙、窗台下、楼板下、梁头下等的实砌部分应另行计算,套用零星砌体项目。

⑩ 填充墙按设计图示尺寸以填充墙外形体积计算。

【例 6-15】 图 6-44 所示为一单层建筑,内、外墙用 M5 砂浆砌筑。假设外墙中圈梁、过梁体积为 1.2 m³,门窗面积为 16.98 m²;内墙中圈梁、过梁体积为 0.2 m³,门窗面积为 1.8 m²。顶棚抹灰厚 10 mm。试计算砖砌墙体工程量。

【解】 ① 外墙长:

$$L_{中}=(5+9)\times 2=28 \ (m)$$

② 内墙净长:

$$L_{净}=5-0.36=4.64 \ (m)$$

③ 墙高 h:由于该建筑为平屋面,故内、外墙高度均为 3.88 m。

④ 墙体体积计算见表 6-7,墙体体积合计为 35.95 m³。

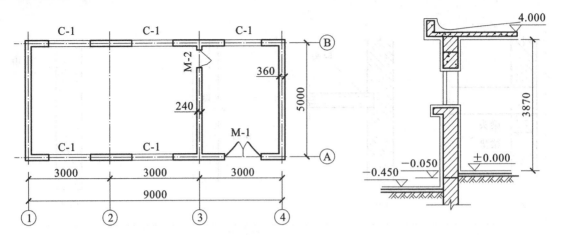

图 6-44　平屋面砖砌墙体工程量计算示意图

表 6-7　　　　　　　　　　　　　　　砖砌墙体工程量计算表

部位	墙长/m	墙高/m	墙毛面积/m²	门洞窗口面积/m²	墙净面积/m²	墙厚/m	±V_b/m³	墙体体积/m³
外墙	28.00	3.88	108.64	16.98	91.66	0.365	−1.2	32.26
内墙	4.64	3.88	18.00	1.80	16.20	0.24	−0.2	3.69
合计	—	—	—	—	—	—	—	35.95

（4）砌筑零星砌体工程量计算

① 砖砌锅台、炉灶，不分大小，均按图示尺寸以立方米计算，不扣除各种孔洞的体积。

② 砖砌台阶（不包括梯带）按水平投影面积以平方米计算。

③ 厕所蹲台、便槽、水槽腿、灯箱、垃圾箱、台阶挡墙或梯带、花池、花台、地垄墙及支撑地楞的砖墩，房上烟囱、屋面架空隔热层砖墩及毛石墙的门窗立边、窗台虎头砖等实砌体积，以立方米计算，套用零星砌体定额项目。

④ 砖砌检查井、化粪池的工程量，不分壁厚均以立方米计算，洞口上的砖平拱碹等工程量并入砌体体积内计算。

⑤ 砖砌地沟工程量，不分墙基、墙身以立方米合并计算；石砌地沟工程量按其中心线长度以延长米计算。

⑥ 砖砌挖孔桩护壁工程量按实砌体积计算。

⑦ 砖平拱、钢筋砖过梁按图示尺寸以立方米计算。

如设计无规定，砖平拱按门窗洞口宽度两端共加 0.1 m，乘高度（门窗洞口，宽度小于 1.5 m 时高度为 0.24 m，宽度大于 1.5 m 时高度为 0.365 m）计算；钢筋砖过梁按门窗洞口宽度两端共加 0.5 m，高度按 0.44 m 计算。

⑧ 砖散水、地坪按设计图示尺寸以面积计算。

（5）构筑物砌筑工程量计算

① 砌筑烟囱筒身工程量。圆形、方形烟囱筒身的工程量，均按图示筒壁平均中心线周长乘筒壁的厚度再乘筒身的垂直高度以立方米计算。应扣除筒身上各种孔洞及钢筋混凝土圈梁、过梁等构件的体积。筒壁周长不同时，可按以下公式分段计算：

$$V = \sum HC\pi D - \sum 嵌入筒身构件体积 - \sum 孔洞面积 \times 筒壁厚度 \qquad (6\text{-}25)$$

式中　H——每段筒身的垂直高度,m;

　　　C——每段筒壁厚度,m;

　　　D——每段筒壁中心线的平均直径,m。

② 砌筑烟道、烟囱内衬工程量。按不同内衬材料,扣除孔洞后的图示实砌体积以立方米计算。

③ 砌筑烟囱内壁表面隔热层工程量。按筒身内壁扣除各种洞孔后的面积以平方米计算;填料按烟囱内衬与筒身之间中心线的平均周长乘隔热层图示宽度和筒高,并扣除各种孔洞所占体积后,以立方米计算。

④ 烟道砌砖工程量。烟道与炉体的划分以第一道闸门为界,界线以上为烟道,以下为炉体内的烟道,体积并入炉体工程量内。烟道砌砖工程量以立方米计算。

【例 6-16】　根据图 6-45 中的有关数据和公式计算砖砌烟囱工程量。

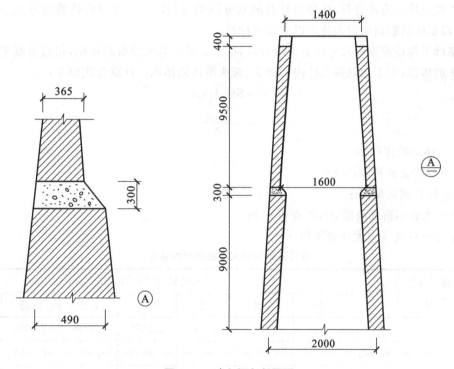

图 6-45　砖砌烟囱断面图

【解】　(1) 上段

已知 $H=9.5$ m,$C=0.365$ m,则

$$D=(1.4+1.6+0.365)\times\frac{1}{2}=1.68\ (\text{m})$$

$$V_{上}=9.5\times0.365\times3.14\times1.68=18.29\ (\text{m}^3)$$

(2) 下段

已知 $H=9.0$ m,$C=0.49$ m,则

$$D=(2+1.6+0.365\times2-0.49)\times\frac{1}{2}=1.92\ (\text{m})$$

$$V_{下}=9\times0.49\times3.14\times1.92=26.59\ (\text{m}^3)$$

$$V=V_{上}+V_{下}=18.29+26.59=44.88\ (\text{m}^3)$$

（6）砖筑水塔工程量计算

砖筑水塔工程量包括水塔基础、水塔塔身和砖水箱内外壁等分项工程的工程量计算。

① 水塔基础工程量。水塔基础是以砖砌体的扩大部分顶面为界，界线以上为塔身，界线以下为基础。水塔基础工程量按图示砌筑体积以立方米计算，套相应的基础砌体定额。

② 水塔塔身工程量。按图示实砌体积以立方米计算。应扣除门窗洞口和嵌入塔身的混凝土构件所占体积。砖平拱碹及砖出檐等体积并入塔身工程量内，套水塔砌筑定额。

③ 砖水箱内外壁工程量。砖水箱内外壁不分壁厚，均按图示实砌体积以立方米计算，套相应的内外墙定额。

（7）砌体加固筋工程量计算

砌体内的钢筋加固应根据设计规定以吨（t）计算。套用钢筋混凝土柱章节中的相应分项工程。

（8）砖柱工程量计算

砖柱工程量按立方米计算，柱身与柱基的划分同墙身与墙基。根据砖柱截面形式分为方柱和圆柱，柱身根据柱的断面面积乘柱高以立方米计算。

砖柱基础工程量按图示尺寸以立方米计算，应并入砖柱基大放脚的体积，扣除混凝土或钢筋混凝土过梁垫的体积，但不扣除伸入柱内的梁头、板头所占的体积。计算公式如下：

$$V = S(h + h_z) \tag{6-26}$$

$$h_z = \frac{V_{放脚}}{S} \tag{6-27}$$

式中　V——柱基础体积，m^3；

　　　S——柱断面面积，m^2；

　　　h——柱基础高度，m；

　　　h_z——大放脚折加高度，m，可查表6-8；

　　　$V_{放脚}$——柱基周围大放脚体积，m^3。

表6-8　　　　　　　　　　　**砖柱基础四周大放脚的折加高度**

砖柱断面尺寸	断面面积/m^2	形式	一个柱基础四边的折加高度/m						
			一层	二层	三层	四层	五层	六层	七层
240 mm×240 mm	0.0576	等高	0.1654	0.5646	1.2660	2.3379	3.8486	5.8666	8.4602
		不等高		0.3650	1.0654	1.6023	3.1131	4.1221	6.7156
240 mm×365 mm	0.0876	等高	0.1313	0.4387	0.9673	1.7620	2.8677	4.3295	6.1921
		不等高		0.2850	0.8136	1.2109	2.3167	3.0475	4.9102
365 mm×365 mm	0.1332	等高	0.1011	0.3318	0.7247	1.3063	2.1073	3.1571	4.4853
		不等高		0.2169	0.6088	0.8997	1.7006	2.2255	3.5537
490 mm×365 mm	0.1789	等高	0.0863	0.2809	0.6059	1.0832	1.7348	2.5829	3.6493
		不等高		0.1836	0.5086	0.7472	1.3989	1.8229	2.8893
490 mm×490 mm	0.2401	等高	0.0725	0.2339	0.5005	0.8888	1.4153	2.0962	2.9480
		不等高		0.1532	0.4198	0.6140	1.1404	1.4809	2.3327
615 mm×490 mm	0.3014	等高	0.0643	0.2059	0.4380	0.7735	1.2256	1.8073	2.5317
		不等高		0.1351	0.3672	0.5349	0.9870	1.2779	2.0023

续表

砖柱断面尺寸	断面面积/m²	形式	一个柱基础四边的折加高度/m						
			一层	二层	三层	四层	五层	六层	七层
615 mm×615 mm	0.3782	等高	0.0564	0.1797	0.3802	0.6684	1.0546	1.5493	2.1629
		不等高		0.1181	0.3186	0.4626	0.8489	1.0962	1.7098
740 mm×740 mm	0.5476	等高	0.0462	0.1457	0.3057	0.5335	0.8363	1.2211	1.6952
		不等高		0.0959	0.2560	0.3699	0.6726	0.8650	1.3392

注:1. 本表中为四周大放脚砌筑法,最顶层为两皮砖,每次砌出均为 62.5 mm,灰缝为 10 mm。

2. 等高大放脚每阶高均为 126 mm,不等高大放脚阶高分别为 126 mm 和 63 mm,间隔砌筑。

3. 计算时,基础部分的砖柱高度,应按图示尺寸另行计算。

【例 6-17】 计算砖柱基础断面尺寸为 490 mm×490 mm,大放脚为四阶不等高,基础高为 1.5 m 的柱基工程量。

【解】 查表 6-8 得四阶不等高大放脚柱基折加高度 $h_z=0.6140$ m,则

$$V=0.49^2×(1.5+0.614)=0.51 \ (m^3)$$

(9) 砖垛工程量计算

① 基础有放脚。

$$V=(砖垛断面面积×砖垛基础高+单个砖垛增加体积)×砖垛个数 \qquad (6-28)$$

② 砖墙。

$$V=砖垛断面面积×所在墙高×砖垛个数 \qquad (6-29)$$

6.2.5 混凝土及钢筋混凝土工程工程量计算

在现代建筑中,建筑物的基础、主体骨架、结构构件、楼地面工程往往采用混凝土和钢筋混凝土作为材料。混凝土和钢筋混凝土工程包括现浇混凝土、预制混凝土、钢筋工程、螺栓和铁件等部分。工作内容一般包括模板工程、混凝土工程和钢筋工程三大部分。根据方法不同可分为现浇混凝土和预制混凝土。

在计算工程量时,必须清楚计算的构件所采用的施工方法,这样才能准确计算构件的模板、钢筋及混凝土三部分的工程量。

6.2.5.1 混凝土及钢筋混凝土工程的主要工作内容

混凝土及钢筋混凝土工程包括各种现浇混凝土的基础、柱、梁、板、挑檐、楼梯、阳台、雨篷和一些零星构件,预制的柱、梁、板、屋架、天窗架、挑檐、楼梯以及其他零星配件,预应力梁、板、屋架等构件。其主要用料如下:

(1) 水泥

根据混凝土的强度等级要求不同,配制混凝土时常用的水泥强度等级有 32.5 级和 42.5 级。

(2) 石子

混凝土所用石子的品种有砾石、卵石、毛石三种,各地区根据工程要求自行选定。石子的粒径越小,混凝土中水泥的用量就越大,混凝土的单价就越高。

(3) 砂

混凝土中常用的砂为中砂,也有的用细砂和特细砂。一般在石子粒径和混凝土强度等级相同

的情况下,混凝土强度等级高于 C15 后,砂的粒径越小,混凝土的价格越高。

　　（4）钢筋

　　钢筋混凝土中的钢筋一般有冷拔低碳钢丝（φ^b5 以内）、Ⅰ级圆钢（φ10 以内）、Ⅱ级螺纹钢（Φ10 以上）、冷轧纽带肋钢筋等。

　　6.2.5.2　现浇混凝土构件工程量计算规则

　　现浇混凝土构件工程量除另有规定外,均按设计图示尺寸以实体体积计算,不扣除现浇混凝土构件内钢筋,预埋铁件及墙、板中 0.3 m^2 以内孔洞所占体积。

　　（1）现浇混凝土基础工程量计算

　　① 独立基础。

　　凡独立柱下的基础都称为独立基础。独立基础一般分为阶梯式和截锥式两种形状。当为阶梯式独立基础时,其体积为各立方体的长、宽、高相乘后得到的体积之和;截锥式独立基础（图 6-46）的工程量为上下两立方体的长、宽、高相乘得到的体积之和,再加上中间棱台部分的体积。其中棱台（图 6-47）体积的计算公式如下:

$$V = \frac{h}{3}(a_1 b_1 + \sqrt{a_1 b_1 \cdot a_2 b_2} + a_2 b_2) \tag{6-30}$$

式中　V——棱台体积,m^3;

　　　　a_1, b_1——棱台下底长和宽,m;

　　　　a_2, b_2——棱台上底长和宽,m。

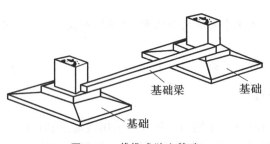

图 6-46　截锥式独立基础

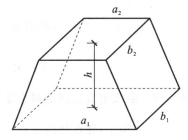

图 6-47　棱台示意图

　　【例 6-18】　某截锥式独立基础下底矩形长和宽分别为 1.5 m 和 1.3 m,高 0.2 m,棱台上底长和宽分别为 1.1 m 和 0.9 m,高 0.6 m,求独立基础的体积。

　　【解】　$V = 1.5 \times 1.3 \times 0.2 + \frac{0.6}{3} \times (1.5 \times 1.3 + \sqrt{1.5 \times 1.3 \times 1.1 \times 0.9} + 1.1 \times 0.9)$

　　　　　　$= 1.26 \ (\text{m}^3)$

　　② 杯形基础。

　　杯形基础又叫杯口基础,是独立基础的一种,如图 6-48 所示。杯形基础体积为两个立方体体积、一个棱台体积之和减去一个倒棱台体积（杯口净空体积）。

　　杯形基础混凝土工程量的计算方式与截锥式独立基础类似,一般可以将杯形基础的体积分为底部立方体体积 V_{I}、中部棱台体积 V_{II} 和上部立方体体积 V_{III},将三部分体积相加后再减去杯口的净空体积 V_{IV} 即可得到杯形基础的体积。计算公式如下:

$$V_{\text{杯基}} = V_{\text{I}} + V_{\text{II}} + V_{\text{III}} - V_{\text{IV}} \tag{6-31}$$

　　底部立方体体积:

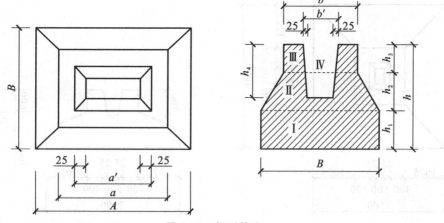

图 6-48 杯形基础

$$V_{\mathrm{I}} = ABh_1 \tag{6-32}$$

中部棱台体积：

$$V_{\mathrm{II}} = \frac{1}{3}h_2(AB + ab + \sqrt{AB \cdot ab}) \tag{6-33}$$

上部立方体体积：

$$V_{\mathrm{III}} = abh_3 \tag{6-34}$$

杯口净空体积：

$$V_{\mathrm{IV}} = S_{\text{杯口}}h_4 \tag{6-35}$$

式中　A，B——杯基中部棱台下底长和宽，m；

　　　a，b——杯基中部棱台上底长和宽，m；

　　　$S_{\text{杯口}}$——杯基上口与下底平均面积，m^2；

　　　h_1——杯基底部立方体高度，m；

　　　h_2——杯基中部棱台高度，m；

　　　h_3——杯基上部立方体高度，m；

　　　h_4——杯口净空体深度，m。

杯口的尺寸一般比杯底两边各大 50 mm，因此杯口与杯底的平均截面面积可按下式计算：

$$S_{\text{杯口}} = (\text{杯口长} - 25) \times (\text{杯口宽} - 25) \tag{6-36}$$

【例 6-19】 某建筑柱断面尺寸为 400 mm×600 mm，杯形基础尺寸如图 6-49、图 6-50 所示，求杯形基础工程量。

【解】 将杯形基础体积分成四部分。

① 下部立方体体积 V_1。

$$V_1 = 3.5 \times 4 \times 0.5 = 7 \ (m^3)$$

② 中部棱台体积 V_2。

棱台下底长和宽分别为 3.5 m 和 4 m，棱台上底长和宽分别如下：

长：

$$3.5 - 1.075 \times 2 = 1.35 \ (m)$$

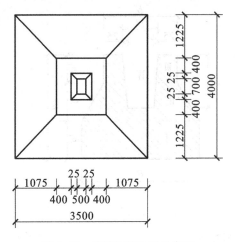

图 6-49　杯形基础平面示意图

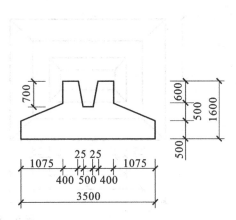

图 6-50　杯形基础断面示意图

宽：

$$4-1.225\times2=1.55（m）$$

棱台高：

$$h=0.5\ m$$

$$V_2=\frac{0.5}{3}\times(3.5\times4+\sqrt{3.5\times4\times1.35\times1.55}+1.35\times1.55)=3.58（m^3）$$

③ 上部立方体体积 V_3。

$$V_3=1.35\times1.55\times0.6=1.26（m^3）$$

④ 杯口净空体积 V_4。

$$V_4=\frac{0.7}{3}\times(0.5\times0.7+\sqrt{0.5\times0.7\times0.55\times0.75}+0.55\times0.75)=0.27（m^3）$$

⑤ 杯形基础体积。

$$V=V_1+V_2+V_3-V_4=7+3.58+1.26-0.27=11.57（m^3）$$

③ 带形基础。

带形基础的外形呈长条状，断面有梯形、阶梯形和矩形等，如图 6-51 所示。

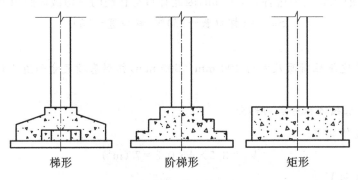

梯形　　　　　　　阶梯形　　　　　　　矩形

图 6-51　混凝土带形基础断面图

有肋带形基础是指基础扩大面以上肋高与肋宽之比 $h:b$ 在 4：1 以内的带形基础，肋的体积与基础合并计算，执行有肋带形基础定额项目；当 $h:b>4:1$ 时，基础扩大面以上肋的体积按钢筋

混凝土墙计算,扩大面以下按板式基础计算。混凝土带形基础工程量的一般计算式如下:

$$V_{带基} = LS \qquad (6\text{-}37)$$

式中　$V_{带基}$——带形基础体积,m³;

　　　L——带形基础长度,m,外墙按中心线计算,内墙按净长度计算;

　　　S——带形基础断面面积,m²。

如图 6-52 所示,基础交接有梁式(T 型接头)时的体积计算公式如下:

$$V_{搭} = V_1 + V_2 \qquad (6\text{-}38)$$

$$V_1 = L_{搭}\, bh_1 \qquad (6\text{-}39)$$

$$V_2 = \frac{L_{搭}\, h_2(2b + B)}{6} \qquad (6\text{-}40)$$

式中　$V_{搭}$——T 型接头体积,m³;

　　　V_1——h_1 断面部分搭接体积,m³;

　　　V_2——h_2 断面部分搭接体积,m³。

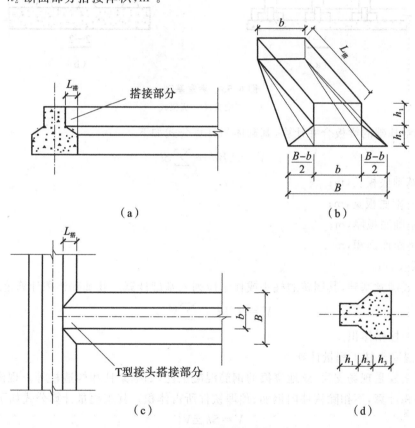

图 6-52　T 型接头搭接计算示意图

(a) 有梁式带形基础;(b) 搭接部分示意图;(c) T 型接头示意图;(d) 接头截面示意图

基础交接无梁式接头时的体积计算公式如下:

$$V_{搭} = V_2 \qquad (6\text{-}41)$$

④ 满堂基础。

当带形基础和独立基础不能满足设计要求强度时,往往采用大面积的基础连体。这种基础称为满堂基础。

满堂基础分为有梁式（也称梁板式或片筏式）满堂基础和无梁式满堂基础，如图 6-53 所示。

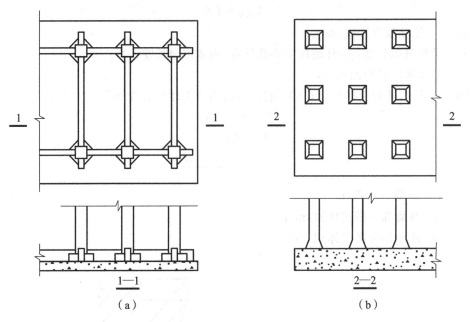

图 6-53 满堂基础

(a) 有梁式；(b) 无梁式

有梁式满堂基础的梁板合并计算，基础体积计算公式如下：

$$V = LBd + \sum Sl \tag{6-42}$$

式中　L——基础底板长，m；

　　　B——基础底板宽，m；

　　　d——基础底板厚，m；

　　　S——梁断面面积，m^2；

　　　l——梁长，m。

对于无梁式满堂基础，其倒转的柱头或柱帽应列入基础计算。其基础体积计算公式如下：

$$V = LBd + \sum V_{柱帽} \tag{6-43}$$

式中　$V_{柱帽}$——柱帽体积。

（2）现浇混凝土柱工程量计算

现浇混凝土柱是现场支模、就地浇捣的钢筋混凝土柱，如框架柱和构造柱等。现浇混凝土柱按图示尺寸以体积计算，不扣除构件内钢筋、预埋铁件所占体积。其工程量计算公式如下：

$$V = Sh \pm V_1 \tag{6-44}$$

式中　S——柱断面面积，m^2；

　　　h——柱高，m；

　　　V_1——按定额规定应增减的体积，m^3。

其计算规则如下：

① 对于有梁板柱，其柱高按柱基上表面（或楼板上表面）至上一层楼板上表面之间的高度计算，如图 6-54(a)所示。

② 对于无梁板，其柱高按柱基上表面（或楼板上表面）至柱帽下表面之间的高度计算，如

图 6-54(b)所示。

③ 对于框架柱,其柱高按柱基上表面(或楼板上表面)至柱顶面高度计算,如图 6-54(c)所示。

④ 构造柱按全高计算,嵌接墙体部分(马牙槎)并入柱身体积内计算。构造柱马牙槎间净距为 300 mm,宽 60 mm,如图 6-54(d)所示。

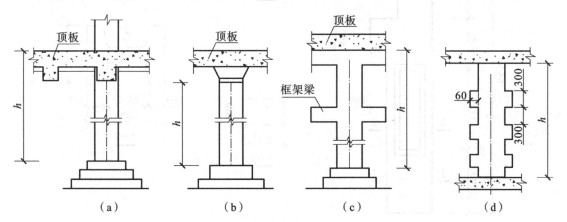

图 6-54 现浇混凝土柱断面图

(a) 有梁板柱;(b) 无梁板柱;(c) 框架柱;(d) 构造柱

⑤ 钢管混凝土柱以钢管高度,按照钢管内径计算混凝土体积。

⑥ 依附于柱上的牛腿,并入柱身体积内计算。按规定,柱上牛腿与柱的分界以下柱边为分界线,如图 6-55 所示。牛腿的计算公式如下:

式中符号含义如图 6-55 所示。

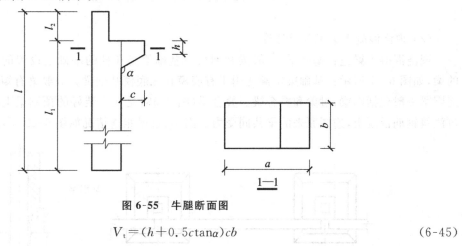

图 6-55 牛腿断面图

$$V_t = (h + 0.5c\tan\alpha)cb \tag{6-45}$$

【例 6-20】 如图 6-56 所示,计算钢筋混凝土工形柱的工程量。

【解】 ① 上柱体积 V_1。

$$V_1 = 0.5 \times 0.6 \times 3 = 0.9 \ (m^3)$$

② 下柱体积 V_2。

先分段计算下柱不同断面的体积,再求出下柱的总体积。

$V_2 = 0.8 \times 0.6 \times (2.6 + 0.7) + [0.15 \times (0.8 - 2 \times 0.18 - 0.025) + 0.6 \times (2 \times 0.18 + 0.025)] \times$

$\quad (3.15 + 2 \times 0.025) = 2.52 \ (m^3)$

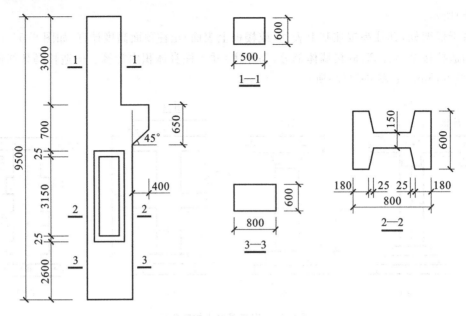

图 6-56　钢筋混凝土工形柱

③ 柱上牛腿的体积 V_3。

$$V_3 = 0.4 \times 0.6 \times \left(0.65 - \frac{1}{2} \times 0.4 \times \tan 45°\right) = 0.11 \ (\text{m}^3)$$

④ 工形柱总体积 V。

$$V = 0.9 + 2.52 + 0.11 = 3.53 \ (\text{m}^3)$$

（3）现浇混凝土梁工程量计算

现浇混凝土梁包括基础梁、一般梁和圈梁。基础梁是在柱的基础上设置的承担两柱之间墙体的梁，如图 6-57 所示。基础梁定额适用于有底模和无底模基础梁。一般梁有矩形梁和异形梁。现浇圈梁一般包括圈梁、过梁和叠合梁。叠合梁（图 6-58）是在安装好的预制梁上的预留高度范围内再浇筑钢筋混凝土，连同原来的梁共同受力。圈梁、过梁相连情况如图 6-59 所示。

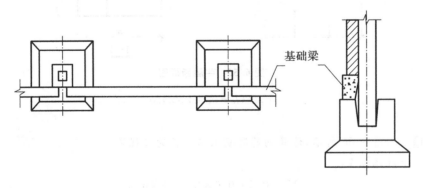

图 6-57　基础梁

现浇混凝土梁按设计图示尺寸以体积计算，不扣除构件内钢筋、预埋铁件所占体积，深入墙内的梁头、梁垫并入梁体积计算。计算公式如下：

$$V = 梁长 \times 梁断面面积 \tag{6-46}$$

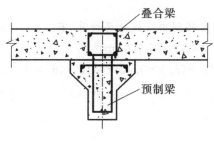

图 6-58 叠合梁

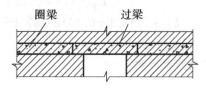

图 6-59 圈梁、过梁相连

计算规则如下：

① 梁与柱连接时,梁长算至柱侧面。

② 梁与墙连接时,伸入墙内的梁头应算在梁的长度内。

③ 主梁与次梁连接时,次梁长算至主梁侧面。

④ 叠合梁是指在预制梁上部预留一定高度,待安装后再浇灌的混凝土梁。其工程量按图示二次浇灌部分的体积计算。

⑤ 外墙上的圈梁长度按外墙中心线计算;内墙上的圈梁长度按内墙净长线计算;圈梁与构造柱连接时,圈梁的长度算至柱侧面;梁与混凝土墙连接时,梁的长度应计算到混凝土墙的侧面。

⑥ 圈梁与过梁连接者,分别套用圈梁、过梁定额。其过梁长度按门、窗洞口外围宽度两端共加 50 cm 计算。梁高指梁底至梁顶面间的距离。

【例 6-21】 某建筑物共 2 层,如图 6-60 所示,每层砖墙均设置 C20 钢筋混凝土圈梁(共 3 层),内外墙圈梁断面如图所示。建筑物的过梁用圈梁代替。试计算该建筑物钢筋混凝土圈梁工程量。

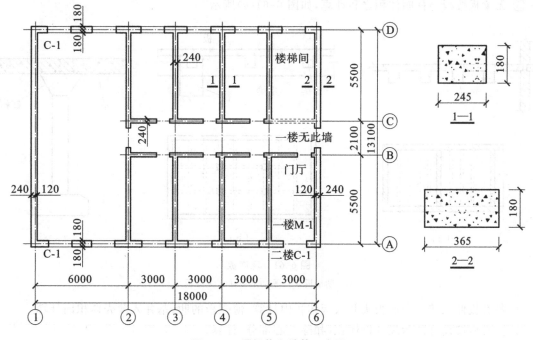

图 6-60 圈梁体积计算示意图

【解】 a. 圈梁长度。

①、⑥轴为偏心轴，中心线与轴线不重合，要将轴线移到中心线处再计算，有

$$L_{中} = (18+0.12+13.1)\times 2\times 3 = 187.32 \text{（m）}$$

$$L_{内} = [(13.1-0.36)+(3\times 4-0.24)\times 2+(5.5-0.12-0.18)\times 6]\times 3$$
$$= 202.38 \text{（m）}$$

b. 圈梁断面面积。

外墙：

$$S_1 = 0.365\times 0.18 = 0.0657 \text{（m}^2\text{）}$$

内墙：

$$S_2 = 0.24\times 0.18 = 0.0432 \text{（m}^2\text{）}$$

c. 圈梁体积。

$$V = 187.32\times 0.0657 + 202.38\times 0.0432 = 21.05 \text{（m}^3\text{）}$$

（4）现浇混凝土板工程量计算

钢筋混凝土板是房屋的水平承重构件。除了承受自重以外，其还主要承受楼板上的各种使用荷载，并将荷载传递到墙、柱、砖垛及基础上去，同时还起着分隔建筑楼层的作用。

现浇钢筋混凝土板按其构造形式可分为有梁板、无梁板、平板。

板的工程量按设计图示尺寸以体积计算，计算公式：$V =$ 板长×板宽×板厚。其计算规则如下：

① 现浇混凝土板按设计图示尺寸以体积计算，不扣除构件内钢筋、预埋铁件及单个面积在 0.3 m^2 以内的孔洞所占体积。

② 有梁板包括梁与板，如图 6-61(a)、(b)所示，按梁、板体积之和计算。

③ 无梁板按板与柱帽体积之和计算，如图 6-61(c)所示。

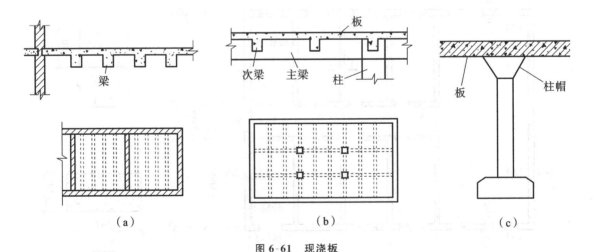

（a）　　　　　　　　　　　（b）　　　　　　　　　　　（c）

图 6-61　现浇板

(a) 肋形板；(b) 密肋形板；(c) 无梁板

④ 各类板伸入砖墙内的板头并入板体积内计算，薄壳板的肋、基并入薄壳体积内计算。

⑤ 空心板按设计图示尺寸以体积(扣除空心部分)计算。

⑥ 不同类型的板连接时，均以墙的中心线来划分。

⑦ 现浇钢筋混凝土挑檐天沟与板(包括屋面板、楼板)连接时，以外墙外皮为分界线；与梁、圈

梁(包括其他梁)连接时,以梁、圈梁外侧为分界线,伸出外墙外边线或梁外边线以外为挑檐天沟,套用相应定额项目计算。

【例6-22】 计算图6-62中有梁板的工程量。

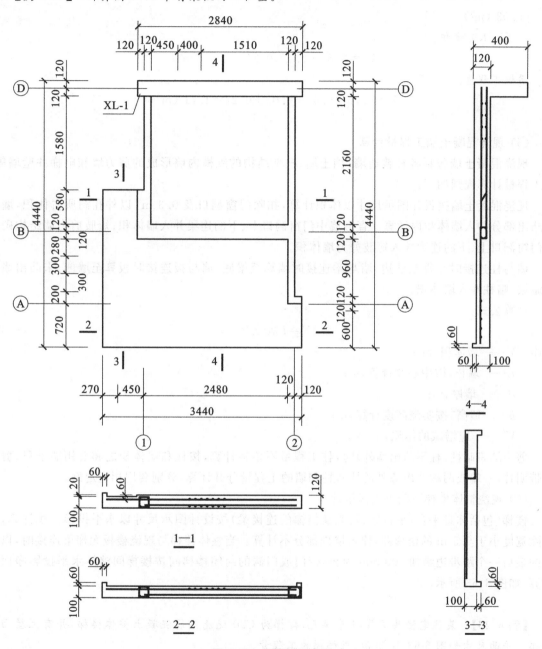

图 6-62 有梁板示意图

【解】 a. 板体积:

在Ⓓ~Ⓑ范围内,由剖面1—1、4—4可知板厚为0.12 m。

$$V_1 = [(2.84 - 0.24) \times (2.16 + 0.24) + 0.12 \times (0.12 + 0.12 + 0.58)] \times 0.12 = 0.76 \ (m^3)$$

对于其他部分,由剖面2—2、3—3可知板厚为0.10 m。

$$V_2 = [3.44 \times (0.6+0.24) + (3.4-0.12) \times 0.96 + (0.27+0.45-0.12) \times (0.12+0.12+0.58)] \times 0.1$$
$$= 0.65 \ (\text{m}^3)$$

　b. 板四周小边：

$$V_3 = 0.06^2 \times (0.12+0.6+3.44+0.72+0.2+0.3 \times 2+0.28+0.24+0.58+0.27+0.45-0.12)$$
$$= 0.03 \ (\text{m}^3)$$

　c. XL-1 梁体积：

$$V_4 = 2.84 \times 0.4 \times 0.24 = 0.27 \ (\text{m}^3)$$

梁板工程量：

$$V = 0.76 + 0.65 + 0.03 + 0.27 = 1.71 \ (\text{m}^3)$$

（5）现浇混凝土墙工程量计算

现浇混凝土墙包括各种普通墙，挡土墙、框架结构的纵横内墙形成的剪力墙和电梯井壁墙等。其工程量计算规则如下：

现浇混凝土墙按设计图示尺寸以体积计算，扣除门窗洞口及 0.3 m² 以外孔洞所占体积，墙垛及凸出部分并入墙体积内计算。直形墙中门窗洞口上、下的连梁并入墙体积；短肢剪力墙结构砌体内门窗洞口上、下的连梁并入短肢剪力墙体积。

墙与柱连接时墙算至柱边；墙与梁连接时墙算至梁底；墙与板连接时板算至墙侧；未凸出墙面的暗梁、暗柱并入墙体积。

计算公式：

$$V = Lhd \pm V' \tag{6-47}$$

式中　V——墙体积，m³；

　　　L——墙长，按中心线计算，m；

　　　d——墙厚，m；

　　　h——墙高，按实浇高度计算，m；

　　　V'——应增减的体积，m³。

剪力墙带暗柱（柱不凸出墙外）时，柱工程量不单独计算，按柱和墙体积之和套用墙子目；剪力墙带明柱（一端或两端凸出墙外的柱），柱和墙的工程量分开计算，分别套用相应定额。

（6）现浇整体楼梯混凝土工程量计算

楼梯（包括休息平台，平台梁、斜梁及楼梯的连接梁）按设计图示尺寸以水平投影面积计算，不扣除宽度小于 0.5 m 的楼梯井，伸入墙内部分不计算。当整体楼梯与现浇楼板无梯梁连接时，以楼梯的最后一个踏步边缘加 300 mm 为界，带门或门洞的封闭楼梯间按楼梯间整体水平投影净面积计算，如图 6-63 所示。

【例 6-23】　某住宅楼共 7 层，4 个单元，楼梯为 C20 现浇钢筋混凝土整体楼梯，并有上屋面的楼梯。平面尺寸如图 6-63(b)所示，求楼梯的工程量。

【解】

$$S = (3.3-0.18+0.12) \times (2.7-0.24) \times 7 \times 4 = 223.17 \ (\text{m}^2)$$

（7）现浇挑檐、天沟混凝土工程量计算

挑檐、天沟按设计图示尺寸以墙外部分体积计算。挑檐、天沟板与板（包括屋面板）连接时，以

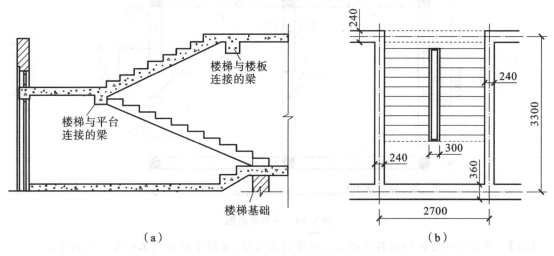

|（a） |（b） |

图 6-63 楼梯

外墙外边线为分界线；与架（包括圈梁等）连接时，以梁外边线为分界线，外墙外边线以外为挑檐、天沟。

（8）现浇阳台和雨篷等混凝土工程量计算

凸阳台（凸出外墙外侧用悬挑梁悬挑的阳台）按阳台项目计算；凹进墙内的阳台，按梁、板分别计算，阳台栏板、压顶分别按栏板、压顶项目计算。

雨篷梁、板工程量合并，按雨篷以体积计算，高度小于或等于 400 mm 的栏板并入雨篷体积内计算，栏板高度大于 400 mm 时，其超过部分，按栏板计算。

（9）现浇栏杆、扶手混凝土工程量计算

栏板、扶手按设计图示尺寸以体积计算，伸入砖墙内的部分并入栏板、扶手体积计算。

（10）预制构件混凝土的工程量计算

预制混凝土均按图示尺寸以体积计算，不扣除构件内钢筋、铁件及小于 0.3 m² 孔洞所占体积。

（11）预制钢筋混凝土构件的接头灌缝

预制钢筋混凝土构件的接头灌缝，均按预制混凝土构件体积计算。

【例 6-24】 图 6-64 所示为一单层框架结构建筑物的平面图。涂黑部分为框架柱，截面尺寸为 300 mm×300 mm；框架梁截面尺寸为 200 mm×300 mm，沿外墙和内墙设置；过梁高 120 mm，宽同墙厚，设计过梁长为洞口宽度每边各加 120 mm；C 的截面尺寸为 1500 mm×1800 mm，M-1 的截面尺寸为 1200 mm×2400 mm，M-2 的截面尺寸为 900 mm×2000 mm；屋面板四周挑出距外墙外边线 300 mm 宽的檐，板厚 120 mm；无组织排水，无女儿墙，基础为钢筋混凝土条形基础，内、外墙基础相同，室外设计标高 −0.500 m，自然地面标高 −0.300 m，室内地面标高 ±0.000 m，屋面板顶标高 +3.00 m，轴线居墙体中心线。内、外墙均为 240 mm 厚的红砖墙。当地土质为二类土，施工方案选定为机械坑上挖土，放坡开挖。请计算：① 基础工程量；② 框架柱工程量；③ 有梁板工程量；④ 过梁工程量（计算结果保留两位小数）。

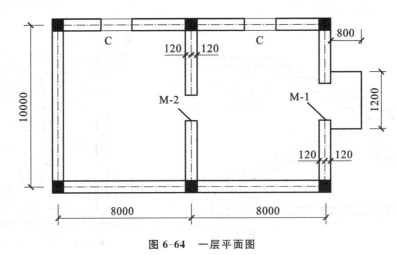

图 6-64　一层平面图

【解】　根据已知条件和钢筋混凝土工程量计算规则,混凝土构件的工程量计算如下:

① 基础工程量＝断面面积×长度。

长度:
$$L=L_{外中}+L_{内净}=52+(10-0.3)=61.7（m）$$

基础工程量:
$$V=(1.2\times1.5+0.24\times0.5)\times61.7+0.24\times0.6\times0.5\times2$$
$$=118.61（m^3）$$

② 框架柱工程量:
$$V=0.3^2\times3\times6=1.62（m^3）$$

③ 有梁板工程量:
$$梁的体积=[52+(10-0.1\times2)]\times0.2\times(0.3-0.12)=2.22（m^3）$$
$$板的体积=[(8+8+0.12\times2+0.3\times2)\times(10+0.12\times2+0.3\times2)-0.3\times0.3\times6]\times0.12$$
$$=21.84（m^3）$$
$$V=梁的体积+板的体积=2.22+21.84=24.06（m^3）$$

④ 过梁工程量:
$$V=0.24\times0.18\times[(1.5+0.12\times2)\times2+1.2+0.12\times2+0.9+0.12\times2]$$
$$=0.26（m^3）$$

6.2.5.3　钢筋工程量计算

钢筋工程量应区别各钢筋类别、钢种和直径分别计算其质量(吨)。

计算钢筋工程量时,设计已规定钢筋搭接长度的,按规定搭接长度计算;设计未规定钢筋搭接长度的,已包括在钢筋的损耗率中,不另计算钢筋的搭接长度。钢筋电渣压力焊接、套筒挤压等接头以个计算。

(1) 钢筋保护层厚度

为保护钢筋不受大气的侵蚀,在钢筋周围留有混凝土保护层。混凝土保护层厚度也叫作钢筋保护层厚度,见表 6-9。

表 6-9 钢筋保护层厚度 (单位：mm)

环境与条件	构件名称	混凝土强度等级		
		低于 C25	C25 及 C30	高于 C30
室内正常环境	板、墙、壳	15		
	梁和柱	15		
露天或室内高湿度环境	板、墙、壳	35	25	15
	梁和柱	45	35	25
有垫层	基础	35		
无垫层		70		

（2）钢筋长度计算

① 通长钢筋长度计算。

通长钢筋一般是指钢筋两端不做弯钩的钢筋，长度计算公式如下：

$$直筋长度＝构件长度－2×钢筋保护层厚度$$

即

$$L＝L_j－2L_b \qquad (6\text{-}48)$$

式中　L——钢筋长度，m；

　　　L_j——构件长度，m；

　　　L_b——钢筋混凝土构件的保护层厚度，mm。

② 有弯钩的钢筋长度计算。

钢筋的弯钩形式（图 6-65）可分为 3 种：半圆弯钩（180°）、直弯钩（90°）和斜弯钩（135°或 45°）。

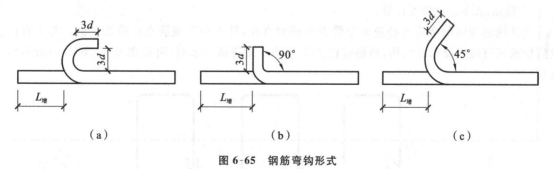

图 6-65 钢筋弯钩形式

（a）半圆弯钩；（b）直弯钩；（c）斜弯钩

半圆弯钩是最常见的一种钢筋弯钩形式，直弯钩一般用在柱纵向钢筋的底部，斜弯钩只用在直径较小的钢筋中。

有弯钩的钢筋长度计算公式如下：

$$L＝L_j－2L_b＋\sum L_{增} \qquad (6\text{-}49)$$

式中　L——钢筋长度，m；

L_j——构件长度,mm;

L_b——钢筋保护层厚度,mm;

$L_增$——钢筋单个弯钩增加的长度,mm。

一般情况下,弯钩增加长度按表 6-10 计算。

表 6-10　　　　　　　　　　弯钩增加长度表

弯钩角度		180°	90°	135°
增加长度	I 级钢筋	6.25d	3.50d	4.87d
	II 级钢筋	$x+0.90d$	$x+2.90d$	
	III 级钢筋	$x+1.20d$	$x+3.60d$	

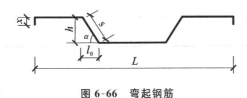

图 6-66　弯起钢筋

③ 弯起钢筋(图 6-66)长度计算。

对有两个弯起部分且两头都有弯钩的钢筋,长度计算公式如下:

$$L=L_j-2L_b+2[(s-l_0)+L_增] \qquad (6\text{-}50)$$

式中　$s-l_0$——弯起部分增加长度,mm,见表 6-11;

　　　$L_增$——钢筋单个弯钩增加的长度,mm。

图 6-66 中 α 为弯起钢筋的弯起角度,一般为 30°、45°、60°。

表 6-11　　　　　　　　　　弯起钢筋弯起部分增加长度

弯起角度	$\alpha=30°$	$\alpha=45°$	$\alpha=60°$
斜边长度 s	2.000h	1.414h	1.155h
底边长度 l_0	1.732h	1.000h	0.577h
增加长度$(s-l_0)$	0.268h	0.414h	0.578h

④ 箍筋(图 6-67)长度计算。

梁柱箍筋弯钩的弯曲直径应大于受力钢筋的直径,且不小于箍筋直径的 2.5 倍。对于有抗震设防要求或有抗扭要求的结构,箍筋应设 135°弯钩。无特殊要求时,可按图 6-67(b)、(c)所示形式选用。

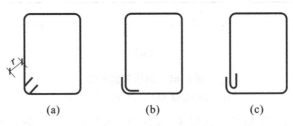

图 6-67　箍筋示意图

(a) 135°;(b) 90°;(c) 180°

箍筋长度计算公式如下:

$$L=2(A+B)+\sum L_增 \qquad (6\text{-}51)$$

式中　A,B——箍筋的宽和高,m;

$L_{增}$——箍筋弯钩增加长度,mm,见表 6-12。

表 6-12   箍筋弯钩增加长度

弯钩形式		$90°$	$135°$	$180°$
弯钩增加值	$l'=5d$	$5.50d$	$6.87d$	$8.25d$
	$l'=10d$	$10.50d$	$11.87d$	$13.25d$

⑤ 箍筋根数计算。

在钢筋图中,除箍筋外,其他钢筋根数一般已标注在钢筋图中,经认真统计,就能准确确定每种钢筋的根数。但对箍筋,钢筋图中一般给出钢筋的布置间距,根据间距及结构长度计算箍筋根数。

计算公式如下:

$$n=\frac{L_j-L_b}{a}+1 \qquad (6\text{-}52)$$

式中　n——箍筋根数,根;

　　　L_j——构件长度,mm;

　　　L_b——钢筋保护层厚度,mm;

　　　a——箍筋间距,mm。

(3) 钢筋质量计算

钢筋质量最终是以吨(t)表示的,但在计算中一般先算出千克(kg)数,汇总后再换算成吨(t)。

计算公式如下:

$$W=0.00617\sum n_i l_i d_i^2 \qquad (6\text{-}53)$$

式中　W——构件钢筋总质量,kg;

　　　n_i——i 钢筋的根数,根;

　　　l_i——i 钢筋的长度,m;

　　　d_i——i 钢筋的直径,mm。

【例 6-25】　某抗震框架梁跨中截面尺寸 $b\times h$ 为 250 mm×500 mm,梁内配筋为箍筋 $\phi 6@150$,纵向钢筋保护层厚度 $c=25$ mm,求一根箍筋的下料长度。

【解】
$$外包宽度 = b-2c+2d = 250-2\times 25+2\times 6 = 212 \ (mm)$$
$$外包长度 = h-2c+2d = 500-2\times 25+2\times 6 = 462 \ (mm)$$

箍筋下料长度=箍筋周长+箍筋调整值=2×(212+462)+110=1458 (mm)≈1460 mm

错误计算方法 1:
$$箍筋下料长度 = 2\times(250-2\times 25)+2\times(500-25\times 2)+50 = 1350 \ (mm)$$

错误计算方法 2:
$$箍筋下料长度 = 2\times(250-2\times 25)+2\times(500-25\times 2) = 1300 \ (mm)$$

6.2.5.4 平法钢筋工程量计算

混凝土结构施工图平面整体表示方法(简称平法)是把结构构件的尺寸和配筋等,按照平面整体表示方法制图规则直接表达在各类构件的结构平面布置图上,再与标准构造详图配合,构成一套新型、完整的结构设计,如图 6-68 所示。平法改变了传统的将构件从结构平面布置图中索引出来,再逐个绘制配筋详图的烦琐方法。

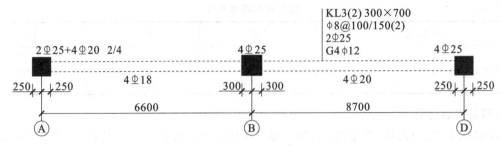

图 6-68　平法示意图

平法现已形成国家建筑标准设计图集,包括《混凝土结构施工图平面整体表示方法制图规则和构造详图(现浇混凝土框架、剪力墙、梁板)》(16G101—1)、《混凝土结构施工图平面整体表示方法制图规则和构造详图(现浇混凝土板式楼梯)》(16G101—2)、《混凝土结构施工图平面整体表示方法制图规则和构造详图(独立基础、条形基础、筏形基础、桩基础)》(16G101—3)。现在越来越多的

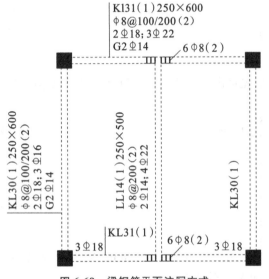

图 6-69　梁钢筋平面注写方式

混凝土结构施工图采用平法表示。要对平法施工图中的钢筋进行准确计算,首先应掌握钢筋的平法表示方法和标准构造。在此仅以框架梁为例说明平法钢筋的计算方法,其他混凝土构件钢筋工程量的计算原理与之类似。

梁平法施工图有平面注写和截面注写两种表达方式,通常以平面注写方式为主。

（1）平面注写方式

平面注写方式是在梁平面布置图上从不同编号的梁中各选一根,在其上直接注写截面尺寸和配筋具体数值的方式,如图 6-69 所示。

平面注写方式包括集中标注和原位标注。集中标注表达梁的通用数值,原位标注表达梁的特殊数值。集中标注内容的具体规定如下:

① 梁编号。包括梁类型代号、序号、跨数及有无悬挑代号,具体标注方式见表 6-13。

表 6-13　　　　　　　　　　　　　　　梁编号的标注方式

梁编号	类型	序号	跨数	有无悬挑(悬挑不记入跨数)
KLX (Y)	KL:楼层框架梁	X	Y	无悬挑
KZLX (YA)	KZL:框支梁	X	Y	A:一端有悬挑
LX (YB)	L:非框架梁	X	Y	B:两端有悬挑

注:除上述三种梁类型外,WKL 代表屋面框架梁,XL 代表悬挑梁,JZL 代表井字梁。

② 梁截面尺寸。当为等截面梁时,梁截面尺寸用 $b \cdot h$ 表示,b 和 h 分别代表梁的宽和高。

③ 梁箍筋。包括钢筋级别、直径、加密区与非加密区间距及肢数。具体标注方式见表 6-14。

④ 梁上部钢筋。包括钢筋级别、直径和根数。当上部纵筋多于一排时,用"/"将各排纵筋自而下分开。当同排纵筋中既有通长钢筋又有架立筋时,用"+"将两者相连,见表 6-15。

⑤ 梁侧面纵向构造钢筋或受扭钢筋配置。当梁腹板高大于或等于 450 mm 时,需配置纵向构造钢筋。构造筋注写值以 G 开头,受扭纵筋注写值以 N 开头。

表 6-14 梁箍筋的标注方式

梁箍筋	箍筋级别	直径	加密区(梁端)		非加密区(跨中)		梁端箍筋根数
			间距	肢数	间距	肢数	
ΦD@X/Y(M)	HPB300	D	X	M	Y	M	—
ΦD@X(M)/Y(N)	HPB300	D	X	M	Y	N	—
QΦD@X/Y(M)	HPB300	D	X	M	Y	M	梁两端各 Q 根
QΦD@X(M)/Y(N)	HPB300	D	X	M	Y	N	梁两端各 Q 根

表 6-15 梁上部钢筋的标注方式

梁上部钢筋		钢筋根数	钢筋级别	直径	排布方式
QΦDM/N		Q	HRB335	D	上排 M 根,下排 N 根
MΦD+(NΦD')	角筋	M	HRB335	D	角筋 M 根
	架立筋	N	HPB235	D'	架立筋 N 根

注:当梁上下部纵筋全跨相同且多数跨相同时,可加注下部纵筋值,用";"与上部纵筋分开。

如 G4Φ12:G 代表构造配筋;4Φ12 代表梁的两个侧面共配置 4Φ12 的纵向钢筋。

⑥ 梁顶面标高高差。梁顶面标高高差是指梁顶面标高相对于结构层楼面标高的高差值。高出楼面标高时为正,反之为负。

上述六项标注内容中,前五项为必注值,最后一项为选注值。

(2) 截面注写方式

截面注写方式是在分标准层绘制的梁平面布置图上,分别在不同编号的梁中各选择一根梁用剖面号引出配筋图,并在其上注写截面尺寸和配筋具体数值的方式。截面注写方式需要按规定对所有的梁进行编号,从相同编号的梁中选取一根梁用"单边截面号"标注,再将截面配筋详图画在本图或其他图上。截面配筋详图中包括截面尺寸、上下部钢筋、侧面构造配筋或受扭钢筋和箍筋等具体数值。

(3) 梁钢筋平法构造

① 梁纵筋构造。框架梁纵筋构造如图 6-70 所示。

由图 6-70 可知梁纵筋的构造特点如下:

a. 梁上部至少有 2 根贯通筋,沿梁全长靠角边布置,在两边端部向下弯锚。

b. 端支座上方加转角筋,进入支座后弯锚,第 1 排出支座长度为净跨长的 1/3,第 2 排出支座长度为净跨长的 1/4。

c. 中支座上方加直筋,两端出支座长度为净跨长的 1/3(第 1 排)或 1/4(第 2 排);

d. 梁下部受力筋只在跨间布置,两端深入支座锚固,进入端支座后弯锚,进入中间支座后直锚。

② 梁箍筋构造。框架梁箍筋构造如图 6-71 所示。

由图 6-71 可知,梁箍筋的构造特点如下:

a. 箍筋自支座边 50 mm 开始布置。

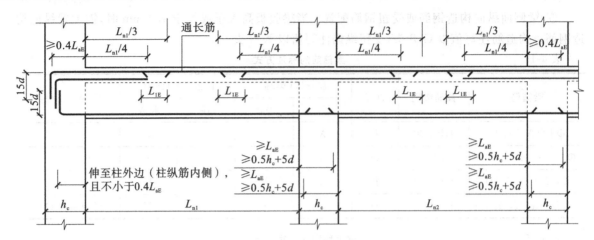

图 6-70　框架梁纵筋构造示意图

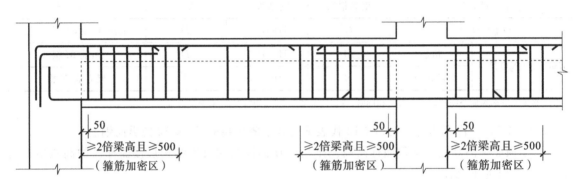

图 6-71　框架梁箍筋构造示意图

b. 靠近支座一侧有加密区，加密区长度大于或等于 2 倍梁高且不小于 500 mm。

c. 中间部分按正常间距布筋。

（4）梁钢筋计算

① 梁上部通长钢筋计算。梁上部通长钢筋如图 6-72 所示。

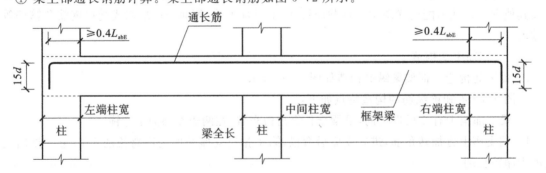

图 6-72　框架梁上部通长钢筋示意图

计算公式如下：

　钢筋长度＝梁全长－2×（保护层厚度＋柱边主筋直径＋钢筋间距）＋2×15×钢筋直径

(6-54)

② 端支座上方转角筋计算。

端支座上方的转角筋如图 6-73 所示。

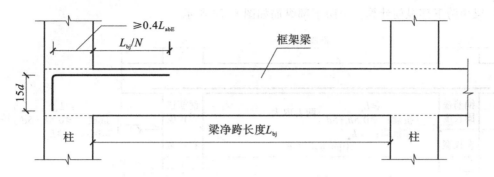

图 6-73 框架梁上部转角筋示意图

其中:第 1 排 N 取 3,第 2 排 N 取 4。

计算公式如下:

钢筋长度＝梁净跨长度$/N$＋柱沿梁方向宽度－钢筋保护层厚度－钢筋间距－柱靠边主筋直径＋

$$15×钢筋直径 \tag{6-55}$$

③ 中间支座上方直筋计算。中间支座上方直筋如图 6-74 所示。

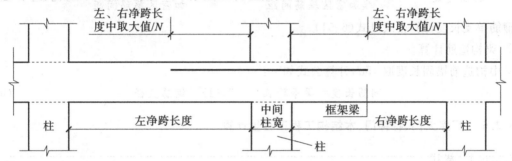

图 6-74 框架梁中间支座上方直筋示意图

计算公式如下:

$$钢筋长度＝2×\frac{\max(左净跨长度,右净跨长度)}{N}＋中间柱宽 \tag{6-56}$$

其中 N 取值同上。

④ 梁边跨下部纵筋计算。边跨下部纵筋如图 6-75 所示。

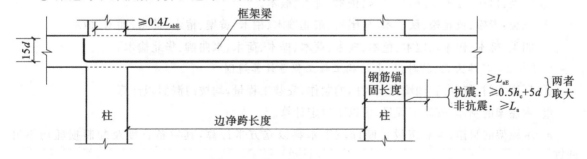

图 6-75 框架梁边跨下部纵筋示意图

计算公式如下:

钢筋长度＝梁净跨长＋边柱沿梁方向宽度－钢筋保护层厚度－柱筋直径－钢筋间距＋

$$15×钢筋直径＋钢筋锚固长度 \tag{6-57}$$

⑤ 梁中跨下部纵筋计算。中跨下部纵筋如图6-76所示。

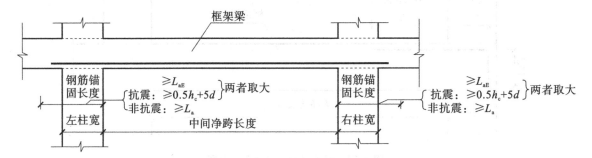

图 6-76 框架梁中跨下部纵筋示意图

计算公式如下：

$$钢筋长度＝梁净跨长度＋2×钢筋锚固长度 \qquad (6\text{-}58)$$

⑥ 梁箍筋计算。

$$箍筋支数＝\frac{梁净跨长度－2×箍筋加密区宽度}{非加密区箍筋间距}＋\frac{箍筋加密区宽度－0.05}{加密区箍筋间距}×2＋1 \quad (6\text{-}59)$$

箍筋单支长度计算公式见式(6-51)。

⑦ 梁构造筋计算。

梁中构造筋锚固长度取15d，计算公式如下：

$$钢筋长度＝梁净跨长度＋2×15×钢筋直径 \qquad (6\text{-}60)$$

6.2.6 厂库大门、特种门、木结构工程工程量计算

6.2.6.1 概述

（1）木结构的概念

用木材做成的结构称为木结构。木结构按连接方式和截面形状分为齿连接的原木或方木结构，裂环、齿板或钉连接的板材结构和胶合木结构。

（2）木材木种分类

① 一类：红松、水桐木、樟子松。

② 二类：白松（方杉、冷杉）、杉木、杨木、柳木、椴木。

③ 三类：青松、黄花松、秋子木、马尾松、东北榆木、柏木、黄檗、椿木、楠木、柚木、樟木。

④ 四类：栎木（柞木）、檀木、色木、槐木、荔木、桦木、荷木、水曲柳、华北榆木。

6.2.6.2 厂库大门、特种门、木结构工程工程量计算规则

① 厂库大门、特种门、围墙铁丝大门的制作、安装工程量，均按门洞面积计算。

② 木屋架的制作、安装工程量，按以下规定计算。

a. 木屋架的制作、安装按设计断面竣工木料以立方米计算，其后备长度及配制损耗均不另计算。

b. 附属木屋架的木夹板、垫木及与屋架连接的挑檐木、支撑等，其工程量并入屋架竣工木料体积内计算。

c. 木屋架的制作、安装区别不同跨度，其跨度应以屋架上、下弦杆中心线交点之间的长度为准。带气楼的屋架并入相连的屋架体积内计算。

d. 木屋架的马尾、折角和正交部半屋架,应并入相连屋架的体积内计算。

e. 钢木屋架的圆木按竣工木料以体积计算。

③ 圆木屋架连接的挑檐木、支撑等如为方木,其方木部分应乘以系数 1.7 后折合为圆木并入屋架竣工木内,单独的方木挑檐按矩形檩木计算。

a. 杉圆木体积计算。

$$V = \pi \times \frac{0.0001L}{4} \times [(0.025L+1)D^2 + (0.37L+1)D + 10(L-3)] \qquad (6-61)$$

式中　D——原木小头直径,cm;

　　　L——木材长。

b. 除杉木以外其他树种的圆木体积计算。

$$V = [0.003895L + 0.8982D^2 + (0.39L-1.219)D - 0.5796L - 3.067] \times 10^{-4} \qquad (6-62)$$

④ 檩木按竣工木料以立方米计算。简支檩长度按设计规定计算,如设计无规定,按屋架或山墙中距增加 0.2 m 计算,其接头长度按全部连续檩木总体积的 5% 计算。檩条托木已计入相应的檩木制作安装项目中,不另计算。

a. 方木檩条。

$$V = \sum(a_i b_i l_i) \quad (i = 1,2,3,\cdots) \qquad (6-63)$$

式中　V——檩条的体积,m³;

　　　a_i, b_i——第 i 根檩木计算断面的双向尺寸,m;

　　　l_i——第 i 根檩木的计算长度,m,当设计有规定时按设计规定计算,如设计无规定,按轴线中距,每跨增加 0.2 m。

b. 圆木檩条。

$$V = \pi \times \sum[(d_{1i}^2 + d_{2i}^2) \div 8] \times L_i \quad (i = 1,2,3,\cdots) \qquad (6-64)$$

式中　d_{1i}, d_{2i}——圆木大头与小头直径,m。

⑤ 屋面木基层按屋面的斜面积计算。天窗挑檐重叠部分按设计规定计算,屋面烟囱及斜沟部分所占面积不扣除。

屋面木基层的工程量计算公式如下:

$$F = LBC \qquad (6-65)$$

式中　F——木基层面板的面积,m²;

　　　L,B——屋面的投影长度和宽度,m;

　　　C——屋面的坡度系数。

⑥ 封檐板按图示檐口外围长度计算,博风板按斜长计算,每个大刀头长度增加 0.5 m。

⑦ 木楼梯按水平投影面积计算,不扣除宽度小于 0.3 m 的楼梯井,其踢脚板、平台和深入墙内的部分不另行计算。

【例 6-26】 某工程需制作、安装连窗门 40 樘,如图 6-77 所示,计算工程量及木材消耗量。

【解】

连窗门制作、安装工程量=$(1.2^2 + 2.4 \times 0.9) \times 40 = 144$ (m³)

定额材积=$1.829 + 0.266 + 0.043 + 0.306 + 1.789 + 0.2 = 4.433$ (m³)

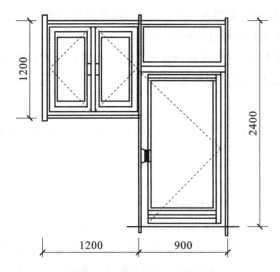

图 6-77　木结构工程量计算示意图

【例 6-27】　某屋架如图 6-78 所示。屋架跨度为 7 m,坡度为 26°34′,除中立杆为 ϕ18 的圆钢外,其余各杆件为杉圆木,上弦小头直径为 135 mm,下弦小头直径为 150 mm,边立杆小头直径为 100 mm,斜撑杆小头直径为 110 mm。试求单榀屋架木材体积。

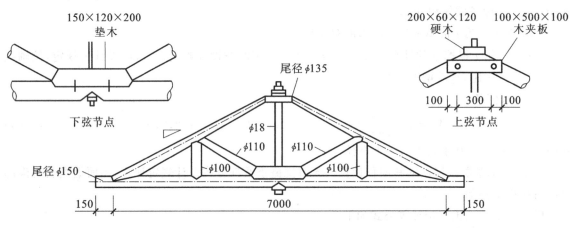

图 6-78　屋架计算示意图

【解】　下弦长:

$$L = 7 \text{ m}$$

上弦长:

$$S = 0.559 \times 7 = 3.913 \text{ (m)}$$

边立杆长:

$$h = 0.125 \times 7 = 0.875 \text{ (m)}$$

斜撑杆长:

$$c = 0.279 \times 7 = 1.953 \text{ (m)}$$

根据式(6-61),各杆件的杉圆木体积:

$$V_{下弦} = 3.14 \times 0.0001 \times 7 \div 4 \times [(0.025 \times 7 + 1) \times 15^2 + (0.37 \times 7 + 1) \times 15 + 10 \times (7 - 3)]$$
$$= 0.197 \text{ (m}^3)$$

$$V_{上弦}=2\times\{3.14\times0.0001\times3.913\div4\times[(0.025\times3.913+1)\times13.5^2+(0.37\times3.913+1)\times$$
$$13.5+10\times(3.913-3)]\}$$
$$=0.149（m^3）$$

$$V_{边立杆}=2\times\{3.14\times0.0001\times0.875\div4\times[(0.025\times0.875+1)\times10^2+(0.37\times0.875+1)\times10+$$
$$10\times(0.875-3)]\}$$
$$=0.013（m^3）$$

$$V_{斜撑杆}=2\times\{3.14\times0.0001\times1.953\div4\times[(0.025\times1.953+1)\times11^2+(0.37\times1.953+1)\times11+$$
$$10\times(1.953-3)]\}$$
$$=0.042（m^3）$$

$$V_{圆木}=0.197+0.149+0.013+0.042=0.401（m^3）$$

附属于屋架的木夹板、硬木、垫木已并入相应的屋架制作中,不另计算。

6.2.7　金属结构制作工程工程量计算

6.2.7.1　概述

（1）金属结构的概念

金属结构是指建筑物内用各种型钢、钢板和钢管等金属材料或半成品,以不同连接方式加工制作、安装而成的结构类型。

金属结构与钢筋混凝土结构、砌体结构相比,具有强度高、材质均匀,塑性、韧性好,拆迁方便等优点,但其耐蚀性和耐火性较差。在我国的工业与民用建筑中,金属结构一般用于重型厂房、受动力荷载作用的厂房,大跨度建筑结构,多层、高层和超高层建筑结构,高耸构筑物,容器、储罐、管道,可拆卸、装配房屋和其他构筑物。

（2）金属结构工程的主要工作内容

在预算定额中,金属结构工程针对的是现场加工制作或附属企业加工制作的金属构件,而非其他专业性工厂加工生产的金属构件。该部分工程包括一般工业与民用建筑常用的金属结构,如钢柱、钢梁、钢屋架、钢支撑、钢檩条、钢栏杆及其他金属构件等的制作、拼装,如遇专业金属结构的制作、运输、安装,应按安装工程的相应定额执行。

（3）金属结构用材

建筑物各种构件对其构造和质量有一定的要求,使用的金属材料也不同。在建筑工程中,金属结构最常用的金属材料为普通碳素结构钢和低合金高强度钢,形式有钢板、钢管、各类型钢和圆钢等。

（4）金属结构材料的表示方法

① 钢板。

钢板按厚度可划分为厚板、中板和薄板。钢板通常用"—"后加"宽度×厚度×长度"表示,如—600×10×12000 表示 600 mm 宽、10 mm 厚、12 m 长的钢板。简便起见,钢板也可只表示其厚度,如—10 表示厚度为 10 mm 的钢板,其宽度、长度按图示尺寸计算。

② 钢管。

按照生产工艺,钢管分为无缝钢管和焊接钢管两大类。钢管用"ϕ"后加"外径×壁厚"表示,如ϕ400×6 表示外径为 400 mm、壁厚为 6 mm 的钢管。

③ 角钢。

角钢有等边角钢(也称等肢角钢)和不等边角钢(也称不等肢角钢)两种。等边角钢的表示方法

为"L"后加"边宽×边厚"，如L50×6表示边宽50 mm、边厚6 mm的等边角钢。不等边角钢的表示方法为"L"后加"长边宽×短边宽×边厚"，如L100×80×8表示长边宽100 mm、短边宽80 mm、边厚8 mm的不等边角钢。

④ 槽钢。

槽钢常用型号数表示，型号数为槽钢的高度（cm）。型号20以上的还要附以字母a、b或c以区别腹板厚度。如[10表示高度为100 mm的槽钢。

⑤ 工字钢。

普通工字钢也是用型号数表示高度（cm），如I10表示高度为100 mm的工字钢。型号20以上的也应附以字母a、b或c以区别腹板厚度。

⑥ 圆钢。

圆钢（钢筋）广泛使用在钢筋混凝土结构和金属结构中。其表示方法在钢筋混凝土结构工程中已介绍，此处不再重复。

（5）各类结构用钢质量的计算

金属结构工程量是以金属材料的质量以吨（t）为单位表示的。在实际计算时，往往先计算出每种钢材质量的千克数，最后换算成吨。常用建筑钢材的质量计算公式见表6-16。

表6-16　　　　　　　　　　　　钢材质量计算公式表

名称		单位	计算公式（单位：mm）
圆钢		kg/m	$0.00617×直径^2$
方钢		kg/m	$0.00785×边宽^2$
六角钢		kg/m	$0.0068×对边距^2$
扁钢		kg/m	0.00785×边宽×边厚
等边角钢		kg/m	0.00795×边厚×（2×边宽－边厚）
不等边角钢		kg/m	0.00795×边厚×（长边宽＋短边宽－边厚）
工字钢	a型	kg/m	0.00785×腹厚×[高＋3.34×（腿宽－腹厚）]
	b型	kg/m	0.00785×腹厚×[高＋2.65×（腿宽－腹厚）]
	c型	kg/m	0.00785×腹厚×[高＋2.26×（腿宽－腹厚）]
槽钢	a型	kg/m	0.00785×腹厚×[高＋3.26×（腿宽－腹厚）]
	b型	kg/m	0.00785×腹厚×[高＋2.44×（腿宽－腹厚）]
	c型	kg/m	0.00785×腹厚×[高＋2.24×（腿宽－腹厚）]
钢管		kg/m	0.2466×壁厚×（外径－壁厚）
钢板		kg/m²	7.85×板厚

6.2.7.2　金属结构工程工程量计算规则

① 金属结构制作按图示钢材尺寸以吨（t）计算，不扣除孔眼、切边的质量，焊条、铆钉、螺栓等质量已包括在定额内，不另计算。在计算不规则或多边形钢板质量时，均以其外接矩形面积乘厚度以单位理论质量计算。

② 钢屋架制作工程量包括依附于屋架上的檩托、角钢质量。

③ 钢网架制作工程量包括焊接球、螺栓球、锥头、六角钢、支座支托、高强螺栓质量。

④ 钢托架制作工程量包括依附于托架上的牛腿或悬臂梁的质量。

⑤ 钢桁架、门市钢架、钢框架工程量包括型钢和钢板的质量。

⑥ 钢屋架、钢托架制作平台摊销工程量按钢屋架、钢托架质量计算。

⑦ 钢柱制作工程量包括依附于柱上的牛腿及悬臂梁质量。

⑧ 制动梁的制作工程量包括制动梁、制动桁架、制动板质量。

⑨ 轻质隔热彩钢夹芯板墙的工程量按图示尺寸以平方米计算,减去门窗洞口面积。

⑩ 钢支撑制作项目包括柱间、屋架间水平及垂直支撑,以质量计算。

⑪ 墙架的制作工程量包括墙架柱、墙架梁及连接柱杆的质量。

⑫ 钢平台包括平台柱、平台梁、平台板、平台斜撑、钢扶梯及平台栏杆的质量。

⑬ 对于钢栏杆的制作,仅适用于工业厂房中的平台、操作台的钢栏杆。

⑭ 对于钢漏斗制作工程量,矩形和圆形均按图示展开尺寸,并依钢板宽度分段计算。每段均以其上口长度(圆形以分段展开上口长度)与钢板宽度按矩形计算,依附漏斗的型钢并入漏斗质量内计算。

⑮ 金属构件安装、运输工程量分别按Ⅰ、Ⅱ、Ⅲ类构件制作工程量汇总,以质量计算(表6-17)。

金属构件的运输一般只适用于自加工钢门和金属结构件,商品钢门窗运输费按当地材料预算价格中的有关规定执行。

表 6-17

金属构件分类表

构件类别	构件名称
Ⅰ类	钢柱、屋架、托架、桁架、吊车梁、网架、钢架桥
Ⅱ类	钢梁、檩条、支撑、拉条、栏杆、钢平台、钢走道、钢楼梯、零星构件
Ⅲ类	墙架、挡风架、天窗架、轻钢屋架、其他构件

⑯ 金属构件的探伤、除锈、刷油工程量区别不同工艺按金属构件的质量、表面积、焊缝长度计算。

⑰ 组合门窗的拼樘料以吨(t)计算工程量,套用钢支撑定额计算。

⑱ H型钢制作定额中未包括钢平台摊销费用,钢平台制作、搭拆等费用另计。

【例 6-28】 试计算图 6-79 中上柱钢支撑的制作与安装工程量。

【解】 上柱钢支撑由等边角钢和钢板构成。

等边角钢质量计算:

$$每米等边角钢重 = 0.00795 \times 6 \times (2 \times 63 - 6) = 5.72 \ (kg/m)$$

$$等边角钢长 = \sqrt{2.7^2 + 5.6^2} - 0.041 - 0.031 = 6.145 \ (m)$$

$$两根角钢重 = 5.72 \times 2 \times 6.145 = 70.30 \ (kg)$$

钢板质量计算:

$$每平方米钢板重 = 7.85 \times 8 = 62.8 \ (kg/m^2)$$

$$钢板重 = (0.145 \times 0.175 + 0.145 \times 0.17) \times 2 \times 62.8 = 6.28 \ (kg)$$

$$上柱钢支撑的制作与安装工程量 = 70.30 + 6.28 = 76.58 \ (kg) \approx 0.0770 \ t$$

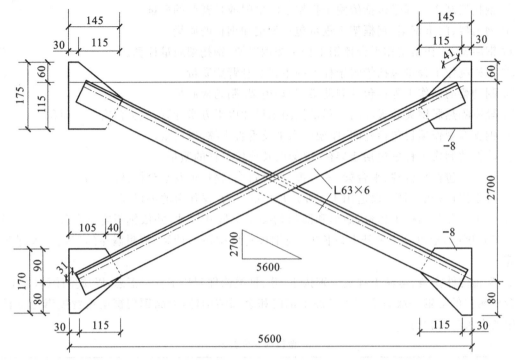

图 6-79　上柱钢支撑

6.2.8　屋面及防水工程工程量计算

6.2.8.1　屋面及防水工程概述

① 屋面工程主要是指屋面结构层（屋面板）或屋面木基层以上的工作内容。屋面按结构形式划分，通常分为平屋面和坡屋面两种形式。

a. 平屋面。

屋面坡度为 2%～10% 的屋顶称为平屋面。最常用的坡度为 2% 或 3%。平屋面的坡度可以用材料找出，通常叫作材料找坡；也可以用结构板材带坡形成，通常叫作结构找坡。

b. 坡屋面。

坡度在 10% 以上的屋顶叫作坡屋面。坡屋面的坡度一般由结构层或屋架找出。常见的坡屋面坡度为 50%。

常见的坡屋面结构分两坡水和四坡水。根据所用材料，其又有青瓦屋面、平瓦屋面、石棉水泥瓦屋面、玻璃钢波形瓦屋面等。

需要注意的是，石棉水泥瓦是以石棉纤维与水泥为原料经制板加压而成的屋顶防水材料。它有单张有效利用面积大、防火、防潮、防腐、耐热、耐寒、质轻等优点。

② 按照屋面的防水做法不同，屋面分为卷材防水屋面、刚性防水屋面、涂料防水屋面等。其结构层以上主要由找平层、保温隔热层、找坡层、防水层等构成。其中，找坡层和防水层为最基本的功能层，其他层可根据不同地区的要求设置。

6.2.8.2　屋面及防水工程工程量计算规则

（1）各种屋面和型材屋面

各种屋面和型材屋面（包括挑檐部分）均按设计图示尺寸以面积计算（斜屋面按水平投影面积

乘屋面坡度系数计算),不扣除房上烟囱、风帽底座、风道、小气窗、斜沟和脊瓦等所占面积,小气窗的出檐部分也不增加。屋面女儿墙、伸缩缝和天窗等处的弯起部分,并入屋面工程量内。

计算公式如下:

$$F=F_tC+F_z \tag{6-66}$$

式中　F——坡屋面面积,m^2;

　　　F_t——坡屋面的投影面积,m^2;

　　　F_z——屋面增加的其他面积,m^2;

　　　C——屋面坡度延尺系数,查表 6-18 可得。

四坡水单根斜屋脊长度计算公式如下:

$$L=AD \tag{6-67}$$

式中　L——四坡水单根斜屋脊长度,m;

　　　A——半个跨度宽,m;

　　　D——隅延尺系数,可查表 6-18 得到。

表 6-18　　　　　　　　　　　　　　屋面坡度延尺系数

坡度			延尺系数 C	隅延尺系数 D
$B(A=1)$	$B/(2A)$	角度(θ)	$(A=1)$	$(A=1)$
1.00	1/2	45°	1.4142	1.7321
0.750		36°02′	1.2500	1.6008
0.700		35°	1.2207	1.5779
0.666	1/3	33°40′	1.2015	1.5620
0.650		33°01′	1.1928	1.5584
0.600		30°58′	1.1662	1.5362
0.577		33°	1.1547	1.5270
0.550		28°49′	1.1413	1.5170
0.500	1/4	26°34′	1.1180	1.5000
0.450		24°14′	1.0988	1.4839
0.400	1/5	21°48′	1.0770	1.4697
0.350		19°17′	1.0594	1.4569
0.300		16°42′	1.0308	1.4362
0.250		14°02′	1.0308	1.4362
0.200	1/10	11°19′	1.0198	1.4283
0.150		8°32′	1.0112	1.4221
0.125		7°8′	1.0078	1.4191
0.100	1/20	5°42′	1.0050	1.4177
0.083		4°45′	1.0035	1.4166
0.066	1/30	3°49′	1.0022	1.4157

【例 6-29】　有一带屋面小气窗的四坡水瓦屋面,如图 6-80 所示,试计算屋面工程量和屋脊长度($S=A$)。

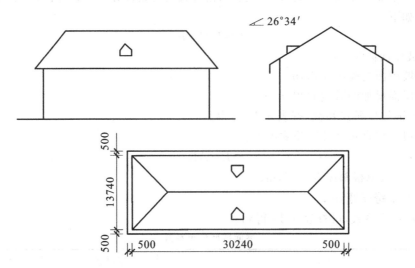

图 6-80　带屋面小气窗的四坡水瓦屋面示意图

【解】　① 屋面工程量。根据屋面计算规则和公式(6-66)及 $C=1.118$,得

$$F=(30.24+2\times0.5)\times(13.74+2\times0.5)\times1.118=514.81\ (m^2)$$

② 正屋脊长度。

$$L_1=30.24+2\times0.5-(13.74+2\times0.5)=16.50\ (m)$$

③ 斜屋脊总长。

根据公式(6-67),查表 6-18 得 $D=1.50$,有

$$L_2=(13.74+2\times0.5)\div2\times1.5\times4=44.22\ (m)$$

④ 屋脊长度。

$$L=44.22+16.50=60.72\ (m)$$

(2) 屋面找坡层、保温层

屋面找坡层(图 6-81)、保温层按图示水平投影面积乘平均厚度,以立方米(m^3)计算。

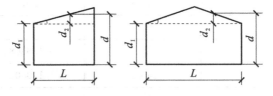

图 6-81　屋面找坡层

(a) 单坡屋面;(b) 双坡屋面

① 单坡屋面平均厚度。

$$d=d_1+d_2,\quad \tan\alpha=\frac{d_2}{L/2},\quad d_2=\tan\alpha\cdot\frac{L}{2}$$

令 $\tan\alpha=i$,则

$$d_2=i\cdot\frac{L}{2}$$

平均厚度:

$$d=d_1+i \cdot \frac{L}{2} \tag{6-68}$$

式中　i——坡度系数;

　　　α——屋面倾斜角。

② 双坡屋面平均厚度。

$$d=d_1+d_2, \quad d_2=\tan\alpha \cdot \frac{L}{4}=i \cdot \frac{L}{4}$$

平均厚度:

$$d=d_1+i \cdot \frac{L}{4} \tag{6-69}$$

（3）屋面找平层

屋面找平层按水平投影面积以平方米（m^2）为单位计算,套用楼地面工程中的相应定额。天沟、檐沟按图示尺寸展开面积以平方米（m^2）为单位计算,套用天沟、檐沟的相应定额。

（4）刚性防水屋面

刚性防水屋面是指在平屋面的结构层上,采用防水砂浆或细石混凝土加防裂钢丝网浇捣而成的屋面。其工程量按实铺水平投影面积计算。

（5）卷材防水

卷材屋面节点部位的施工十分重要,既要保证质量,又要施工方便,如图 6-82～图 6-86 所示。

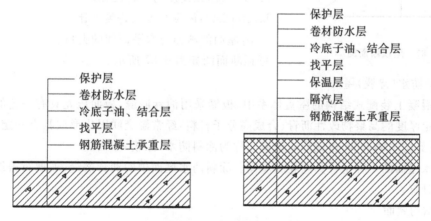

图 6-82　卷材屋面

（a）不保温卷材屋面;（b）保温卷材屋面

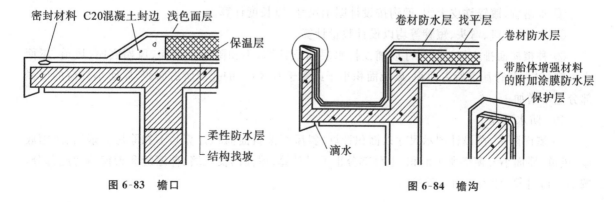

图 6-83　檐口　　　　　　　**图 6-84　檐沟**

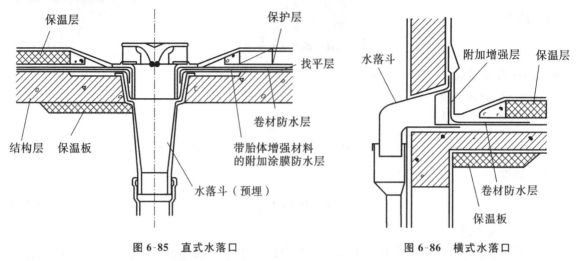

图 6-85　直式水落口　　　　　　　　　　图 6-86　横式水落口

① 卷材屋面按图示尺寸的水平投影面积乘规定的坡度系数以平方米（m²）计算，但不扣除房上烟囱、风帽底座、风道小气窗和斜沟所占的面积。屋面的女儿墙、伸缩缝和天窗等处的弯起部分按图示尺寸并入屋面工程量计算。图示无规定时，伸缩缝、女儿墙、天窗弯起部分可按 500 mm 计算。

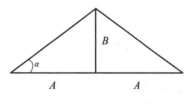

图 6-87　屋顶断面图

② 卷材屋面的附加层、接缝、收头、找平层的嵌缝、冷底子油已计入定额内，不另计算。坡度的表示方法如下。

a. B/A：屋顶高度与半跨之比。

b. $B/(2A)$：屋顶高度与跨度之比。

c. α：屋面的斜面与水平面间的夹角。

屋顶断面图如图 6-87 所示。

（6）涂料防水（涂膜）屋面

在钢筋混凝土装配式结构的屋盖体系中，板缝采用油膏嵌缝，板面压光具有一定的防水能力，通过涂布一定厚度的高聚物改性沥青、合成高分子材料，经常温交联固化形成具有一定弹性的胶状涂膜，从而达到防水的目的，由此形成的屋面称为涂料防水（涂膜）屋面。

涂料防水屋面的工程量计算同卷材屋面。涂料防水屋面中的油膏嵌缝、玻璃布盖缝、屋面分格缝以延长米计算。

（7）膜结构屋面

其按设计图示尺寸以需要覆盖的水平投影面积计算。

（8）屋面排水

① 水落管、镀锌铁皮天沟、槽沟按设计图示尺寸，以长度计算。

② 水斗、水口、弯头、短管等均以设计数量计算。

③ 种植屋面排水按设计尺寸以铺设排水层面积计算；不扣除房上烟囱、风帽底座、风道、屋面小气窗、斜沟和脊瓦等所占面积，以及面积小于或等于 0.3 m² 的孔洞所占面积，屋面小气窗的出檐部分也不增加。

（9）防水工程

① 屋面防水，按设计图示尺寸以面积计算（斜屋面按斜面面积计算），不扣除房上烟囱、风帽底座、风道、屋面小气窗等所占面积，上翻部分也不另计算；屋面的女儿墙、伸缩缝和天窗的弯起部分，按 500 m 计算，计入立面工程量内。

② 楼地面防水、防潮层按设计图示尺寸以主墙间净面积计算,扣除凸出地面的构筑物、设备基础等所占面积,不扣除间壁墙及单个面积小于或等于 0.3 m² 柱、垛、烟囱和孔洞所占面积;平面与立面交接处,上翻高度小于或等于 300 m 时,按展开面积并入平面工程量内计算,高度大于 300 mm 时,按立面防水层计算。

③ 墙基防水、防潮层,外墙按外墙中心线长度、内墙按墙体净长度乘宽度,以面积计算。

④ 墙的立面防水、防潮层,不论内墙、外墙,均按设计图示尺寸以面积计算。

⑤ 基础底板的防水、防潮层按设计图示尺寸以面积计算,不扣除柱头所占面积。桩头处外包防水按桩头投影外扩 300 mm 以面积计算,地沟处防水按展开面积计算,均计入平面工程量,执行相应规定。

⑥ 屋面、楼地面及墙面、基础底板等,其防水搭接、拼缝、压边、留槎用量已综合考虑,不另行计算,卷材防水附加层按设计铺贴尺寸以面积计算。

⑦ 屋面分格缝按设计图示尺寸,以长度计算。

⑧ 变形缝(嵌填缝与盖板)与止水带按设计图示尺寸,以长度计算。

【例 6-30】 某屋面尺寸如图 6-88 所示,檐沟宽 600 mm。其自下而上的做法是:钢筋混凝土板上干铺炉渣混凝土找坡,坡度系数为 2%,最低处铺 70 mm 厚;100 mm 厚加气混凝土保温层;20 mm 厚 1:2 水泥砂浆找平层;屋面及檐沟为二毡三油一砂防水层。分别求其工程量。

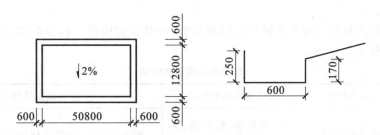

图 6-88 屋面排水示意图

【解】 ① 干铺炉渣混凝土找坡。
$$F = 50.8 \times 12.8 = 650.24 \ (\text{m}^2)$$
$$d = 0.07 + 0.02 \times 12.8 \div 2 = 0.198 \ (\text{m})$$
$$V = 650.24 \times 0.198 = 128.75 \ (\text{m}^3)$$

② 100 mm 厚加气混凝土保温层。
$$V = 650.24 \times 0.1 = 65.02 \ (\text{m}^3)$$

③ 20 mm 厚 1:2 水泥砂浆找平层,砂浆抹至防水卷材同一高度,以便铺毡。

屋面部分:
$$S_1 = 50.8 \times 12.8 = 650.24 \ (\text{m}^2)$$

檐沟部分:
$$S_2 = [50.8 \times 0.6 \times 2 + (12.8 + 0.6 \times 2) \times 0.6 \times 2] + [(12.8 + 1.2) \times 2 + (50.8 + 1.2) \times 2] \times 0.25 + (50.8 + 12.8) \times 2 \times 0.17$$
$$= 132.38 \ (\text{m}^2)$$

④ 二毡三油一砂防水层。
$$S_3 = 650.24 + 132.38 = 782.62 \ (\text{m}^2)$$

6.2.9 防腐、保温、隔热工程工程量计算

6.2.9.1 防腐、保温、隔热工程概述

（1）防腐工程的基本内容

在建筑工程中，常见的防腐工程包括水类防腐蚀工程、硫黄类防腐蚀工程、沥青类防腐蚀工程、树脂类防腐蚀工程、块料防腐蚀工程、聚氯乙烯防腐蚀工程、涂料防腐蚀工程等。根据不同的结构和材料，又可分为防腐整体面层、防腐隔离层和防腐块料面层三大类。

常见的防腐结构形式见表6-19。

表6-19   常见的防腐结构形式

类别	防腐整体面层	防腐隔离层	防腐块料面层
防腐结构与材料	水玻璃耐酸防腐整体面层、沥青类防腐整体面层、钢屑水泥整体面层、硫黄类防腐整体面层、重晶石类防腐整体面层、玻璃钢防腐整体面层	沥青胶泥铺贴隔离层、沥青产品涂覆的隔离层	耐酸砖、天然石材、铸石制品

防腐工程一般适用于楼地面、平台、墙裙和地沟的防腐蚀隔离层和面层。

（2）保温、隔热工程的基本内容

为了防止建筑物内部温度受外界温度的影响，使建筑物内部维持一定的温度而增加的材料层称为保温隔热层。

常用的保温隔热材料可分为松散保温隔热材料、板状保温隔热材料和整体保温隔热材料。常见的保温隔热材料见表6-20。

表6-20   常见的保温隔热材料

类别	松散保温隔热材料	板状保温隔热材料	整体保温隔热材料
材料种类	炉渣、水渣、膨胀蛭石、矿物棉、岩棉、木屑	矿物棉板、蛭石板、泡沫塑料板、软土板、有机纤维板、泡沫混凝土板	蛭石混凝土、膨胀珍珠岩混凝土、粉煤灰陶粒混凝土、页岩陶粒混凝土、黏土陶粒混凝土

水渣是把热熔状态的高炉渣置于水中急速冷却得到的，水渣做建材时可用于生产水泥。

6.2.9.2 防腐、保温、隔热工程工程量计算规则

（1）防腐工程工程量计算

① 防腐工程面层、隔离层及防腐油漆工程量均按设计图示尺寸以面积计算。

② 平面防腐工程量应扣除凸出地面的构筑物、设备基础等以及面积大于0.3 m² 的孔洞、柱、垛等所占面积，门洞、空圈、暖气包槽、壁龛的开口部分不增加面积。

③ 立面防腐工程量应扣除门、窗、洞口以及面积大于0.3 m² 的孔洞、梁所占面积，门窗、洞口侧壁、垛凸出部分按展开面积并入墙面内。

④ 池、槽块料防腐面层工程量按设计图示尺寸以展开面积计算。

⑤ 砌筑沥青浸渍砖工程量按设计图示尺寸以面积计算。

⑥ 踢脚板防腐工程量按设计图示长度乘高度以面积计算，扣除门洞所占面积，并相应增加侧壁展开面积。

⑦ 混凝土面及抹灰面防腐按设计图示尺寸以面积计算。

⑧ 计算公式。

a. 墙体防腐工程工程量计算。

$$S = 图示墙体间净空面积 - S_R - S_t \tag{6-70}$$

式中　S——实铺防腐工程量，m^2；

　　　　S_R——应扣除的凸出墙面物体或门窗洞口所占的面积，m^2；

　　　　S_t——踢脚板实铺面积，m^2。

b. 地面防腐工程工程量计算。

$$S = 图示地面间净空面积 - S_R \tag{6-71}$$

式中　S——实铺防腐工程量，m^2；

　　　　S_R——应扣除的凸出地面物体所占面积，m^2。

（2）保温、隔热工程工程量计算

① 屋面保温隔热层工程量按设计图示尺寸以面积计算，扣除面积大于 $0.3~m^2$ 孔洞所占面积。其他项目按设计图示尺寸以定额项目规定的计量单位计算。

② 天棚保温隔热层工程量按设计图示尺寸以面积计算，扣除面积大于 $0.3~m^2$ 柱、垛、孔洞所占面积；与天棚相连的梁按展开面积计算，其工程量并入天棚内。

③ 墙面保温隔热层工程量按设计图示尺寸以面积计算。扣除门窗洞口及面积大于 $0.3~m^2$ 梁、孔洞所占面积；门窗洞口侧壁以及与墙相连的柱，并入保温墙体工程量内。墙体及混凝土板下铺贴隔热层不扣除木框架及木龙骨的体积。其中外墙保温基层砂浆找平层、中间保温隔热层、外侧网格布保护层均按保温隔热层中心线长度计算，内墙按隔热层净长度计算。

④ 柱、梁保温隔热层工程量按设计图示尺寸以面积计算。柱按设计图示柱断面保温层中心线展开长度乘高度以面积计算，扣除面积大于 $0.3~m^2$ 梁所占面积。梁按设计图示梁断面保温层中心线展开长度乘保温层长度以面积计算。

⑤ 楼地面保温隔热层工程量按设计图示尺寸以面积计算，扣除面积大于 $0.3~m^2$ 柱、垛及单个孔洞所占面积，门洞、空圈、暖气包槽、壁龛的开口部分不增加面积。

⑥ 其他保温隔热层工程量按设计图示尺寸以展开面积计算，扣除面积大于 $0.3~m^2$ 孔洞及占位面积。

⑦ 大于 $0.3~m^2$ 孔洞侧壁周围及梁头、连系梁等其他零星工程保温隔热工程量，并入墙面的保湿隔热层工程量内。柱帽保温隔热层，并入天棚保温隔热层工程量内。

⑧ 保温层排气管按设计图示尺寸以长度计算，不扣除管件所占长度，保温层排气孔以数量计算。

⑨ 防火隔离带工程量按设计图示尺寸以面积计算。

⑩ 计算公式。

a. 地面保温隔热层工程量计算。

$$V = S_d d \tag{6-72}$$

式中　V——地面保温隔热层工程量，m^3；

　　　　S_d——室内地面净面积，m^2；

　　　　d——设计保温隔热层厚度，m。

b. 墙体保温隔热层工程量计算。

$$V = (S_Q - S_D)d + V_墙 \tag{6-73}$$

式中　V——墙体保温隔热层工程量，m^3；

　　　　S_Q——砌体垂直面积；

S_D——砌体中洞口面积；

d——保温隔热材料厚度，m；

$V_增$——需要增加的体积，m^3。

【例6-31】 图6-89所示为冷库平面图及剖面图。设计墙体、地面均采用软木保温隔热层，厚度为0.1 m；顶棚做带龙骨的保温隔热层，厚度为500 mm。计算该冷库室内保温隔热层工程量。

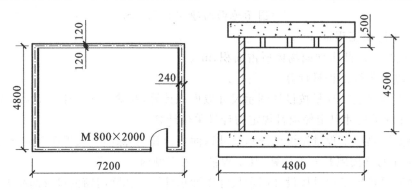

图6-89 冷库平面图及剖面图

【解】 （1）地面软木保温隔热层工程量
$$V=[(7.2-0.12\times2)\times(4.8-0.12\times2)]\times0.1=3.17\ (m^3)$$

（2）墙体软木保温隔热层工程量
$$V=\{[(4.8-0.24)\times(4.5-0.5)\times2]+(7.2-0.24)\times(4.5-0.5)\times2-0.8\times2\}\times0.1$$
$$=9.06\ (m^3)$$

（3）顶棚龙骨保温隔热层工程量
$$V=(7.2-0.12\times2)\times(4.8-0.12\times2)\times0.5=15.87\ (m^3)$$

【例6-32】 如图6-90所示，酸池内贴耐酸瓷砖，求块料耐酸瓷砖的工程量（设瓷砖、结合层、找平层厚度合计为80 mm）。

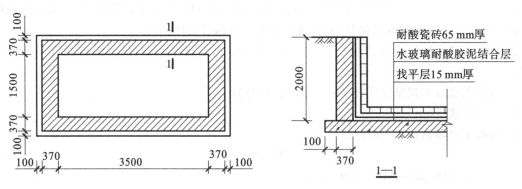

图6-90 酸池结构示意图

【解】 （1）池底板耐酸瓷砖工程量
$$S_1=3.5\times1.5=5.25\ (m^2)$$

（2）池壁耐酸瓷砖工程量
$$S_2=(3.5+1.5-2\times0.08)\times2\times(2-0.08)=18.59\ (m^2)$$

6.2.10 模板工程工程量计算

6.2.10.1 模板工程概述

混凝土中的模板一般有组合钢模板、复合木模板、木模板、定型钢模板、竹胶合板模板、滑升模板等。

模板工程占钢筋混凝土工程总价的 20%～30%,占劳动量的 30%～40%,占工期的 50%左右,它决定着施工方法和施工机械的选择,直接影响工期和造价。

模板基本元件如图 6-91 所示。基础模板、柱模板、楼板模板、楼梯模板如图 6-92～图 6-95 所示。

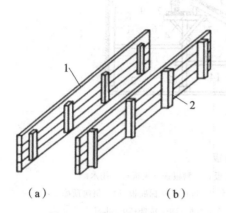

（a） （b）

图 6-91 模板基本元件图

（a）一般拼板;（b）梁侧板的拼板

1—板条;2—拼条

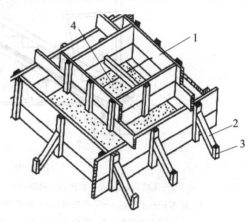

图 6-92 基础模板

1—拼板;2—斜撑;3—木桩;4—铁丝

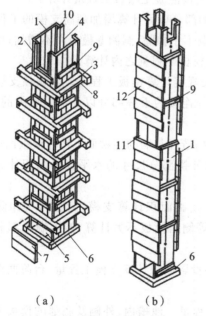

（a） （b）

图 6-93 柱模板

（a）拼板柱模板;（b）短横板柱模板

1—内拼板;2—外拼板;3—柱箍;4—梁缺口;5—清理孔;

6—木框;7—盖板;8—拉紧螺栓;9—拼条;10—三角木条;

11—浇筑孔;12—短横板

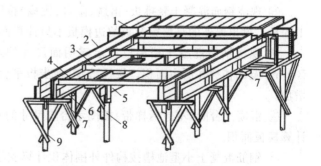

图 6-94 楼板模板

1—楼板模板;2—梁侧模板;3—楞木;4—托木;5—杠木;

6—夹木;7—短撑木;8—杠木撑;9—顶撑

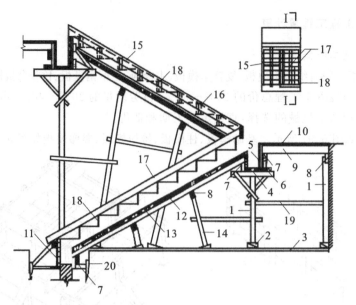

图 6-95　楼梯模板

1—支柱(顶撑)；2—木楔；3—垫板；4—平台梁底板；5—侧板；6—夹板；7—托木；
8—杠木；9—木楞；10—平台底板；11—梯基侧板；12—斜木楞；13—楼梯底板；14—斜向顶撑；
15—外帮板；16—横档木；17—反三角板；18—踏步侧板；19—拉杆；20—木桩

6.2.10.2　模板工程工程量计算规则

(1) 现浇钢筋混凝土构件模板工程量计算

① 现浇混凝土构件的模板工程量,除另有规定者外,均按混凝土项目工程量计算。

② 现浇构件的支模高度以 3.6 m 为准,超过 3.6 m 的部分应另计算增加超高支模的工程量。

③ 现浇混凝土墙、板上单孔面积在 0.3 m² 以内的孔洞不予扣除,洞侧壁模板亦不增加;单孔面积在 0.3 m² 以上时应予扣除,洞侧壁模板面积并入墙、板模板工程量之内计算。

④ 现浇钢筋混凝土框架应分别按柱、梁、板、墙的有关规定计算模板工程量。附墙柱支模工程量并入所在墙的模板工程量内。柱与梁、柱与墙、梁与梁等连接的重叠部分以及伸入墙内的梁头、板头部分均不计算模板面积。

⑤ 构造柱外露面应按图示外露部分计算模板面积。构造柱与墙的接触面不计算模板面积。

⑥ 现浇钢筋混凝土悬挑板(雨篷、阳台、挑檐)按图示外挑部分尺寸的水平投影面积计算支模工程量。挑出墙外的悬臂梁及板的边模板不另计算面积。

⑦ 现浇钢筋混凝土楼梯以图示露明面尺寸的水平投影面积计算支模工程量,不扣除小于 500 mm 宽的楼梯井所占面积。楼梯踏步、踏步板平台梁等侧面模板不另计算,伸入墙内部分亦不增加。

⑧ 混凝土台阶(不包括梯带)按图示台阶尺寸的水平投影面积计算支模工程量,台阶两侧不另计算模板面积。

⑨ 钢筋混凝土小型池槽按构件外围体积计算支模工程量。池槽内、外侧及底部的模板不另计算工程量。

(2) 预制钢筋混凝土构件模板工程量计算

① 对于预制钢筋混凝土的模板工程量,除另有规定者外,均按混凝土实体体积以立方米(m³)计算。

② 小型池槽按外形体积以立方米计算。

③ 预制桩尖按虚体积以立方米计算,不扣除桩尖虚体积部分的工程量。

$$预制桩尖体积＝桩的断面面积×桩尖长 \qquad (6-74)$$

(3) 钢筋混凝土构筑物模板工程量计算

① 对于钢筋混凝土构筑物的模板工程量,除另有规定者外,均按以上现浇、预制构件模板工程的有关规则计算。

② 大型池槽模板工程量应分别按基础、墙、板、梁、柱等模板工程的有关规则计算。

③ 液压滑升钢模板施工的烟筒、水塔塔身、贮仓,均按混凝土体积以立方米(m³)计算。预制倒圆锥形水塔罐壳模板工程量按混凝土体积以立方米(m³)计算。

④ 预制倒圆锥形水塔罐壳组装、提升、就位等的模板工程量,按不同容积以座计算。

6.2.11 脚手架工程工程量计算

6.2.11.1 脚手架工程概述

(1) 脚手架的概念

脚手架是在施工现场为实现工人操作并解决垂直和水平运输而搭设的各种支架。其是建筑界的通用术语,主要用于建筑工地上外墙、内部装修或层高较高无法直接施工的地方。脚手架的制作材料通常有竹、木、钢管和合成材料等。随着建筑施工技术的发展,脚手架的种类愈来愈多,目前主要使用的是钢管脚手架。

① 按搭设立杆的排数分类:单排架、双排架、满堂架。

② 按搭设用途分类:砌筑架、装修架、防护架。

③ 按搭设位置分类:外脚手架、里脚手架。

④ 按钢管组合形式分类:扣件式、门式、碗扣式、承插式。

⑤ 按脚手架支承特点分类:落地式外脚手架、挂式脚手架、挑式脚手架、吊式脚手架、升降式附壁脚手架。

⑥ 按所用材料分类:木脚手架、竹脚手架、钢管脚手架。

⑦ 按定额分类:单项脚手架、综合脚手架。

(2) 单项脚手架

单项脚手架包括外脚手架,里脚手架,满堂脚手架,挑脚手架,悬空脚手架和水平、垂直防护架等。

① 外脚手架是指沿建筑物外墙外围搭设的脚手架,有单排脚手架和双排脚手架两种,主要用于外墙砌筑和外墙的外部装修。

② 里脚手架是指沿室内墙面搭设的脚手架,主要用于内墙砌筑、室内装修和框架外墙砌筑及围墙等。

③ 满堂脚手架是指在工作面内满设的脚手架,主要用于满堂基础和室内顶棚的安装、装饰等。

④ 挑脚手架是指从建筑物内部通过窗洞口向外挑出的脚手架,主要用于挑檐等凸出墙外部分的施工。

⑤ 悬空脚手架主要用于高度超过 3.6 m、有屋架建筑物的屋面板底面油漆、抹灰、勾缝和屋架油漆等施工。

⑥ 水平、垂直防护架是指在脚手架以外单独搭设,用于车辆通道、人行通道的防护和施工面与高压线及其他物体间的隔离防护的装置。

（3）综合脚手架

综合脚手架是指一个单位工程在全部施工工程中常用的各种脚手架的总体。这个总体除定额中规定可另行计算的特殊脚手架外，一般包括砌筑、浇筑、吊装、抹灰、油漆、涂料等所需的脚手架、运料斜道、上料平台、金属卷扬机架等。凡是能够按"建筑面积计算规则"计算建筑面积的建筑工程，均按综合脚手架定额计算脚手架摊销费。凡不能按"建筑面积计算规则"计算建筑面积的建筑工程，施工组织设计规定需搭设脚手架时，按相应单项脚手架定额计算脚手架摊销费。

（4）脚手架的作用及基本要求

脚手架的作用：满足施工需要，为保证工程质量和提高功效创造条件，为加快施工提供工作面，确保施工人员的人身安全。

脚手架的基本要求：

① 脚手架要有足够的牢固性和稳定性，保证满足施工期间所规定的荷载要求或在气候条件的影响下不变形、不摇晃、不倾斜，能确保作业人员的人身安全。

② 要有足够的面积满足堆料、运输、操作和行走的要求。

③ 构造要简单，搭设、拆除和搬运要方便，使用要安全。

6.2.11.2　脚手架工程工程量计算的有关说明

① 建筑物外墙脚手架。凡设计室外地坪至檐口（女儿墙上表面）的砌筑高度在 15 m 以下的，按单排脚手架计算；砌筑高度在 15 m 以上，或虽不足 15 m，但外墙门窗及装饰超过外墙表面积 60%，或采用竹制脚手架时，均应按双排脚手架计算。

② 建筑物内墙脚手架。凡设计室内地坪至顶板下表面（或山墙高度 1/2 处）的砌筑高度在 3.6 m 以下的，按里脚手架计算；凡砌筑高度超过 3.6 m 的，按单排脚手架计算。

③ 石砌墙体脚手架。凡砌筑高度超过 1 m，按外墙脚手架计算。

④ 计算内、外墙脚手架工程量时，均不扣除门窗洞口、空圈洞口等所占面积。

⑤ 同一建筑物具有不同的高度时，应按不同高度分别计算工程量，如图 6-96 所示。

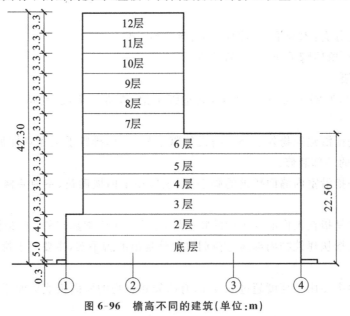

图 6-96　檐高不同的建筑（单位：m）

⑥ 现浇钢筋混凝土框架柱、梁或砌筑砖柱的脚手架，均按双排脚手架计算工程量。

⑦ 围墙脚手架。凡室外自然地坪至围墙顶面的砌筑高度在 3.6 m 以下的，按里脚手架计算；

砌筑高度超过 3.6 m 时,按单排脚手架计算工程量。

⑧ 室内天棚装饰面的脚手架。凡装饰面距室内地坪高度在 3.6 m 的,应按满堂脚手架计算。计算了满堂脚手架后,墙面装饰工程不再计算脚手架的工程量。

⑨ 采用滑升模板施工的钢筋混凝土柱、烟囱、筒仓等不另计算脚手架工程量。

⑩ 砌筑储仓脚手架按双排脚手架计算工程量。

⑪ 储水(油)池、大型设备基础的脚手架。凡距地坪高度超过 1.2 m 的,均按双排脚手架计算。

⑫ 整体钢筋混凝土满堂基础的脚手架。凡宽度超过 3 m 的,按其底板面积计算满堂脚手架。

6.2.11.3 单项脚手架工程的工程量计算规则

(1) 砌筑脚手架的工程量计算

① 外墙脚手架的工程量,按外墙外边线总长乘外墙的砌筑高度以平方米(m²)计算。凸出外墙面的宽度在 24 cm 以内的墙垛、附墙烟囱等不另计算脚手架工程量,但凸出外墙面宽度超过24 cm 时,按其图示尺寸展开面积计算,并入外墙脚手架的工程量内。

② 内墙脚手架的工程量,按装饰墙面的垂直投影面积以平方米(m²)计算。

③ 砌筑独立柱脚手架的工程量,按图示柱外围周长另加 3.6 m 乘柱高以平方米(m²)计算。

(2) 现浇钢筋混凝土框架脚手架工程量计算

① 现浇钢筋混凝土柱的脚手架工程量,按柱图示周长另加 3.6 m 乘柱高以平方米(m²)计算。

② 现浇钢筋混凝土梁、墙的脚手架工程量,按设计室内地坪或楼板上表面至楼板底之间的高度,乘梁、墙的净长,以平方米(m²)计算。

【例 6-33】 图 6-97 所示的某办公楼为 4 层砖混结构,檐口标高为 14.40 m,层高 3.60 m,楼板厚 0.12 m,室内外高差 0.30 m。试计算该建筑内、外墙脚手架工程量。

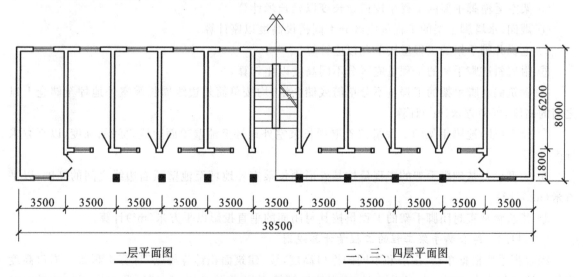

图 6-97 某办公楼示意图

【解】 办公楼的檐口高度为 14.4+0.3=14.7 (m),外脚手架按钢管单排脚手架计算。室内净高为 3.6-0.12=3.48 (m),内墙脚手架按里脚手架计算,也采用钢管脚手架。

(1) 钢管单排外脚手架工程量

外墙外边线长度:

$$L_外=(38.5+0.24+8+0.24+1.8-0.24)\times2=97.08\text{（m）}$$

外脚手架工程量：

$$S_外=(14.4+0.3)\times97.08=1427.08\text{（m}^2\text{）}$$

（2）内墙钢管里脚手架工程量

内墙净长度：

$$L_净=(6.2-0.24)\times10=59.60\text{（m）}$$

内墙里脚手架工程量：

$$S_内=(3.6-0.12)\times59.6\times4=829.63\text{（m}^2\text{）}$$

（3）满堂脚手架的工程量计算

① 满堂脚手架的工程量按搭设的水平投影面积计算，不扣除垛、柱所占的面积。

② 满堂脚手架的基本层：满堂脚手架高度从设计地坪至施工顶面为 4.5～5.2 m 时，按基本层计算。

③ 满堂脚手架的增加层：当设计高度超过 5.2 m 时，每增加 1.2 m 按增加 1 层计算，增加层的高度在 0.6 m 以内时按一个增加层乘系数 0.5 计算。

$$满堂脚手架的增加层=\frac{室内净高度-5.2}{1.2} \tag{6-75}$$

（4）其他脚手架的工程量计算

① 水平防护架的工程量按实际铺板的水平投影面积计算。

② 垂直防护架的工程量按自然地坪至最上一层横栏之间的搭设高度乘实际搭设长度以平方米（m²）计算。

③ 架空运输脚手架的工程量按搭设长度以延长米计算。

④ 烟囱、水塔脚手架的工程量应区分不同搭设高度以座计算。

⑤ 电梯井脚手架的工程量按单孔以座计算。

⑥ 附属斜道脚手架的工程量应区分不同高度以座计算。

⑦ 砌筑储仓脚手架的工程量不分单筒或储仓组，均按单筒外边线周长乘室外地坪至储仓上口之间的高度，以平方米（m²）计算。

⑧ 储水（油）池脚手架的工程量按外壁周长乘室外地坪至池壁顶面边线之间的高度，以平方米（m²）计算。

⑨ 大型设备基础脚手架的工程量按其外形周长乘室外地坪至池壁顶面边线之间的高度，以平方米（m²）计算。

⑩ 建筑物垂直封闭脚手架的工程量按其封闭面的垂直投影以平方米（m²）计算。

6.2.11.4 综合脚手架工程的工程量计算规则

综合脚手架根据单层、多层和不同的檐口高度，按"建筑面积计算规则"计算工程量。檐口高度是指建筑物的滴水高度。对于平屋面，从室外地坪算至屋面板底（图 6-98），凸出屋面的楼梯出口间、电梯间、水箱间等不计算檐高（图 6-99）。屋顶上的特殊构筑物（如葡萄架等）和女儿墙的高度也不计入檐口高度。

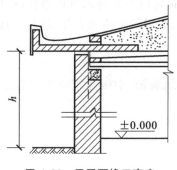

图 6-98 平屋面檐口高度

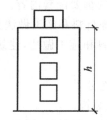

图 6-99 有凸出屋面建筑的檐口高度

【例 6-34】 某 7 层办公楼为钢筋混凝土空心板屋面结构,室外地坪标高—0.300 m,每层层高 3.3 m,屋面板板厚 120 mm,建筑面积为 2296 m²,试计算综合脚手架的工程量。

【解】 该建筑可用"建筑面积计算规则"计算建筑面积,按定额规定计算综合脚手架工程量。

$$综合脚手架工程量＝建筑面积＝2296 \ m^2$$

$$檐口高度＝3.3×7－0.12＋0.3＝23.28 \ (m)$$

套用定额中多层建筑檐口高度在 24 m 以内的子项目。

6.3 装饰工程工程计量

6.3.1 装饰工程概述

6.3.1.1 装饰工程的概念

建筑装饰工程是建筑工程的重要组成部分。它是在建筑主体结构工程完成之后,为保护建筑物主体结构,完善建筑物的使用功能和美化建筑物,采用装饰装修材料或饰物对建筑物的内外表面及空间进行各种处理,以满足人们对建筑产品的物质要求和精神需要。从建筑学上讲,装饰是一种艺术创作活动,是建筑物三大基本要求之一。装饰工程的内容是广泛的、多方面的,可有多种分类方法。

(1) 按装饰部位分类

按装饰部位不同,装饰工程可分为室内装饰(或内部装饰)、室外装饰和环境装饰等。

① 室内装饰。

室内装饰是对建筑物室内进行的建筑装饰,通常包括楼地面、墙柱面、墙裙、踢脚线、天棚、室内门窗(包括门窗套、贴脸、窗帘盒及窗台等)、楼梯及栏杆(板)。

室内装饰设施包括给排水与卫生设备、电气与照明设备、暖通设备、用具、家具以及其他装饰设备。

② 室外装饰。

室外装饰也称室外建筑装饰,内容包括外墙面、柱面、外墙裙(勒脚)、腰线、屋面、檐口、檐廊、阳台、雨篷、遮阳棚、遮阳板、外墙门窗(包括防盗门、防火门、外墙门窗套、花窗、老虎窗)、台阶、散水、落水管、花池(或花台)、其他室外装饰(如楼牌、招牌、装饰条、雕塑等外露部分)。

③ 环境装饰。

环境装饰包括围墙、院落大门、灯饰、假山、喷水、雕塑小品、院内(或小区)绿化以及各种供人们

休闲小憩的凳椅、亭阁等装饰物。室外环境装饰和建筑物内外装饰的有机融合,可使居住环境、城市环境和社会环境协调统一,营造出优雅、美观、舒适、温馨的生活和工作氛围。因此,环境装饰是现代建筑装饰的重要配套内容。

（2）按装饰材料和施工做法分类

按装饰材料和施工做法,建筑装饰可分为高级建筑装饰、中级建筑装饰和普通建筑装饰三个等级。

（3）按用途分类

① 保护性装饰。

② 功能装饰,起保温、隔热、防火等作用。

③ 饰面装饰,可起改善人类工作、生活环境的作用。

④ 空间利用装饰,如隔板、壁柜、吊柜。

（4）按结构分类

按结构,装饰工程主要分为门窗工程、吊顶工程、隔墙工程、抹灰工程、饰面板（砖）工程、楼地面工程、涂料工程、刷浆工程、裱糊工程。

6.3.1.2　装饰工程的作用

（1）满足使用功能的要求

任何空间都要满足一定的使用功能要求。装饰工程的作用是根据功能要求对现有的建筑空间进行适当的调整,以使建筑空间能更好地为功能服务。

（2）满足人们对审美的要求

人们除了对空间有功能要求外,还对空间有审美要求,这种要求随着社会的发展迅速提升。这就要求装饰工程完成以后,不但要满足使用功能的要求,还要满足使用者的审美要求。

（3）保护建筑结构

装饰工程不但不能破坏原有的建筑结构,而且要对建筑过程中没有很好保护的建筑结构进行补充保护。装饰工程采用现代装饰材料及科学合理的施工工艺,对建筑结构进行有效的包覆施工,使其免受风吹雨打、湿气侵袭、有害介质的腐蚀以及机械作用的伤害等,从而起到保护建筑结构、增强耐久性、延长建筑物使用寿命的作用。

6.3.2　装饰分类

6.3.2.1　装饰涂料饰面

① 涂料:涂在物体表面形成完整的漆膜,并能与物体表面牢固黏合的物质。

② 特点:质地轻,色彩鲜明,附着力强,施工简便,省工、省料,维修方便,质感丰富,价廉质好以及耐水、耐污染、耐老化。

③ 分类。

a. 按使用部位,涂料分为外墙涂料、内墙涂料、地面涂料。

b. 按漆膜光泽强弱,涂料分为无光、半光、有光涂料。

c. 按形成的涂膜质地,涂料分为薄质涂料、厚质涂料和粒状涂料。

d. 按涂膜形成物质中树脂的含量,涂料分为有机涂料（溶剂型、无溶剂型、水溶型和水乳胶型）、无机涂料和复合涂料。

6.3.2.2　墙纸类饰面

① 墙纸,又称壁纸,是一种应用相当广泛的室内装饰材料。墙纸具有色彩多样、图案丰富、安全环保、施工方便、价格适宜等多种其他室内装饰材料无法比拟的特点,在日本、欧美、东南亚等发

达国家和地区得到了相当程度的普及。

②按材质,壁纸可分为纸质壁纸、胶面壁纸、壁布(纺织壁纸)、金属壁纸、天然材质类壁纸、防火壁纸、特殊效果壁纸。

③壁画是墙壁上的艺术,即人们直接画在墙面上的画。作为建筑物的附属部分,它的装饰和美化功能使它成为环境艺术的一个重要方面。壁画为人类历史上最早的绘画形式之一。其分类与墙纸类似,常见的有金箔壁画、银箔壁画等。

6.3.2.3 板材类饰面

(1) 实木板

我们利用实木板较多的地方是门扇和地板。其结构和特性如下。

①结构:实木板是采用完整木材制成的木板材。其优点为材质坚固耐用;表面纹路自然;属于环保型产品,无污染性。其缺点为价格高,施工工艺要求高。

②特性:天然纹理自然美观,强度高,材质好;尺寸稳定、不变形,能"小材大用",劣材优用,可制得满足各种尺寸、形状要求的木构件,是一种新型的功能性结构木质板材。

(2) 人造板

目前使用的板材大多是人工加工出来的人造板材。人造板分为细木工板、刨花板、密度板、夹板、装饰面板。

6.3.2.4 玻璃类饰面

玻璃是一种较为透明的固体物质,是在熔融时形成连续网络结构,冷却过程中黏度逐渐增大并硬化而不结晶的硅酸盐类非金属材料。普通玻璃化学氧化物的组成为 $Na_2O \cdot CaO \cdot 6SiO_2$,主要成分是二氧化硅。其广泛应用于建筑物中,用来隔风透光。

精装修工程中,玻璃简单分为普通平板玻璃、钢化玻璃、磨砂玻璃、夹胶玻璃、中空玻璃、热弯玻璃、艺术玻璃等。

6.3.2.5 陶瓷墙砖

①陶瓷墙砖按用途分为内墙砖、外墙砖、地砖。

②陶瓷墙砖按材质分为瓷质砖、半瓷质砖、陶质砖。

6.3.2.6 石材饰面

石材饰面按装饰效果分为抛光面、磨光面、切割面、火烧面、凿击面、斧剁面、喷砂面、蘑菇面、打楔面。

6.3.2.7 金属板饰面

金属板饰面是指用于建筑装饰工程中的金属装饰材料,主要为金、银、铜、铝、铁及其合金。钢和铝合金以其优良的力学性能、较低的价格而被广泛应用。在建筑装饰工程中主要应用的是金属材料的板材、型材及其制品。近代将各种涂层、着色工艺用于金属材料,不但大大改善了金属材料的抗蚀性能,而且赋予了金属材料多变、华丽的外表,也确立了其在建筑装饰艺术中的地位。

①建筑装饰中常用的钢材有不锈钢、彩色不锈钢、彩色涂层钢板、涂色镀锌钢板、建筑用压型钢板、轻钢龙骨等。

②建筑装饰中常用铝和铝合金制品。铝合金以其特有的结构和独特的建筑装饰效果被广泛用于建筑工程中,如铝合金门窗,铝合金柜台、货架,铝合金装饰板,铝合金龙骨吊顶等。我国铝合金门窗的起点较高,发展较快。现在,我国已有平开铝窗、推拉铝窗、平开铝门、推拉铝门、铝制地弹簧门等几十种铝合金门窗投入市场。

③铜及铜合金。铜又称紫铜,因为它常呈紫红色。纯铜的密度为 8.98 g/cm³,熔点为 1083 ℃,导

电性、导热性好（仅次于银）、耐蚀性好。其强度较低，塑性较高，不适宜用作结构材料，主要用于制造导电器材或配制各种铜合金。

6.3.3　楼地面工程工程量计算

6.3.3.1　楼地面工程概述

楼地面工程分为楼面工程与地面工程两部分。地面是指建筑物内部和周围地表的铺筑层，构造一般为面层、垫层和基层（素土夯实），如图 6-100 所示。楼面是指楼层表面的铺筑层，构造一般为面层、填充层和楼板，如图 6-101 所示。

当楼地面的基本构造不能满足使用或构造要求时，可增设结合层、隔离层、填充层、找平层等其他构造层次。

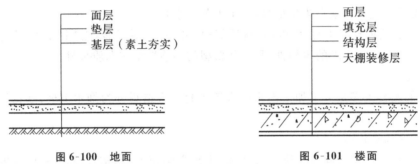

图 6-100　地面　　　　　　　　　图 6-101　楼面

6.3.3.2　地面分类

① 按面层材料，地面分为灰土、三合土、菱苦土、水泥砂浆混凝土、水磨石、陶瓷锦砖、木、砖、塑料等。

② 按面层结构，地面分为块料面层地面（木地板，大理石、花岗岩地面，陶瓷面砖）、整体面层地面（现浇水磨石地面、现浇混凝土地面）、涂布面层地面。

6.3.3.3　楼地面的构造层次及作用

① 结构层（基层）：承受并传递荷载。

② 中间层：有功能层（防潮，防水，管线敷设等）、找平层、结合层等。

③ 面层：耐磨，防腐蚀，具有使人舒适和美化外观的作用，同时承受各种化学、物理作用。

④ 顶棚：遮挡管线，安装灯具等。

6.3.3.4　楼地面工程工程量计算规则

（1）楼地面找平层及整体面层

楼地面找平层及整体面层按设计图示尺寸以面积计算。扣除凸出地面构筑物、设备基础、室内铁道、地沟等所占面积，不扣除间壁墙及单个面积小于或等于 0.3 m² 柱、垛、附墙烟囱及孔洞所占面积。门洞、空圈、暖气包槽、壁龛的开口部分不增加面积。

（2）块料面层、橡塑面层

① 块料面层、橡塑面层及其他材料面层按设计图示尺寸以面积计算，门洞、空圈、暖气包槽、壁龛的开口部分并入相应的工程量内。

② 石材拼花按最大外围尺寸以矩形面积计算。有拼花的石材地面，按设计图示尺寸扣除拼花的最大外围矩形面积计算。

③ 点缀按"个"计算，计算主体铺贴地面面积时，不扣除点缀所占面积。

④ 石材底面刷养护液包括侧面涂刷,工程量按设计图示尺寸以底面积计算。

⑤ 石材表面刷保护液按设计图示尺寸以表面积计算。

⑥ 石材勾缝按石材设计图示尺寸以面积计算。

(3) 踢脚线

踢脚线按设计图示长度乘高度以面积计算。楼梯靠墙踢脚线(含锯齿形部分)贴块料按设计图示面积计算。

(4) 楼梯面层

楼梯面层按设计图示尺寸以楼梯(包括踏步、休息平台及小于或等于 500 m 的楼梯井)水平投影面积计算。楼梯与楼地面相连时,算至梯口梁内侧边沿;无梯口梁者,算至最上一层踏步边沿加 300 mm,带门或门洞的封闭楼梯间按楼梯间整体水平投影面积计算。

(5) 台阶面层

台阶面层按设计图示尺寸以台阶(包括最上层踏步边沿加 300 m)水平投影面积计算。

(6) 零星项目

零星项目按设计图示尺寸以面积计算。

(7) 分格嵌条

分格嵌条按设计图示尺寸以延长米计算。

(8) 块料楼地面

块料楼地面做酸洗打蜡者,按设计图示尺寸以表面积计算。

6.3.4 墙、柱面装饰与隔断、幕墙工程工程量计算

6.3.4.1 墙、柱面装饰与隔断、幕墙工程概述

墙面装饰是指建筑物空间垂直面的装饰,如墙面抹灰、镶贴块料面层、木墙面及木墙裙、幕墙、隔断、隔墙等。

6.3.4.2 墙、柱面装饰与隔断、幕墙工程计算规则

(1) 抹灰

① 内墙面、墙裙抹灰应扣除门窗洞口和单个面积大于 0.3 m² 的空圈所占的面积,不扣除踢脚线、挂镜线及单个面积小于或等于 0.3 m² 的孔洞和墙与构件交接处的面积。且门窗洞口、空圈、孔洞的侧壁面积亦不增加,附墙柱的侧面抹灰应并入墙面、墙裙抹灰工程量内计算。

② 内墙面、墙裙的长度以主墙间的图示净长计算,墙面高度按室内地面至天棚底面净高计算,墙面抹灰面积应扣除墙裙抹灰面积,对于墙面和墙裙抹灰种类相同者,工程量合并计算。

③ 外墙抹灰面积按垂直投影面积计算,应扣除门窗洞口、外墙裙(墙面和墙裙抹灰种类相同者应合并计算)和单个面积大于 0.3 m² 的孔洞所占面积,不扣除单个面积小于或等于 0.3 m² 的孔洞所占面积,门窗洞口及孔洞侧壁面积亦不增加。附墙柱侧面抹灰面积应并入外墙面抹灰工程量内计算。

④ 柱抹灰按结构断面周长乘抹灰高度计算。

⑤ 装饰线条抹灰按设计图示尺寸以长度计算。

⑥ 装饰抹灰分格嵌缝按抹灰面面积计算。

⑦ 零星项目按设计图示尺寸以展开面积计算。

(2) 块料面层

① 挂贴石材零星项目中柱墩、柱帽是按圆弧形成品考虑的,按其圆的最大外径以周长计算;其

他类型的柱帽、柱墩工程量按设计图示尺寸以展开面积计算。

② 镶贴块料面层，按镶贴表面积计算。

粘贴块料（如粘贴大理石板）是用水泥砂浆或高强胶结剂把块料板粘贴于墙的基层上。该方法适用于危险性小的内墙面和墙裙。

③ 柱镶贴块料面层按设计图示饰面外围尺寸乘高度以面积计算。

（3）墙饰面

① 龙骨、基层、面层墙饰面项目按设计图示饰面尺寸以面积计算，扣除门窗洞口及单个面积大于 0.3 m² 的空圈所占的面积，不扣除单个面积小于或等于 0.3 m² 的孔洞所占面积，门窗洞口及孔洞侧壁面积亦不增加。

② 柱（梁）饰面的龙骨、基层、面层按设计图示饰面尺寸以面积计算，柱帽、柱墩并入相应柱面积计算。

（4）幕墙、隔断

① 玻璃幕墙、铝板幕墙以框外围面积计算；半玻璃隔断、全玻璃幕墙如有加强肋者，工程量按其展开面积计算。

② 隔断按设计图示框外围尺寸以面积计算，扣除门窗洞口及单个面积大于 0.3 m² 的孔洞所占面积。

6.3.5　天棚装饰工程工程量计算

6.3.5.1　天棚装饰工程概述

对于室内空间上部的结构层或装修层。出于室内美观及保温隔热的需要，多数设顶棚（吊顶），把屋面的结构层隐蔽起来，以满足室内使用要求。顶棚又称天花、天棚、平顶，可分为如下两类。

（1）直接式顶棚

直接式顶棚是指直接在楼板底面进行抹灰或粉刷、粘贴等而形成的顶棚，一般用于装修要求不高的房间。其要求和做法与内墙装饰相同。

对于直接式顶棚，屋顶（或楼板层）的结构下表面直接露于室内空间。现代建筑中有时用钢筋混凝土浇成井字梁、网格，或用钢管网架构成结构顶棚，以显示结构美。

（2）悬吊式顶棚

悬吊式顶棚是为了对一些楼板底面极不平整或在楼板底敷设管线的房间加以修饰美化，或为了满足较高隔声要求而在楼板下部空间所做的装修。

在屋顶（或楼板层）结构下另吊挂的顶棚，即悬吊式顶棚，又称吊顶棚、吊顶。吊顶棚可节约空调的能量消耗，结构层与吊顶棚之间可作布置设备管线之用。

吊顶的类型多种多样，按结构形式可分为以下几种。

① 整体性吊顶。

它是指天棚面形成一个整体，没有分格的吊顶形式。其龙骨一般为木龙骨或槽型轻钢龙骨，面板用胶合板、石膏板等。也可在龙骨上先钉灰板条或钢丝网，然后用水泥砂浆抹平形成吊顶。

② 活动式装配吊顶。

它是将其面板直接搁在龙骨上，通常与倒 T 形轻钢龙骨配合使用。这种吊顶的龙骨外露，形成纵横分格的装饰效果，且施工安装方便，又便于维修，是目前推广应用的一种吊顶形式。

③ 隐蔽式装配吊顶。

它是指龙骨不外露，饰面板表面平整，整体效果较好的一种吊顶形式。

④ 开敞式吊顶。

它是通过特定形状的单元体及其组合形成的,吊顶的饰面是敞口的,如木格栅吊顶、铝合金格栅吊顶。它具有良好的装饰效果,多用于重要房间的局部装饰。

吊顶棚的外观形式有以下几种。

① 连片式。其将整个吊顶棚做成平直或弯曲的连续体。这种吊顶棚常用于室内面积较小,层高较低,或有较高卫生和光线反射要求的房间,如一般居室、手术室、小教室、卫生间、洗衣房等。

② 分层式。在同一室内空间,根据使用要求将局部吊顶棚降低或升高,构成不同形状的分层小空间,或将吊顶棚从横向或纵向、环向构成不同的层次,利用错层处来布置灯槽、送风口等设施。分层式吊顶棚适用于中、大型室内空间,如活动室、会堂、餐厅、音乐厅、体育馆等。

③ 立体式。将整个吊顶棚按一定规律或图形进行分块,安装凹凸较深的具有船形、角锥、箱形外观的预制块材,具有良好的韵律感和节奏感。在布置时,可根据要求嵌入各种灯具、风口、消防喷头等设施。这种吊顶棚对声音具有漫射效果,适用于各种尺寸和用途的房间,尤其适用于大厅和录音室。

④ 悬空式。把杆件、板材或薄片吊挂在结构层下,形成格栅状、井格状或自由状的悬空层。上部的天然光或人工照明通过悬空层挂件的漫射和光影交错,照度均匀柔和,富于变化。悬空式吊顶棚常用于供娱乐活动用的房间,可以活跃室内空间气氛。在一些有声学要求的空间,如录音棚、体育馆等,还可根据需要吊挂各种吸声材料。

吊顶棚通常由面层、基层和吊杆三部分组成。

① 面层。面层做法可分现场抹灰(即湿作业)和预制安装两种。现场抹灰时,一般在灰板条、钢板网上抹掺有纸筋、麻刀、石棉或人造纤维的灰浆。抹灰劳动量大,易出现龟裂,甚至有可能成块破损脱落,适用于小面积吊顶棚。预制安装所用预制板块,除木、竹制的板块以及各种胶合板、刨花板、纤维板、甘蔗板、木丝板以外,还有各种预制钢筋混凝土板、纤维水泥板、石膏板以及金属板、塑料板、金属和塑料复合板等。还可用晶莹光洁和具有强烈反射性能的玻璃、镜面、抛光金属板做吊顶面层,以增加室内高度感。

② 基层主要用来固定面层,可单向或双向(成框格形)布置木龙骨,将面板钉在龙骨上。为了节约木材和提高防火性能,现多用薄钢带或铝合金制成的 U 形或 T 形轻型吊顶龙骨,面板用螺钉固定,或卡入龙骨的翼缘,或直接搁放,这样既可简化施工,又便于维修。中、大型吊顶棚还设置有主龙骨,以减小吊顶棚龙骨的跨度。

③ 吊杆又称吊筋,多数情况下,顶棚借助吊杆均匀悬挂在屋顶或楼板层的结构层下。吊杆可用木条、钢筋或角钢来制作。金属吊杆上最好附有便于安装和固定面层的各种调节件、接插件、挂插件。顶棚也可不用吊杆而通过基层的龙骨直接搁在大梁或圈梁上,称为自承式吊顶棚。

6.3.5.2 天棚装饰工程工程量计算规则

(1) 天棚抹灰工程量计算规定

天棚抹灰,按设计结构尺寸以展开面积计算,不扣除间壁墙、垛、柱、附墙烟囱、检查口和管道所占的面积。带梁天棚的梁两侧抹灰面积并入天棚面积内,板式楼梯底面抹灰面积(包括踏步、休息平台以及小于或等于 500 m 宽的楼梯井)按水平投影面积乘系数 1.15 计算,锯齿形楼梯底板抹灰面积(包括踏步、休息平台以及小于或等于 500 mm 宽的楼梯井)按水平投影面积乘系数 1.37 计算。

(2) 天棚吊顶工程量计算规定

① 天棚龙骨按主墙间水平投影面积计算,不扣除间壁墙、垛、柱、附墙烟囱、检查口和管道所占面积,扣除单个面积大于 0.3 m² 的孔洞、独立柱及与天棚相连的窗帘盒所占的面积。斜面龙骨按

斜面计算。

② 天棚吊顶的基层和面层均按设计图示尺寸以展开面积计算。天棚面中的灯槽及跌级、阶梯式、锯齿形、吊挂式、藻井式天棚按展开面积计算。不扣除间壁墙、垛、柱、附墙烟囱、检查口和管道所占面积，扣除单个面积大于 $0.3 \mathrm{~m}^2$ 的孔洞、独立柱及与天棚相连的窗帘盒所占的面积。

③ 格栅吊顶、藤条造型悬挂吊顶、织物软雕吊顶和装饰网架吊顶，按设计图示尺寸以水平投影面积计算。吊筒吊顶以最大外围水平投影尺寸，以外接矩形面积计算。

（3）天棚其他工程量计算规定

① 灯带（槽）按设计图示尺寸以框外围面积计算。

② 送风口、回风口及灯光孔按设计图示数量计算。

【例 6-35】 图 6-102 所示为某建筑物一室内墙面。试计算大理石墙裙和木龙骨、木工板基层，榉木板面层的工程量。

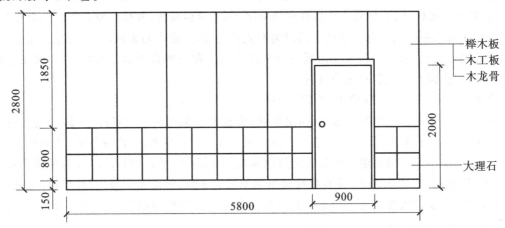

图 6-102　某建筑物一室内墙面

【解】 大理石墙裙工程量：
$$M_1 = (5.8 - 0.9) \times 0.8 = 3.92 \ (\mathrm{m}^2)$$

榉木板面层工程量：
$$M_2 = 5.8 \times 1.85 - (2 - 0.15 - 0.8) \times 0.9 = 9.79 \ (\mathrm{m}^2)$$

木龙骨、木工板基层工程量同榉木板面层工程量。

6.3.6　门窗装饰工程工程量计算

6.3.6.1　门窗的功能及分类

（1）门的功能

① 水平交通与疏散。

② 围护与分隔。

③ 采光与通风。

④ 装饰。

（2）窗的功能

① 采光。

② 通风。

③ 装饰。

（3）门窗的分类

① 按启闭方式划分,有平开门窗、推拉门窗、旋转门窗、固定窗、悬窗、百叶窗、纱窗。

② 按门窗功能划分,有普通门窗、隔音门窗、防火门窗、防水防潮门窗、保温门窗、防爆门窗。

③ 按门窗材质划分,有木门窗、钢门窗、铝合金门窗、塑料门窗、复合材料门窗。

④ 按门窗扇数量和门窗框构造划分,有单扇门窗、双扇门窗、多扇门窗,固定扇门窗、无固定扇门窗,带亮子门窗、不带亮子门窗。

6.3.6.2　门窗装饰工程工程量计算规则

（1）木门

① 成品木门框安装按设计图示框的中心线长度计算。

② 成品木门扇安装按设计图示扇面积计算。

③ 成品套装木门安装按设计图示数量计算。

④ 木质防火门安装按设计图示洞口面积计算。

（2）金属门、窗

① 铝合金门窗（飘窗、阳台封闭窗除外）、塑钢门窗均按设计图示门、窗洞口面积计算。

② 门连窗按设计图示洞口面积分别计算门、窗面积,其中窗的宽度算至门框的外边线。

③ 纱门、纱窗扇按设计图示扇外围面积计算。

④ 飘窗、阳台封闭窗按设计图示框型材外边线尺寸以展开面积计算。

⑤ 钢质防火、防盗门按设计图示门洞口面积计算。

⑥ 防盗窗按设计图示窗框外围面积计算。

⑦ 彩板钢门窗按设计图示门、窗洞口面积计算。彩板钢门窗附框按框中心线长度计算。

（3）金属卷帘（闸）

金属卷帘（闸）按设计图示卷帘门宽度乘卷帘门高度（包括卷帘箱高度）以面积计算,电动装置安装按设计图示套数计算。

（4）厂库房大门、特种门

厂库房大门、特种门按设计图示门洞口面积计算。

（5）其他门

① 全玻有框门扇按设计图示扇边框外边线尺寸以扇面积计算。

② 全玻无框（条夹）门扇按设计图示扇面积计算,高度算至条夹外边线,宽度算至玻璃外边线。

③ 全玻无框（点夹）门扇按设计图示玻璃外边线尺寸以扇面积计算。

④ 无框亮子按设计图示门框与横梁或立柱内边缘尺寸以玻璃面积计算。

⑤ 全玻转门按设计图示数量计算。

⑥ 不锈钢伸缩门按设计图示延长米计算。

⑦ 传感和电动装置按设计图示套数计算。

（6）门钢架、门窗套

① 门钢架按设计图示尺寸以质量计算。

② 门钢架基层、面层按设计图示饰面外围尺寸展开面积计算。

③ 门窗套（筒子板）龙骨、面层、基层均按设计图示饰面外围尺寸展开面积计算。

④ 成品门窗按设计图示饰面外围尺寸展开面积计算。

（7）窗台板、窗帘盒、窗帘轨

① 窗台板按设计图示长度乘宽度以面积计算。图纸未注明尺寸的，窗台板长度可按窗框的外围宽度两边共加 10 mm 计算。窗台板凸出墙面的宽度按墙面外加 50 mm 计算。

② 窗帘盒、窗帘轨按设计图示长度计算。

（8）门五金

① 木板大门带小门者，每樘增加 100 mm 合页 2 个，125 mm 拉手 2 个，木螺钉 30 个。

② 钢木大门带小门者，每樘增加铁件 5 kg，100 mm 合页 2 个，125 mm 拉手 1 个，木螺钉 20 个。

6.3.7　喷涂、油漆、裱糊装饰工程工程量计算

6.3.7.1　喷涂、油漆、裱糊装饰工程概述

喷（刷）涂料和油漆具有良好的装饰效果及保护被装饰构件的功能。涂料是随着合成树脂的发展和应用而出现的，是一种不含油的油漆，如目前被大量采用的乳胶漆。裱糊主要是指各类墙壁纸的粘贴。

6.3.7.2　工程量计算规则

① 楼地面、顶棚面、墙、柱、梁面、抹灰面的喷（刷）涂料、油漆工程量，均按楼地面、顶棚面、墙、柱、梁面装饰工程的相应工程量计算规则计算。

② 木材面油漆与涂料工程量的计算。

a. 木门油漆项目按单层木门编制。其他如双层木门、单层全玻门等执行"单层木门油漆"定额，工程量按相应计算规则计算并乘规定的系数。常见的项目见表 6-21。

表 6-21　　　　　　　　　**执行单层木门油漆定额的其他项目工程量系数表**

项目名称	系数	工程量计算方法
单层木门	1.00	按单面洞口面积计算
单层半玻门	0.85	
单层全玻门	0.75	
全百叶门	1.70	
厂库房大门	1.10	

b. 木窗油漆项目按单层木窗编制。其他如双层木窗、木百叶窗等执行"单层木窗油漆"定额，工程量按相应计算规则计算并乘规定的系数。常见的项目见表 6-22。

表 6-22　　　　　　　　　**执行单层木窗油漆定额的其他项目工程量系数表**

项目名称	系数	工程量计算方法
单层玻璃窗	1.00	按单面洞口面积计算
双层（一玻一纱）窗	1.36	
三层（二玻一纱）窗	2.00	
木百叶窗	1.50	

c. 木扶手油漆项目按木扶手(不带托板)编制。其他木扶手如带托板及窗帘盒等执行"木扶手(不带托板)油漆"定额的其他项目,工程量按相应计算规则计算并乘规定的系数。常见的项目见表6-23。

表 6-23　　　　　　　　**执行木扶手油漆定额的其他项目工程量系数表**

项目名称	系数	工程量计算方法
木扶手(不带托板)	1.00	按延长米计算
木扶手(带托板)	2.50	
窗台板、窗帘盒	0.83	
挂衣板、黑板框	0.52	
挂镜线、窗帘棍	0.35	

d. 其他木材面的油漆执行"其他木材面油漆"定额,工程量按相应计算规则计算并乘规定的系数。常见的项目见表6-24。

表 6-24　　　　　　　**执行其他木材面油漆定额的其他项目工程量系数表**

项目名称	系数	工程量计算方法
木板、纤维板、胶合板	1.00	按长×宽计算
清水板条顶棚、檐口	1.07	
木方格吊顶顶棚	1.20	
吸音板、墙面、顶棚面	0.87	
木护墙、墙裙	0.91	
屋面板(带檩条)	1.11	按斜长×宽计算
木间壁、木隔断	1.90	按单面外围面积计算
木栅栏、木栏杆(带扶手)	1.82	
木屋架	1.79	按跨度(长)×中高×1/2计算
衣柜、壁柜	0.91	按投影面积(不展开)计算
零星木装修	0.87	按展开面积计算

e. 木地板油漆项目按木地板编制。其他如木踢脚线、木楼梯等执行"木地板油漆"定额,工程量按相应计算规则计算并乘规定的系数。常见的项目见表6-25。

表 6-25　　　　　　　　**执行木地板油漆定额的其他项目工程量系数表**

项目名称	系数	工程量计算方法
木地板、木踢脚线	1.00	按长×宽所得面积计算
木楼梯(不包括底面)	2.30	按水平投影面积计算

③ 金属面油漆工程量的计算。

a. 钢门窗油漆项目按单层钢门窗编制。其他如双层钢门窗、钢百叶门、金属间壁墙执行"单层钢门窗油漆"定额的其他项目,工程量按相应计算规则计算并乘规定的系数。常见的项目见表6-26。

表 6-26　　　　　　执行单层钢门窗油漆定额的其他项目工程量系数表

项目名称	系数	工程量计算方法
单层钢门窗	1.00	按洞口面积计算
双层（一玻一纱）钢门窗	1.48	
钢百叶门	2.74	
满钢门或包铁皮门	1.63	
钢折叠门	2.30	
间壁	1.85	按长×宽计算
射线防护门	2.96	按框（扇）外围面积计算
厂库房平开、推拉门	1.70	
铁丝网大门	0.81	
平板屋面	0.74	按斜长×宽所得面积计算
排水、伸缩缝盖板	0.78	按展开面积计算

b. 执行"其他金属面油漆"定额的其他项目，工程量按相应计算规则计算并乘规定的系数，如钢屋架、天窗架、钢柱、钢爬梯等。常见的项目见表 6-27。

表 6-27　　　　　　执行其他金属面油漆定额的其他项目工程量系数表

项目名称	系数	工程量计算方法
钢屋架、天窗架、挡风	1.00	按质量（t）计算
墙架（空腹式）	0.50	
轻型屋架	1.42	
钢柱、吊车梁等	0.63	
操作台、走台、制动梁	0.71	
钢爬梯	1.18	
零星铁件	1.32	

④ 抹灰面油漆与涂料工程量的计算。

常见的槽形板底、混凝土折板底、密肋板底、井字梁底的油漆、涂料工程量按表 6-28 计算。

表 6-28　　　　　　抹灰面油漆与涂料工程量系数表

项目名称	系数	工程量计算方法
槽形板底、混凝土折板底	1.30	按长×宽所得面积计算
有梁板底	1.10	
密肋板底、井字梁底	1.50	
混凝土平板式楼梯底	1.30	按水平投影面积计算

【例 6-36】　图 6-103 所示为某单层建筑物室内墙、柱面刷乳胶漆工程。试计算墙、柱面乳胶漆工程量。考虑吊顶，乳胶漆涂刷高度按 3.3 m 计算。

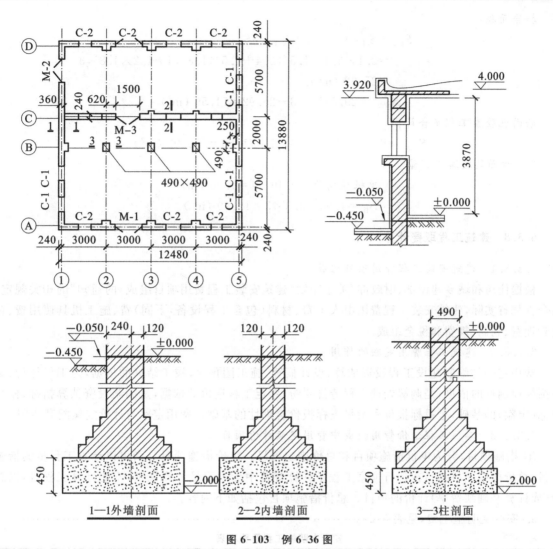

图 6-103　例 6-36 图

【解】　（1）墙面乳胶漆工程量

① ©～①室内墙面乳胶漆工程量。

室内周长：

$$L_{内1}=(12.48-0.36\times2+5.7-0.12\times2)\times2+0.25\times8$$
$$=36.44（m）$$

扣除面积：

$$S_{扣1}=S_{M-2}+S_{M-3}+2S_{C-1}+4S_{C-2}$$
$$=1.2\times2.7+1.5\times2.4+1.5\times1.8\times2+1.2\times1.8\times4$$
$$=20.88（m^2）$$

$$S_{墙面1}=36.44\times3.3-20.88=99.37（m^2）$$

② ④～©$_{1～5}$室内墙面乳胶漆工程量。

室内周长：

$$L_{内2}=(12.48-0.36\times2+2-0.12\times2)\times2+0.25\times10$$
$$=29.54（m）$$

扣除面积：

$$S_{扣2} = S_{M-1} + S_{M-3} + 4S_{C-1} + 3S_{C-2}$$
$$= 2.1 \times 2.4 + 1.5 \times 2.4 + 1.5 \times 1.8 \times 4 + 1.2 \times 1.8 \times 3$$
$$= 25.92 \ (m^2)$$
$$S_{墙面2} = 29.54 \times 3.3 - 25.92 = 71.56 \ (m^2)$$

墙面乳胶漆工程量合计：

$$S_{墙面} = S_{墙面1} + S_{墙面2} = 99.37 + 71.56 = 170.93 \ (m^2)$$

（2）柱面乳胶漆工程量

$$单根柱周长 = 0.49 \times 4 = 1.96 \ (m)$$
$$S_{柱} = 1.96 \times 3.3 \times 3 = 19.40 \ (m^2)$$

6.3.8　建筑工程取费计算

6.3.8.1　建筑安装工程费用项目组成

根据住房和城乡建设部、财政部"关于印发《建筑安装工程费用项目组成》的通知"的相关规定，结合吉林省实际，建筑安装工程费用由人工费、材料（包含工程设备，下同）费、施工机具使用费、企业管理费、利润、规费和税金组成。

6.3.8.2　建筑工程费用定额的作用

费用定额是编制建设工程投资估算、设计概算、施工图预算、竣工结算的依据，是工程计价、编制招标控制价的依据，是调解处理工程造价纠纷、鉴定工程造价的依据，是编制投资估算指标、概算指标（定额）的基础，是投标报价和衡量投标报价合理性的基础。费用定额与计价定额配套使用。

6.3.8.3　单位工程造价费用组成中费用定额计价项目

① 措施项目，分为单价措施项目和总价措施项目。单价措施项目是指可以计算工程量的措施项目；总价措施项目是指在现行国家工程量计算规范中无工程量计算规则，不能计算工程量，以总价（或计算基础乘费率）计价的项目。总价措施项目包括如下内容。

a. 安全文明施工费，见表 6-29。

表 6-29　　　　　　　　　　安全文明施工费及费率表

工程类别	建筑工程	装饰工程
计取基数	人工费+机具费	人工费
费率	17.02%	7.04%

b. 夜间施工增加费：指在合同工程工期内，按设计或技术要求为保证工程质量必须在夜间连续施工增加的费用。其包括夜间补助费，夜间施工降效、夜间施工照明设备推销及照明用电等费用，内容详见 2013 年各专业工程量计算规范。从当日下午 6 时起计算 3～4 小时为 0.5 个夜班，5～8 小时为 1 个夜班，8 小时以上为 1.5 个夜班。

夜间施工增加费：每人每个夜班增加 65 元。

c. 非夜间施工增加费：为保证工程施工正常进行，在地下（暗）室、设备及大口径管道等特殊施工部位施工时所采用的照明设备的安拆、维护及照明用电等；在地下（暗）室等施工引起的人工工效降低以及由于人工工效降低引起的机械降效。

非夜间施工增加费：按地下（暗）室建筑面积每平方米 25 元计取。

d. 二次搬运费：指因施工场地条件限制而发生的材料、构配件、半成品等一次运输不能到达堆放地点,必须进行二次或多次搬运所产生的费用。

材料二次搬运费:按人工费的 0.51% 计取。

e. 冬雨季施工增加费:指在冬季或雨季施工需增加的临时设施、防滑、排除雨雪,人工及施工机械效率降低等费用,内容详见 2013 年各专业工程量计算规范。冬季施工日期:当年 11 月 1 日到次年 3 月 31 日。土方工程:当年 11 月 15 日到次年 4 月 15 日。

冬季施工增加费:按冬季施工期间完成人工费的 150% 计取。冬季在室内施工,室内温度达到正常施工条件的,按该项目冬季施工完成人工费的 30% 计取。

冻土定额项目,不再计取冬季施工增加费。

雨季施工增加费:按人工费的 0.59% 计取。

f. 地上地下设施、建筑物的临时保护设施费:在工程施工过程中,对已建成的地上地下设施和建筑物实行遮盖、封闭、隔离等必要保护措施所发生的费用。根据工程实际情况编制费用。

g. 已完工程及设备保护费:对已完工程及设备采取覆盖、包裹、封闭、隔离等必要保护措施所发生的费用。

h. 工程定位复测费:指工程施工过程中进行全部施工测量放线和复测工作的费用(表 6-30)。

表 6-30　　　　　　　　　　　　工程定位复测费及费率表

工程类别	建筑工程	装饰工程
计取基数	人工费+机具费	人工费
费率	1.75%	0.44%

② 企业管理费(表 6-31)。

表 6-31　　　　　　　　　　　　企业管理费及费率表

工程类别	建筑工程			装饰工程
	一类	二类	三类	
计取基数	人工费+机具费			人工费
费率	18.72%	17.51%	16.51%	22.64%

建筑物工程类别划分标准:工业、民用建筑工程必须符合两个指标才能被定为该类工程,见表 6-32。

表 6-32　　　　　　　　　　　　建筑物工程类别划分标准表

工程类型		分类指标	单位	一类	二类	三类
工业建筑	单层厂房	建筑面积	m²	>5000	>3000	≤3000
		高度	m	>21	>15	≤15
		跨度	m	>24	>18	≤18
	多层厂房	建筑面积	m²	>6000	>4000	≤4000
		高度	m	>30	>24	≤24
		跨度	m	>21	>18	≤18

续表

工程类型		分类指标	单位	一类	二类	三类
民用建筑	公用建筑	建筑面积	m²	＞8000	＞5000	≤5000
		高度	m	＞27	＞21	≤21
		跨度	m	＞24	＞18	≤18
	居住建筑	建筑面积	m²	＞8000	＞5000	≤5000
		高度	m	＞30	＞21	≤21
		层数	层	＞10	＞7	≤7

③ 规费。

a. 社会保险费：养老保险费、失业保险费、医疗保险费、住房公积金、生育保险费、工伤保险费六项合计，按人工费的 12.01% 计取。由建设单位在开工前统一缴纳工伤保险的工程，社会保险费按人工费的 11.52% 计取。

b. 残疾人就业保障金：按人工费的 0.48% 计取。

c. 防洪基础设施建设资金：按人工费的 0.48% 计取。

④ 利润：建设工程行业利润为人工费的 20%。

⑤ 税金：建筑业应征增值税税率为 10%。

税金的计取基数为税前工程造价，即人工费、材料费、施工机具使用费、企业管理费、措施项目费、规费、价差、利润等各项费用之和（各费用项目均以不包含增值税可抵扣进项税额的价格计算）。

⑥ 现场签证：现场签证的工程项目，能执行计价定额相应子目并按计价定额计算的，以及由省建设行政主管部门审批的补充估价表，可按本费用定额规定计取相应费用，其他现场签证的工程项目只计取税金。

⑦ 价差。包括人工价差、材料价差、机械价差，按规定计算，只计取税金。

6.3.8.4 建筑工程取费表程序表

建筑工程取费表程序表见表 6-33。

表 6-33　　　　　　　　　　　　　　**建筑工程取费表程序表**

序号	项目	建筑工程	装饰工程
一	人工费		
二	材料费		
三	机具费		
四	企业管理费	（人工费＋机具费）×费率	人工费×费率
五	措施项目费	1＋2＋3＋4＋5＋6＋7＋8＋9	
1	安全文明施工费	（人工费＋机具费）×费率	人工费×费率
2	夜间施工增加费	按规定计算	
3	非夜间施工增加费	按规定计算	
4	二次搬运费	人工费×费率	
5	冬季施工增加费	按规定计算	
6	雨季施工增加费	人工费×费率	

续表

序号	项目	建筑工程	装饰工程
7	地上地下设施、建筑物的临时保护设施费	按规定计算	
8	已完工程保护费	按规定计算	
9	工程定位复测费	（人工费＋机具费）×费率	人工费×费率
六	规费	1＋2＋3	
1	社会保险费	人工费×费率	
2	残疾人就业保障金	人工费×费率	
3	防洪基础设施建设资金	人工费×费率	
七	利润	人工费×费率	
八	价差（人工、材料、机械）	按规定计算	
九	税金	（一＋二＋三＋四＋五＋六＋七＋八）×费率	
十	工程造价	一＋二＋三＋四＋五＋六＋七＋八＋九	

【例 6-37】 某建筑工程为三类工程，预算表见表 6-34，依据费用定额编制工程费用表。

表 6-34   **建筑工程、装饰装修工程预算表**

序号	定额编号	项目名称	单位	工程量	基价/元	人工费	材料费	机械费
						其中/元		
1	A1-0018	人工挖三类土沟槽	100 m³	1	6795.36	6795.36		
2	A4-0001	砌筑砖基础	10 m³	1	3278.10	1278.42	1926.16	73.52
3	B1-0001	20 mm 砂浆找平层	100 m²	10	1753.35	1071.00	578.19	104.16
4	B1-0006	20 mm 水泥砂浆地面	100 m²	10	2149.78	1423.05	619.57	104.16

根据表 6-34，编制该建筑工程工程费用表（表 6-35）。

表 6-35   **工程费用表**

行号	序号	费用名称	合计/元	建筑工程 费率/%	建筑工程 金额/元	装饰装修工程 费率/%	装饰装修工程 金额/元
1	一	人工费	33014.28		8073.78		24940.50
2	二	材料费	13903.76		1926.16		11977.60
3	三	机械费	2156.72		73.52		2083.20
4	四	企业管理费	6991.65	16.51	1345.12	22.64	5646.53
5	五	措施项目费	3756.68		1616.78		2139.90
6	1	安全文明施工费		17.02	1386.67	7.04	1755.81
7	2	夜间施工增加费					
8	3	非夜间施工增加费					

续表

行号	序号	费用名称	合计/元	建筑工程		装饰装修工程	
				费率/%	金额/元	费率/%	金额/元
9	4	二次搬运费		0.51	41.18	0.51	127.20
10	5	冬季施工增加费					
11	6	雨季施工增加费		0.59	47.64	0.59	147.15
12	7	地上地下设施、建筑物的临时保护设施费					
13	8	已完工程保护费					
14	9	工程定位复测费		1.75	141.29	0.44	109.74
15	六	规费	4281.93		1047.16		3234.77
16	1	社会保险费		12.01	969.66	12.01	2995.35
17	2	残疾人就业保障金		0.48	38.75	0.48	119.71
18	3	防洪基础设施建设资金		0.48	38.75	0.48	119.71
19	七	利润	6602.86	20	1614.76	20	4988.10
20	八	价差					
21	1	人工价差					
22	2	材料价差					
23	3	机械价差					
24	九	税金	7070.79	10	1569.73	10	5501.06
25	十	含税工程造价	77778.67		17267.01		60511.66

6.4　工程量清单项目及计算规则

本节主要介绍房屋建筑与装饰工程工程量清单项目及计算规则。

6.4.1　工程量清单项目章、节、子目的划分说明

（1）建筑工程工程量清单项目与《全国统一建筑工程基础定额》

建筑工程工程量清单项目与《全国统一建筑工程基础定额》中的章、节、子目划分进行了适当对应衔接，以便广大建设工程造价从业者从熟悉的计价办法入手尽快适应新的计价规范。

（2）《全国统一建筑工程基础定额》说明

《全国统一建筑工程基础定额》内的楼地面工程、装饰工程分部（章）纳入装饰装修工程工程量清单项目及计算规则，脚手架工程、垂直运输工程等列入工程量清单措施项目费。

（3）建筑工程工程量清单项目"节"的设置

对于建筑工程工程量清单项目"节"的设置，个别节列入工程量清单措施项目费，如土石方工程施工降水、混凝土及钢筋混凝土模板等，还有个别节纳入装饰装修工程工程量清单项目，如普通木门窗的制作、安装等，其他基本未动。

(4) 建筑工程工程量清单项目"子目"的设置

建筑工程工程量清单项目"子目"的设置力求齐全,补充了新材料、新技术、新工艺、新施工方法的有关项目。设置的新项目有地下连续墙、旋喷桩、喷粉桩、锚杆支护、土钉支护、薄壳板、后浇带、膜结构、保温外墙等。

6.4.2 建筑工程工程量清单共性问题的说明

① 建筑工程工程量清单项目中的工程量是按建筑物或构筑物的实体净量计算,施工中所发生的材料、成品、半成品的各种制作、运输、安装等的一切损耗,应包括在报价内。

② 建筑工程工程量清单项目中所使用的钢材(包括钢筋、型钢、钢管等)均按理论质量计算,其理论质量与实际质量的偏差,应包括在报价内。

③ 设计规定或施工组织设计规定的已完工产品保护发生的费用列入工程量清单措施项目费。

④ 高层建筑所发生的人工降效、机械降效、施工用水加压等应包括在各分项报价内;卫生用临时管道应考虑在临时设施费用内。

⑤ 施工中所发生的施工降水、土方支护结构、施工脚手架、模板及支撑费用,垂直运输费用等,应列在工程量清单措施项目费内。

6.4.3 房屋建筑与装饰工程工程量清单项目及计算规则

房屋建筑与装饰工程工程量清单项目包括土(石)方工程,地基处理与边坡支护工程,桩基工程,砌筑工程,混凝土及钢筋混凝土工程,金属结构工程,木结构工程,门窗工程,屋面及防水工程,隔热、保温、防腐工程,楼地面装饰工程,墙、柱面装饰与隔断、幕墙工程,天棚工程,油漆、涂料、裱糊工程。

6.4.3.1 土(石)方工程

(1) 土方工程(编码:010101)

① 平整场地,应根据项目特征(土壤类别、弃土运距、取土运距),以"m²"为计量单位,工程量按设计图示尺寸以建筑物首层面积计算。其中工程内容包括:土方挖填、场地找平、运输。

② 挖一般方土,应根据项目特征(土壤类别、挖土深度、弃土运距),以"m³"为计量单位,工程量按设计图示尺寸以体积计算。其中工程内容包括:排地表水、土方开挖、围护(挡土板)及拆除、基底钎探、运输。

③ 挖沟槽土方,应根据项目特征(土壤类别、挖土深度、弃土运距),以"m³"为计量单位,工程量按设计图示尺寸以基础垫层底面积乘挖土深度计算。其中工程内容包括:排地表水、土方开挖、围护(挡土板)及拆除、基底钎探、运输。

④ 挖基坑土方,应根据项目特征(土壤类别、挖土深度、弃土运距),以"m³"为计量单位,工程量按设计图示尺寸以基础垫层底面积乘挖土深度计算。其中工程内容包括:排地表水、土方开挖、围护(挡土板)及拆除、基底钎探、运输。

⑤ 冻土开挖,应根据项目特征(冻土厚度、弃土运距),以"m³"为计量单位,工程量按设计图示尺寸开挖面积乘厚度以体积计算。其中工程内容包括:爆破、开挖、清理、运输。

⑥ 挖淤泥、流砂,应根据项目特征(挖掘深度、弃淤泥、流砂距离),以"m³"为计量单位,工程量按设计图示位置、界限以体积计算。其中工程内容包括:开挖、运输。

⑦ 管沟土方,应根据项目特征(土壤类别、管外径、挖沟深度、回填要求),以"m/m³"为计量单位,工程量以米计量,按设计图示以管道中心线长度计算;以立方米计量,按设计图示管底垫层面积

乘挖土深度计算;无管底垫层按管外径的水平投影面积乘挖土深度计算。不扣除各类井的长度,井的土方并入。其中工程内容包括:排地表水、土方开挖、围护(挡土板)及拆除、运输、回填。

(2) 石方工程(编码:010102)

① 挖一般石方,应根据项目特征(岩石类别、开凿深度、弃渣运距),以"m"为计量单位,工程量按设计图示尺寸以体积计算。其中工程内容包括:排地表水、凿石、运输。

② 挖沟槽石方,应根据项目特征(岩石类别、开凿深度、弃渣运距),以"m"为计量单位,工程量按设计图示尺寸沟槽底面积乘挖石深度以体积计算。其中工程内容包括:排地表水、凿石、运输。

③ 挖基坑石方,应根据项目特征(岩石类别、开凿深度、弃渣运距),以"m"为计量单位,工程量按设计图示尺寸基坑底面积乘挖石深度以体积计算。其中工程内容包括:排地表水、凿石、运输。

④ 挖管沟石方,应根据项目特征(岩石类别、管外径、挖沟深度),以"m/m³"为计量单位,工程量以米计量,按设计图示以管道中心线长度计算;以立方米计量,按设计图示截面面积乘长度计算。其中工程内容包括:排地表水、凿石、回填、运输。

(3) 回填(编码:010103)

① 回填方,应根据项目特征(密实度要求、填方材料品种、填方颗粒要求、填方来源、运距),以"m³"为计量单位,工程量按设计图示尺寸以体积计算。其中工程内容包括:运输、回填、压实。

② 余土弃置,应根据项目特征(废弃料品种、运距),以"m³"为计量单位,工程量按挖方清单项目工程量减利用回填方体积(整数)计算。其中工程内容包括:运输、回填、压实。

6.4.3.2　地基处理与边坡支护工程

(1) 地基处理(编码:010201)

① 换填垫层,应根据项目特征(材料种类及配比、压实系数、掺加剂品种),以"m³"为计量单位,工程量按设计图示尺寸以体积计算。其中工程内容包括:分层铺填、碾压、振密或夯实、材料运输。

② 铺设土工合成材料,应根据项目特征(部位、品种、规格),以"m²"为计量单位,工程量按设计图示尺寸以面积计算。其中工程内容包括:挖填锚固沟、铺设、固定、运输。

③ 预压地基,应根据项目特征(排水竖井种类、断面尺寸、排列方式、间距、深度、预压方法、预压荷载、预压时间、砂垫层厚度),以"m²"为计量单位,工程量按设计图示尺寸处理范围以面积计算。其中工程内容包括:设置排水竖井、盲沟、滤水管,铺设砂垫层、密封膜,堆载、卸载或抽气设备安装、抽真空,材料运输。

④ 夯实地基,应根据项目特征(夯击能量、夯击遍数、夯击点布置形式、间距、地耐力要求、夯填材料种类),以"m²"为计量单位,工程量按设计图示尺寸处理范围以面积计算。其中工程内容包括:铺设夯填材料、强夯、夯填材料运输。

⑤ 振冲密实(不填料),应根据项目特征(地层情况、振密深度、孔距),以"m²"为计量单位,工程量按设计图示尺寸处理范围以面积计算。其中工程内容包括:振冲加密、泥浆运输。

⑥ 振冲桩(填料),应根据项目特征(地层情况、空桩长度、桩长、桩径、填充材料种类),以"m/m³"为计量单位,工程量以米计量,按设计图示尺寸以桩长计算;以立方米计量,按设计桩截面面积乘桩长以体积计算。其中工程内容包括:振冲程控、填料、振实、材料运输、泥浆运输。

⑦ 砂石桩,应根据项目特征(地层情况、空桩长度、桩长、桩径、成孔方法、材料种类、级配),以"m/m³"为计量单位,工程量以米计量,按设计图示尺寸以桩长(包括桩尖)计算;以立方米计量,按设计桩截面面积乘桩长(包括桩尖)以体积计算。其中工程内容包括:成孔、填充、振实、材料运输。

⑧ 水泥粉煤灰碎石桩,应根据项目特征(地层情况、空桩长度、桩长、桩径、成孔方法、混合料强度等级),以"m"为计量单位,工程量按设计图示尺寸以桩长(包括桩尖)计算。其中工程内容包括:

成孔、混合料制作、灌注、养护、材料运输。

⑨ 深层搅拌桩,应根据项目特征(地层情况、空桩长度、桩长、桩截面尺寸、水泥强度等级、掺量),以"m"为计量单位,工程量按设计图示尺寸以桩长计算。其中工程内容包括:预搅下钻、水泥浆制作、喷浆搅拌提升成桩、材料运输。

⑩ 喷粉桩,应根据项目特征(地层情况、空桩长度、桩长、桩径、粉体种类、掺量、水泥强度等级、石灰粉要求),以"m"为计量单位,工程量按设计图示尺寸以桩长计算。其中工程内容包括:预搅下钻、喷粉搅拌提升成桩、材料运输。

⑪ 夯实水泥土桩,应根据项目特征(地层情况、空桩长度、桩长、桩径、成孔方法、水泥强度等级、混合料配比),以"m"为计量单位,工程量按设计图示尺寸以桩长(包括桩尖)计算。其中工程内容包括:成孔、夯底、水泥土拌和、填料、夯实、材料运输。

⑫ 高压喷射注浆桩,应根据项目特征(地层情况、空桩长度、桩长、桩截面、注浆类型、注浆方法、水泥强度等级),以"m"为计量单位,工程量按设计图示尺寸以桩长计算。其中工程内容包括:成孔、水泥浆制作、高压喷射注浆、材料运输。

⑬ 石灰桩,根据项目特征(地层情况、空桩长度、桩长、桩径、成孔方法、掺合料种类、配合比),以"m"为计量单位,工程量按设计图示尺寸以桩长(包括桩尖)计算。其中工程内容包括:成孔、混合料制作、运输、夯填。

⑭ 灰土(土)挤密桩,根据项目特征(地层情况、空桩长度、桩长、桩径、成孔方法、灰土级配),以"m"为计量单位,工程量按设计图示尺寸以桩长(包括桩尖)计算。其中工程内容包括:成孔、灰土拌和、运输、填充、夯实。

⑮ 柱锤冲扩桩,根据项目特征(地层情况、空桩长度、桩长、桩径、成孔方法、桩体材料种类、配合比),以"m"为计量单位,工程量按设计图示尺寸以桩长计算。其中工程内容包括:安(拔)套管、冲孔、填料、夯实、桩体材料制作与运输。

⑯ 注浆地基,根据项目特征(地层情况、空钻深度、注浆深度、注浆间距、浆液种类及配比、注浆方法、水泥强度等级),以"m/m³"为计量单位,工程量以米计量,按设计图示尺寸以钻孔深度计算;以立方米计量,按设计图示尺寸以加固体积计算。其中工程内容包括:成孔、注浆导管制作与安装、浆液制作、压浆、材料运输。

⑰ 褥垫层,根据项目特征(厚度、材料品种及比例),以"m²/m³"为计量单位,工程量以平方米计量,按设计图示尺寸以铺设面积计算;以立方米计量,按设计图示尺寸以体积计算。

(2) 地基与边坡处理(编码:010202)

① 地下连续墙,应根据项目特征(地层情况、导墙类型、截面、墙体厚度、成槽深度、混凝土种类、强度等级、接头形式),以"m³"为计量单位,工程量按设计图示墙中心线长乘厚度乘槽深以体积计算。其中工程内容包括:导墙挖填、制作、安装、拆除,挖土成槽、固壁、清底置换,混凝土制作、运输、灌注、养护,接头处理,土方、废泥浆外运,打桩场地硬化及泥浆池、泥浆沟。

② 咬合灌注桩,根据项目特征(地层情况、桩长、桩径、混凝土种类、强度等级,部位),以"m/根"为计量单位,工程量以米计量,按设计图示尺寸以桩长计算;以根计量,按设计图示数量计算。其中工程内容包括:成孔、固壁,混凝土制作、运输、灌注、养护,套管压拔,土方、废泥浆外运,打桩场地硬化及泥浆地、泥浆沟。

③ 圆木桩,根据项目特征(地层情况、桩长、材质、尾径、桩倾斜度),以"m/根"为计量单位,工程量以米计量,按设计图示尺寸以桩长(包括桩尖)计算;以根计量,按设计图示数量计算。其中工程内容包括:工作平台搭拆、桩机移位、桩靴安装、沉桩。

④ 预制钢筋混凝土板桩,根据项目特征(地层情况、送桩深度、桩长、桩截面、沉桩方法、连接方式、混凝土强度等级),以"m/根"为计量单位,工程量以米计量,按设计图示尺寸以桩长(包括桩尖)计算;以根计量,按设计图示数量计算。其中工程内容包括:工作平台搭拆、桩机移位、沉桩、板桩连接。

⑤ 型钢桩,根据项目特征(地层情况或部位、送桩深度、桩长、规格型号、桩倾斜度、防护材料种类、是否拔出),以"t/根"为计量单位,工程量以吨计量,按设计图示尺寸以质量计算;以根计量,按设计图示数量计算。其中工程内容包括:工作平台搭拆、桩机移位、打(拔)桩、接桩、刷防护材料。

⑥ 钢板桩,根据项目特征(地层情况、桩长、板桩厚度),以"t/m²"为计量单位,工程量以吨计量,按设计图示尺寸以质量计算;以平方米计量,按设计图示墙中心线乘桩长以面积计算。其中工程内容包括:工作平台搭拆、桩机移位、打(拔)钢板桩。

⑦ 锚杆(锚索),根据项目特征(地层情况,锚杆类型、锚杆部位、钻孔深度、钻孔直径、杆体材料品种、规格、数量、预应力、浆液种类、强度等级),以"m/根"为计量单位,工程量以米计量,按设计图示尺寸以钻孔深度计算;以根计量,按设计图示数量计算。其中工程内容包括:钻孔,浆液制作、运输,压浆,锚杆(锚索)制作、安装,张拉锚固,锚杆(锚索)施工平台搭设、拆除。

⑧ 土钉,根据项目特征(地层情况、钻孔深度、钻孔直径,置入方法,杆体材料种类、规格、数量,浆液种类、强度等级),以"m/根"为计量单位,工程量以米计量,按设计图示尺寸以钻孔深度计算;以根计量,按设计图示数量计算。其中工程内容包括:钻孔,浆液制作、运输、压浆,土钉制作、安装,土钉施工平台搭设、拆除。

⑨ 喷射混凝土、水泥砂浆,根据项目特征[部位、厚度、材料种类,混凝土(砂浆)类别、强度等级],以"m²"为计量单位,工程量按设计图示尺寸以面积计算。其中工程内容包括:修整边坡,混凝土(砂浆)制作、运输、喷射、养护,钻排水孔,安装排水管,喷射施工平台搭设、拆除。

⑩ 钢筋混凝土支撑,根据项目特征(部位、混凝土种类、混凝土强度等级),以"m³"为计量单位,工程量按设计图示尺寸以体积计算。其中工程内容包括:模板(支架或支撑)制作、安装、拆除、堆放、运输及清理模内杂物、刷隔离剂等,混凝土制作、运输、浇筑、振捣、养护。

⑪ 钢支撑,根据项目特征(部位、钢材品种、规格、探伤要求),以"t"为计量单位,工程量按设计图示尺寸以质量计算,不扣除孔眼质量,焊条、铆钉、螺栓等不另增加质量。其中工程内容包括:支撑、铁件制作(摊销、租赁)、安装、探伤、刷漆、拆除、运输。

6.4.3.3 桩基工程

(1) 打桩(编码 010301)

① 预制钢筋混凝土方桩,应根据项目特征(地层情况、送桩深度、桩长、桩截面、桩倾斜度、沉桩方法、接桩方式、混凝土强度等级),以"m/m³/根"为计量单位,工程量以米计量,按设计图示尺寸以桩长(包括桩尖)计算;以立方米计量,按设计图示截面面积乘桩长(包括桩尖)以实体积计算;以根计量,按设计图示数量计算。其中工程内容包括:工作平台搭拆,桩机竖拆、移位,沉桩、接桩、送桩。

② 预制钢筋混凝土管桩,应根据项目特征(地层情况、送桩深度、桩长、桩外径、壁厚、桩倾斜度、沉桩方法、桩尖类型、混凝土强度等级、填充材料种类、防护材料种类),以"m/m³/根"为计量单位,工程量以米计量,按设计图示尺寸以桩长(包括桩尖)计算;以立方米计量,按设计图示截面面积乘桩长(包括桩尖)以实体积计算;以根计量,按设计图示数量计算。其中工程内容包括:工作平台搭拆,桩机竖拆、移位,沉桩、接桩、送桩,桩尖制作、安装,填充材料、刷防护材料。

③ 钢管桩,应根据项目特征(地层情况、送桩深度、桩长、材质、管径、壁厚、桩倾斜度、沉桩方法、填充材料种类、防护材料种类),以"t/根"为计量单位,工程量以吨计量,按设计图示尺寸以质量

计算;以根计量,按设计图示数量计算。其中工程内容包括:工作平台搭拆,桩机竖拆、移位、沉桩、接桩、送桩,切割钢管、精割盖帽,管内取土,填充材料、刷防护材料。

④ 截(凿)桩头,应根据项目特征(桩类型、桩头截面、高度、混凝土强度等级、有无钢筋),以"m³/根"为计量单位,以立方米计量,按设计图示桩截面面积乘桩头长度以体积计算;以根计量,按设计图示数量计算。其中工程内容包括:截(切割)桩头、凿平、废料外运。

(2) 灌注桩(编号 010302)

① 泥浆护壁成孔灌注桩,应根据项目特征(地层情况、空桩长度、桩长、桩径、成孔方法、护筒类型、护筒长度、混凝土种类、混凝土强度等级),以"m/m³/根"为计量单位,工程量以米计量,按设计图示尺寸以桩长(包括桩尖)计算;以立方米计量,按不同截面在桩上范围内以体积计算;以根计量,按设计图示数量计算。其中工程内容包括:护筒埋设、成孔、固壁,混凝土制作、运输、灌注、养护,土方、废泥浆外运,打桩场地硬化及泥浆池、泥浆沟。

② 沉管灌注桩,应根据项目特征(地层情况、空桩长度、桩长、复打长度、桩径、沉管方法、桩尖类型、混凝土种类、混凝土强度等级),以"m/m³/根"为计量单位,工程量以米计量,按设计图示尺寸以桩长(包括桩尖)计算;以立方米计量,按不同截面在桩上范围内以体积计算;以根计量,按设计图示数量计算。其中工程内容包括:打(沉)拔钢管、桩尖制作、安装,混凝土制作、运输、灌注、养护。

③ 干作业成孔灌注桩,应根据项目特征(地层情况、空桩长度、桩长、桩径、扩孔直径、高度,成孔方法、混凝土种类、混凝土强度等级),以"m/m³/根"为计量单位,工程量以米计量,按设计图示尺寸以桩长(包括桩尖)计算;以立方米计量,按不同截面在桩上范围内以体积计算;以根计量,按设计图示数量计算。其中工程内容包括:成孔、扩孔,混凝土制作、运输、灌注、养护。

④ 挖孔桩土(石)方,应根据项目特征[地层情况、挖孔深度、弃土(石)运距],以"m³"为计量单位,工程量按设计图示尺寸(含护壁)截面面积乘挖土深度以立方米计算,或按设计图示以数量计算。其中工程内容包括:排地表水,挖土、凿石,基底钎探、运输。

⑤ 人工挖孔灌注桩,应根据项目特征(桩芯长度、桩芯直径、扩底直径、扩底高度,护壁厚度、高度,护壁混凝土种类、强度等级,桩芯混凝土种类、强度等级),以"m³/根"为计量单位,工程量以立方米计量,按桩芯混凝土体积计算;以根计量,按设计图示数量计算。其中工程内容包括:护壁制作,混凝土制作、运输、灌注、振捣、养护。

⑥ 钻孔压浆桩,应根据项目特征(地层情况、空钻长度、桩长、钻孔直径、水泥强度等级),以"m/根"为计量单位,工程量以米计量,按设计图示尺寸以桩长计算;以根计量,按设计图示数量计算。其中工程内容包括:钻孔,下注浆管,投放骨料,浆液制作、运输,压浆。

⑦ 灌注桩后压浆,应根据项目特征(注浆导管材料、规格、长度,单孔注浆量,水泥强度等级),以"孔"为计量单位,工程量按设计图示注浆孔数计算。其中工程内容包括:注浆导管制作、安装,浆液制作、运输,压浆。

6.4.3.4 砌筑工程

(1) 砖砌体(编码:010401)

① 砖基础,应根据项目特征(砖品种、规格、强度等级,基础类型,砂浆强度等级,防潮层材料种类),以"m³"为计量单位,工程量按设计图示尺寸以体积计算。其包括附墙垛基础宽出部分体积,扣除地梁(圈梁)、构造柱所占体积,不扣除基础大放脚T形接头处的重叠部分及嵌入基础内的钢筋、铁件、管道、基础砂浆防潮层和单个面积在 0.3 m² 以内的孔洞所占体积,靠墙暖气沟的挑槽不增加。基础长度外墙按中心线计算,内墙按净长线计算。其中工程内容包括:砂浆制作、运输,铺设垫层,砌砖,防潮层铺设,材料运输。

② 砖砌挖孔桩护壁，应根据项目特征（砖品种、规格、强度等级、砂浆强度等级），以"m³"为计量单位，工程量按设计图示尺寸以立方米计算。其中工程内容包括：砂浆制作、运输，砌砖，材料运输。

③ 实心砖墙、多孔砖墙、空心砖墙，应根据项目特征（砖品种、规格、强度等级，墙体类型，砂浆强度等级、配合比），以"m³"为计量单位，工程量按设计图示尺寸以体积计算。其应扣除门窗、洞口、嵌入墙内的钢筋混凝土柱、梁、圈梁、挑梁、过梁及凹进墙内的壁龛、管槽、暖气槽、消火栓箱所占体积；不扣除梁头、板头、檩头、垫木、木楞头、沿缘木、木砖、门窗走头、砖墙内加固钢筋、木筋、铁件、钢管及单个面积在 0.3 m² 以内的孔洞所占体积。凸出墙面的腰线、挑檐、压顶、窗台线、虎头砖、门窗套的体积亦不增加。凸出墙面的砖垛体积并入墙体体积内计算。

a. 墙长度：外墙按中心线计算，内墙按净长计算。

b. 墙高度计算如下。

（a）外墙：斜（坡）屋面无檐口顶棚者算至屋面板底；有屋架且室内外均有顶棚者算至屋架下弦底另加 200 mm；无顶棚者算至屋架下弦底另加 300 mm，出檐宽度超过 600 mm 时按实砌高度计算；平屋面算至钢筋混凝土板底。

（b）内墙：位于屋架下弦者，算至屋架下弦底；无屋架者算至顶棚底另加 100 mm；有钢筋混凝土楼板隔层者算至楼板顶；有框架梁者算至梁底。

（c）女儿墙：从屋面板上表面算至女儿墙顶面（有混凝土压顶时算至压顶下表面）。

（d）内、外山墙：按其平均高度计算。

c. 框架间墙：部分内外墙按墙体净尺寸以体积计算。

d. 围墙：高度算至压顶上表面（有混凝土压顶时算至压顶下表面），围墙柱体积并入围墙体积内计算。其中工程内容包括：砂浆制作、运输，砌砖，勾缝，砖压顶砌筑，材料运输。

④ 空斗墙，应根据项目特征（砖品种、规格、强度等级，墙体类型，砂浆强度等级、配合比），以"m³"为计量单位，工程量按设计图示尺寸以空斗墙外形体积计算。墙角、内外墙交接处、门窗洞口立边、窗台砖、屋檐处的实砌部分体积并入空斗墙体积内。其中工程内容包括：砂浆制作、运输，砌砖，装填充料，刮缝，材料运输。

⑤ 空花墙，应根据项目特征（砖品种、规格、强度等级，墙体类型，砂浆强度等级），以"m³"为计量单位，工程量按设计图示尺寸以空花部分外形体积计算，不扣除孔洞部分体积。其中工程内容包括：砂浆制作、运输，砌砖，装填充料，刮缝，材料运输。

⑥ 填充墙，应根据项目特征（砖品种、规格、强度等级，墙体类型，填充材料种类及厚度，砂浆强度等级、配合比），以"m³"为计量单位，工程量按设计图示尺寸以填充墙外形体积计算。其中工程内容包括：砂浆制作、运输，砌砖，装填充料，刮缝，材料运输。

⑦ 实心砖柱、多孔砖柱，应根据项目特征（砖品种、规格、强度等级，柱类型，砂浆强度等级、配合比），以"m³"为计量单位，工程量按设计图示尺寸以体积计算。扣除混凝土及钢筋混凝土梁垫、梁头、板头所占体积。其中工程内容包括：砂浆制作、运输，砌砖，刮缝，材料运输。

⑧ 砖检查井，应根据项目特征（井截面、深度，砖品种、规格、强度等级，垫层材料种类、厚度，底板厚度，井盖安装，混凝土强度等级，砂浆强度等级，防潮层材料种类），以"座"为计量单位，工程量按设计图示数量计算。其中工程内容包括：砂浆制作、运输，铺设垫层，底板混凝土制作、运输、浇筑、振捣、养护，砌砖，刮缝，井池底、壁抹灰，抹防潮层，材料运输。

⑨ 零星砌砖，应根据项目特征（零星砌砖名称、部位，砖品种、规格、强度等级，砂浆强度等级、配合比），以"m³/m²/m/个"为计量单位，工程量以立方米计算，按设计图示尺寸截面面积乘长度计算；以平方米计量，按设计图示尺寸水平投影面积计算；以米计量，按设计图示尺寸长度计算；以个

计量,按设计图示数量计算。其中工程内容包括:砂浆制作、运输,砌砖,刮缝,材料运输。

⑩ 砖散水、地坪,应根据项目特征(砖品种、规格、强度等级,垫层材料种类、厚度,散水、地坪厚度,面层种类、厚度,砂浆强度等级、配合比),以"m²"为计量单位,工程量按设计图示尺寸以面积计算。其中工程内容包括:土方挖、运、填,地基找平、夯实,铺设垫层,砌砖散水、地坪,抹砂浆面层。

⑪ 砖地沟、明沟,应根据项目特征(砖品种、规格、强度等级,沟截面尺寸,垫层材料种类、厚度,混凝土强度等级,砂浆强度等级),以"m"为计量单位,工程量按设计图示以中心线长度计算。其中工程内容包括:土方挖、运、填,铺设垫层,底板混凝土制作、运输、浇筑、振捣、养护,砌砖,刮缝、抹灰,材料运输。

(2) 砌块砌体(编码:010402)

① 砌块墙,应根据项目特征(墙体类型,砌块品种、规格、强度等级,砂浆强度等级),以"m³"为计量单位,工程量按设计图示尺寸以体积计算(与实心砖墙相同)。其中工程内容包括:砂浆制作、运输,砌砖、砌块,勾缝,材料运输。

② 砌块柱,应根据项目特征(墙体类型,砌块品种、规格、强度等级,砂浆强度等级),以"m³"为计量单位,工程量按设计图示尺寸以体积计算。扣除混凝土及钢筋混凝土梁垫、梁头、板头所占体积。其中工程内容包括:砂浆制作、运输,砌砖、砌块,勾缝,材料运输。

(3) 石砌体(编码:010403)

① 石基础,应根据项目特征(石料种类、规格,基础类型,砂浆强度等级),以"m³"为计量单位,工程量按设计图示尺寸以体积计算。包括附墙垛基础宽出部分体积,不扣除基础砂浆防潮层及单个面积在 0.3 m² 以内的孔洞所占体积,靠墙暖气沟的挑檐不增加体积。基础长度:外墙按中心线计算,内墙按净长计算。其中工程内容包括:砂浆制作、运输,吊装,砌石,防潮层铺设,材料运输。

② 石勒脚,应根据项目特征(石料种类、规格,石表面加工要求,勾缝要求,砂浆强度等级、配合比),以"m³"为计量单位,工程量按设计图示尺寸以体积计算。扣除单个 0.3 m² 以外的孔洞所占的体积。其中工程内容包括:砂浆制作、运输,吊装,砌石,石表面加工,勾缝,材料运输。

③ 石墙,应根据项目特征(石料种类、规格,石表面加工要求,勾缝要求,砂浆强度等级、配合比),以"m³"为计量单位,工程量按设计图示尺寸以体积计算(与实心砖墙相同)。其中工程内容包括:砂浆制作、运输,吊装,砌石,石表面加工,勾缝,材料运输。

④ 石挡土墙,应根据项目特征(石料种类、规格,石表面加工要求,勾缝要求,砂浆强度等级、配合比),以"m³"为计量单位,工程量按设计图示尺寸以体积计算。其中工程内容包括:砂浆制作、运输,吊装,砌石,变形缝、泄水孔、压顶抹灰,滤水层,勾缝,材料运输。

⑤ 石柱,应根据项目特征(石料种类、规格,石表面加工要求,勾缝要求,砂浆强度等级、配合比),以"m³"为计量单位,工程量按设计图示尺寸以体积计算。其中工程内容包括:砂浆制作、运输,吊装,砌石,石表面加工要求,勾缝,材料运输。

⑥ 石栏杆,应根据项目特征(石料种类、规格,石表面加工要求,勾缝要求,砂浆强度等级、配合比),以"m"为计量单位,工程量按设计图示长度计算。其中工程内容包括:砂浆制作、运输,吊装,砌石,石表面加工要求,勾缝,材料运输。

⑦ 石护坡,应根据项目特征(垫层材料种类、厚度,石料种类、规格,护坡厚度、高度,石表面加工要求,勾缝要求,砂浆强度等级、配合比),以"m³"为计量单位,工程量按设计图示尺寸以体积计算。其中工程内容包括:砂浆制作、运输,吊装,砌石,石表面加工要求,勾缝,材料运输。

⑧ 石台阶,应根据项目特征(垫层材料种类、厚度,石料种类、规格,护坡厚度、高度,石表面加工要求,勾缝要求,砂浆强度等级、配合比),以"m³"为计量单位,工程量按设计图示尺寸以体积计

算。其中工程内容包括:铺设垫层,石料加工,砂浆制作、运输,砌石,石表面加工要求,勾缝,材料运输。

⑨ 石坡道、石台阶,应根据项目特征(垫层材料种类、厚度,石料种类、规格,护坡厚度、高度,石表面加工要求,勾缝要求,砂浆强度等级、配合比),以"m²"为计量单位,工程量按设计图示以水平投影面积计算。其中工程内容包括:铺设垫层,石料加工,砂浆制作、运输,砌石,石表面加工要求,勾缝,材料运输。

⑩ 石地沟、明沟,应根据项目特征(沟截面尺寸,土壤类别、运距,垫层材料种类、厚度,石料种类、规格,石表面加工要求,勾缝要求,砂浆强度等级、配合比),以"m"为计量单位,工程量按设计图示以中心线长度计算。其中工程内容包括:土方挖、运、填,砂浆制作、运输,铺设垫层,砌石,石表面加工要求,勾缝,回填,材料运输。

（4）垫层（编码:010404）

垫层,应根据项目特征(垫层材料种类、配合比、厚度),以"m³"为计量单位,工程量按设计图示尺寸以立方米计算。其中工程内容包括:垫层材料的拌制,垫层铺设,材料运输。

6.4.3.5　混凝土及钢筋混凝土工程

（1）现浇混凝土基础（编码:010501）

① 垫层、带形基础、独立基础、满堂基础、桩承台基础,应根据项目特征(混凝土种类、混凝土强度等级),以"m³"为计量单位,工程量按设计图示尺寸以体积计算。不扣除伸入承台基础的桩头所占体积。其中工程内容包括:模板及支撑制作、安装、拆除、堆放、运输及清理模内杂物、刷隔离剂等,混凝土制作、运输、浇筑、振捣、养护。

② 设备基础,应根据项目特征(混凝土种类、混凝土强度等级、灌浆材料及其强度等级),以"m³"为计量单位,工程量按设计图示尺寸以体积计算。不扣除伸入承台基础的桩头所占体积。其中工程内容包括:模板及支撑制作、安装、拆除、堆放、运输及清理模内杂物、刷隔离剂等,混凝土制作、运输、浇筑、振捣、养护。

（2）现浇混凝土柱（编码:010502）

① 矩形柱、构造柱,应根据项目特征(混凝土种类、混凝土强度等级),以"m³"为计量单位,工程量按设计图示尺寸以体积计算。柱高:有梁板的柱高,应以柱基上表面(或楼板上表面)至上一层楼板上表面之间的高度计算;无梁板的柱高,应以柱基上表面(或楼板上表面)至柱帽下表面之间的高度计算;框架柱的柱高,应以柱基上表面至柱顶的高度计算;构造柱按全高计算,嵌接墙体部分并入柱身体积;依附柱上的牛腿和升板的柱帽,并入柱身体积计算。其中工程内容包括:模板及支撑制作、安装、拆除、堆放、运输及清理模内杂物、刷隔离剂等,混凝土制作、运输、浇筑、振捣、养护。

② 异形柱,应根据项目特征(柱形状、混凝土种类、混凝土强度等级),以"m³"为计量单位,工程量按设计图示尺寸以体积计算。柱高:有梁板的柱高,应以柱基上表面(或楼板上表面)至上一层楼板上表面之间的高度计算;无梁板的柱高,应以柱基上表面(或楼板上表面)至柱帽下表面之间的高度计算;框架柱的柱高,应以柱基上表面至柱顶的高度计算;构造柱按全高计算,嵌接墙体部分并入柱身体积;依附柱上的牛腿和升板的柱帽,并入柱身体积计算。其中工程内容包括:模板及支撑制作、安装、拆除、堆放、运输及清理模内杂物、刷隔离剂等,混凝土制作、运输、浇筑、振捣、养护。

（3）现浇混凝土梁（编码:010503）

基础梁、矩形梁、异形梁、圈梁、过梁、弧形梁、拱形梁,应根据项目特征(混凝土种类、混凝土强度等级),以"m³"为计量单位,工程量按设计图示尺寸以体积计算。伸入墙内的梁头、梁垫并入梁体积内计算。梁长:梁与柱连接时,梁长算至柱侧面;主梁与次梁连接时,次梁长算至主梁侧面。其中工程内容包括：模板及支撑制作、安装、拆除、堆放、运输及清理模内杂物、刷隔离剂等，混凝土制作、运输、浇筑、振捣、养护。

（4）现浇混凝土墙（编码：010504）

直形墙、弧形墙、短肢剪力墙、挡土墙，应根据项目特征（混凝土种类、混凝土强度等级），以"m^3"为计量单位，工程量按设计图示尺寸以体积计算。扣除门窗洞口及单个面积在 0.3 m^2 以上的孔洞所占体积，墙垛及凸出墙面部分并入墙体体积内计算。其中工程内容包括：模板及支撑制作、安装、拆除、堆放、运输及清理模内杂物、刷隔离剂等，混凝土制作、运输、浇筑、振捣、养护。

（5）现浇混凝土板（编码：010505）

① 有梁板、无梁板、平板、拱板、薄壳板、栏板，应根据项目特征（混凝土种类、混凝土强度等级），以"m^3"为计量单位，工程量按设计图示尺寸以体积计算。不扣除单个面积在 0.3 m^2 以内的孔洞所占体积。压形钢板混凝土楼板扣除构件内压形钢板所占体积。有梁板（包括主、次梁与板）按梁、板体积之和计算，无梁板按板和柱帽体积之和计算，各类板伸入墙内的板头并入板体积内计算，薄壳板的肋、基梁并入薄壳体积内计算。其中工程内容包括：模板及支撑制作、安装、拆除、堆放、运输及清理模内杂物、刷隔离剂等，混凝土制作、运输、浇筑、振捣、养护。

② 天沟、挑檐板，应根据项目特征（混凝土种类、混凝土强度等级），以"m^3"为计量单位，工程量按设计图示尺寸以体积计算。其中工程内容包括：模板及支撑制作、安装、拆除、堆放、运输及清理模内杂物、刷隔离剂等，混凝土制作、运输、浇筑、振捣、养护。

③ 雨篷、阳台板，应根据项目特征（混凝土种类、混凝土强度等级），以"m^3"为计量单位，工程量按设计图示尺寸以墙外部分体积计算。包括伸出墙外的牛腿和雨篷反挑檐的体积。其中工程内容包括：模板及支撑制作、安装、拆除、堆放、运输及清理模内杂物、刷隔离剂等，混凝土制作、运输、浇筑、振捣、养护。

④ 空心板，应根据项目特征（混凝土种类、混凝土强度等级），以"m^3"为计量单位，工程量按设计图示尺寸以墙外部分体积计算。空心板（GBF 高强薄壁蜂巢芯板等）应扣除空心部分体积。其中工程内容包括：模板及支撑制作、安装、拆除、堆放、运输及清理模内杂物、刷隔离剂等，混凝土制作、运输、浇筑、振捣、养护。

⑤ 其他板，应根据项目特征（混凝土种类、混凝土强度等级），以"m^3"为计量单位，工程量按设计图示尺寸以体积计算。其中工程内容包括：模板及支撑制作、安装、拆除、堆放、运输及清理模内杂物、刷隔离剂等，混凝土制作、运输、浇筑、振捣、养护。

（6）现浇混凝土楼梯（编码：010506）

直形楼梯、弧形楼梯，应根据项目特征（混凝土种类、混凝土强度等级），以"m^2/m^3"为计量单位，工程量以平方米计量，按设计图示尺寸以水平投影面积计算。不扣除宽度小于 500 mm 的楼梯井，伸入墙内部分不计算；以立方米计量，按设计图示尺寸以体积计算。其中工程内容包括：模板及支撑制作、安装、拆除、堆放、运输及清理模内杂物、刷隔离剂等，混凝土制作、运输、浇筑、振捣、养护。

（7）现浇混凝土其他构件（编码：010507）

① 散水、坡道，应根据项目特征（垫层材料种类、厚度，面层厚度，混凝土种类、强度等级，变形缝填塞材料种类），以"m^2"为计量单位，工程量按设计图示尺寸以水平投影面积计算。不扣除单个面积在 0.3 m^2 以内的孔洞所占面积。其中工程内容包括：地基夯实，铺设垫层，模板及支撑制作、安装、拆除、堆放、运输及清理模内杂物、刷隔离剂等，混凝土制作、运输、浇筑、振捣、养护，变形缝填塞。

② 室外地坪，应根据项目特征（地坪厚度、混凝土强度等级），以"m²"为计量单位，工程量按设计图示尺寸以水平投影面积计算。不扣除单个面积在 0.3 m² 以内的孔洞所占面积。其中工程内容包括：地基夯实，铺设垫层，模板及支撑制作、安装、拆除、堆放、运输及清理模内杂物、刷隔离剂等，混凝土制作、运输、浇筑、振捣、养护，变形缝填塞。

③ 电缆沟、地沟，应根据项目特征（土壤类别，沟截面净空尺寸，垫层材料种类、厚度，混凝土种类、混凝土强度等级，防护材料种类），以"m"为计量单位，工程量按设计图示以中心线长度计算。其中工程内容包括：挖填、运土石方，铺设垫层，模板及支撑制作、安装、拆除、堆放、运输及清理模内杂物、刷隔离剂等，混凝土制作、运输、浇筑、振捣、养护，刷防护材料。

④ 台阶，应根据项目特征（踏步高、宽，混凝土种类、混凝土强度等级），以"m²/m³"为计量单位，工程量以平方米计量，按设计图示尺寸以水平投影面积计算；以立方米计量，按设计图示尺寸以体积计算。其中工程内容包括：模板及支撑制作、安装、拆除、堆放、运输及清理模内杂物、刷隔离剂等，混凝土制作、运输、浇筑、振捣、养护。

⑤ 扶手、压顶，应根据项目特征（断面尺寸，混凝土种类、混凝土强度等级），以"m/m³"为计量单位，工程量以米计量，按设计图示的中心线延长米计算；以立方米计量，按设计图示尺寸以体积计算。其中工程内容包括：模板及支撑制作、安装、拆除、堆放、运输及清理模内杂物、刷隔离剂等，混凝土制作、运输、浇筑、振捣、养护。

⑥ 化粪池、检查井，应根据项目特征（部位，混凝土强度等级，防水、抗渗要求），以"m³/座"为计量单位，工程量以立方米计量，按设计图示尺寸以体积计算；以座计量，按设计图示数量计算。其中工程内容包括：模板及支撑制作、安装、拆除、堆放、运输及清理模内杂物、刷隔离剂等，混凝土制作、运输、浇筑、振捣、养护。

⑦ 其他构件，应根据项目特征（构件的类型、规格、部位，混凝土强度等级、混凝土种类），以"m³"为计量单位，工程量按设计图示尺寸以体积计算。其中工程内容包括：模板及支撑制作、安装、拆除、堆放、运输及清理模内杂物、刷隔离剂等，混凝土制作、运输、浇筑、振捣、养护。

（8）后浇带（编码：010508）

后浇带，应根据项目特征（混凝土强度等级、混凝土种类），以"m³"为计量单位，工程量按设计图示尺寸以体积计算。其中工程内容包括：模板及支撑制作、安装、拆除、堆放、运输及清理模内杂物、刷隔离剂等，混凝土制作、运输、浇筑、振捣、养护。

（9）预制混凝土柱（编码：010509）

矩形柱、异形柱，应根据项目特征（图代号，单件体积，安装高度，混凝土强度等级，砂浆、细石混凝土强度等级、配合比），以"m³/根"为计量单位，工程量以立方米计量，按设计图示尺寸以体积计算；以根计量，按设计图示以数量计算。其中工程内容包括：模板及支撑制作、安装、拆除、堆放、运输及清理模内杂物、刷隔离剂等，混凝土制作、运输、浇筑、振捣、养护，构件运输、安装，砂浆制作、运输，接头灌缝、养护。

（10）预制混凝土梁（编码：010510）

矩形梁、异形梁、过梁、拱形梁、鱼腹式吊车梁、其他梁，应根据项目特征（图代号，单件体积，安装高度，混凝土强度等级，砂浆、细石混凝土强度等级、配合比），以"m³/根"为计量单位，工程量以立方米计量，按设计图示尺寸以体积计算；以根计量，按设计图示尺寸以数量计算。其中工程内容包括：模板及支撑制作、安装、拆除、堆放、运输及清理模内杂物、刷隔离剂等，混凝土制作、运输、浇筑、振捣、养护，构件运输、安装，砂浆制作、运输，接头灌缝、养护。

(11) 预制混凝土屋架(编码:010511)

折线型屋架,组合屋架,薄腹屋架,门式、刚架屋架,天窗架屋架,应根据项目特征(图代号,单件体积,安装高度,混凝土强度等级,砂浆、细石混凝土强度等级、配合比),以"m³/榀"为计量单位,工程量以立方米计量,按设计图示尺寸以体积计算,以榀计量,按设计图示尺寸以数量计算。其中工程内容包括:模板及支撑制作、安装、拆除、堆放、运输及清理模内杂物、刷隔离剂等,混凝土制作、运输、浇筑、振捣、养护,构件运输、安装,砂浆制作、运输,接头灌缝、养护。

(12) 预制混凝土板(编码:010512)

① 平板、空心板、槽形板、网架板、折线板、带肋板、大型板,应根据项目特征(图代号,单体体积,安装高度,混凝土强度等级,砂浆、细石混凝土强度等级、配合比),以"m³/块"为计量单位,工程量以立方米计量,按设计图示尺寸以体积计算。不扣除构件内钢筋、预埋铁件及单个尺寸在300 mm×300 mm以内的孔洞所占体积。扣除空心板空洞体积。以块计量,按设计图示尺寸以数量计算。其中工程内容包括:模板及支撑制作、安装、拆除、堆放、运输及清理模内杂物、刷隔离剂等,混凝土制作、运输、浇筑、振捣、养护,构件运输、安装,砂浆制作、运输,接头灌缝、养护。

② 沟盖板、井盖板、井圈,应根据项目特征(单件体积,安装高度,混凝土强度等级,砂浆强度等级、配合比),以"m³/块(套)"为计量单位,工程量以立方米计量,按设计图示尺寸以体积计算;以块计量,按设计图示尺寸以数量计算。其中工程内容包括:模板及支撑制作、安装、拆除、堆放、运输及清理模内杂物、刷隔离剂等,混凝土制作、运输、浇筑、振捣、养护,构件运输、安装,砂浆制作、运输,接头灌缝、养护。

(13) 预制混凝土楼梯(编码:010513)

楼梯,应根据项目特征(楼梯类型,单件体积,混凝土强度等级,砂浆、细石混凝土强度等级),以"m³/段"为计量单位,工程量以立方米计量,按设计图示尺寸以体积计算,扣除空心踏步板空洞体积;以段计量,按设计图示以数量计算。其中工程内容包括:模板及支撑制作、安装、拆除、堆放、运输及清理模内杂物、刷隔离剂等,混凝土制作、运输、浇筑、振捣、养护,构件运输、安装,砂浆制作、运输,接头灌缝、养护。

(14) 其他预制构件(编码:010514)

① 烟道、垃圾道、通风道,应根据项目特征(单件体积,混凝土强度等级、砂浆强度等级),以"m³/m²/根(块、套)"为计量单位,工程量以立方米计量,按设计图示尺寸以体积计算。不扣除单个尺寸在300 mm×300 mm以内的孔洞所占体积,扣除烟道、垃圾道、通风道的孔洞所占体积。以平方米计量,按设计图示尺寸以面积计算。不扣除单个尺寸在300 mm×300 mm以内的孔洞所占面积。以根计量,按设计图示尺寸以数量计算。其中工程内容包括:模板及支撑制作、安装、拆除、堆放、运输及清理模内杂物、刷隔离剂等,混凝土制作、运输、浇筑、振捣、养护,构件运输、安装,砂浆制作、运输,接头灌缝、养护。

② 其他构件,应根据项目特征(构件类型、单件体积、混凝土强度等级、砂浆强度等级),以"m³/m²/根(块、套)"为计量单位,工程量以立方米计量,按设计图示尺寸以体积计算。不扣除单个尺寸在300 mm×300 mm以内的孔洞所占体积,扣除烟道、垃圾道、通风道的孔洞所占体积。以平方米计量,按设计图示尺寸以面积计算。不扣除单个尺寸在300 mm×300 mm以内的孔洞所占面积。以根计量,按设计图示尺寸以数量计算。其中工程内容包括:模板及支撑制作、安装、拆除、堆放、运输及清理模内杂物、刷隔离剂等,混凝土制作、运输、浇筑、振捣、养护,构件运输、安装,砂浆制作、运输,接头灌缝、养护。

（15）钢筋工程（编码：010515）

① 现浇构件钢筋、预制构件钢筋、钢筋网片、钢筋笼，应根据项目特征（钢筋种类、规格），以"t"为计量单位，工程量按设计图示钢筋（网）长度（面积）乘单位理论质量计算。其中工程内容包括：钢筋（网、笼）制作、运输，钢筋（网、笼）安装、焊接（绑扎）。

② 先张法预应力钢筋，应根据项目特征（钢筋种类、规格，锚具种类），以"t"为计量单位，工程量按设计图示钢筋长度乘单位理论质量计算。其中工程内容包括：钢筋制作、运输，钢筋张拉。

③ 后张法预应力钢筋、预应力钢丝、预应力钢绞线，应根据项目特征（钢筋种类、规格，钢丝种类、规格，钢绞线种类、规格，锚具种类，砂浆强度等级），以"t"为计量单位，工程量按设计图示钢筋（钢丝束、钢绞线）长度乘单位理论质量计算。a. 低合金钢筋两端均采用螺杆锚具时，按钢筋长度按孔道长度减0.35 m计算，螺杆另行计算。b. 低合金钢筋一端采用镦头插片，另一端采用螺杆锚具时，钢筋长度按孔道长度计算，螺杆另行计算。c. 低合金钢筋一端采用镦头插片，另一端采用帮条锚具时，按钢筋长度增加0.15 m计算；两端均采用帮条锚具时，钢筋长度按孔道长度增加0.3 m计算。d. 低合金钢筋采用后张混凝土自锚时，钢筋长度按孔道长度增加0.35 m计算。e. 低合金钢筋（钢绞线）采用JM、XM、QM型锚具，孔道长度在20 m以上时，钢筋长度按增加1 m计算；孔道长度在20 m以外时，钢筋（钢绞线）长度按孔道长度增加1.8 m计算。f. 碳素钢丝采用锥形锚具，孔道长度在20 m以内时，钢丝束长度按孔道长度增加1 m计算；孔道长在20 m以上时，钢丝束长度按孔道长度增加1.8 m计算。g. 碳素钢丝束采用镦头锚具时，钢丝束长度按孔道长度增加0.35 m计算。其中工程内容包括：钢筋、钢丝束、钢绞线制作、运输，钢筋、钢丝束、钢绞线安装，预埋管孔道铺设，锚具安装，砂浆制作、运输，孔道压浆、养护。

④ 支撑钢筋（铁马），应根据项目特征（钢筋种类、规格），以"t"为计量单位，工程量按设计图示钢筋长度乘单位理论质量计算。其中工程内容包括：钢筋制作、焊接、安装。

⑤ 声测管，应根据项目特征（材质、规格、型号），以"t"为计量单位，工程量按设计图示尺寸以质量计算。其中工程内容包括：检测管接头、封头，套管制作、焊接，定位、固定。

（16）螺栓、预埋铁件（编码：010517）

① 螺栓，应根据项目特征（螺栓种类、规格），以"t"为计量单位，工程量按设计图示尺寸以质量计算。其中工程内容包括：螺栓（铁件）制作、运输，螺栓（铁件）安装。

② 预埋铁件，应根据项目特征（钢材种类、规格，铁件尺寸），以"t"为计量单位，工程量按设计图示尺寸以质量计算。其中工程内容包括：螺栓（铁件）制作、运输，螺栓（铁件）安装。

③ 机械连接，应根据项目特征（连接方式，螺纹套筒种类、规格），以"个"为计量单位，工程量按数量计算。其中工程内容包括：钢筋套丝、套筒连接。

6.4.3.6　金属结构工程

（1）钢网架（编码：010601）

钢网架，应根据项目特征（钢材品种、规格，网架节点形式，连接方式，网架的跨度、安装高度，探伤要求，防火要求），以"t"为计量单位，工程量按设计图示尺寸以质量计算。不扣除孔眼、切边、切肢的质量，焊条、铆钉、螺栓等不另增加质量。其中工程内容包括：拼装、安装、探伤、补刷油漆。

（2）钢屋架、钢托架、钢桁架（编码：010602）

① 钢屋架，应根据项目特征（钢材品种、规格，单榀质量，屋架跨度、安装高度，螺栓种类，探伤要求，防火要求），以"榀/t"为计量单位，工程量以榀计量，按设计图示数量计算；以吨计量，按设计图示尺寸以质量计算，不扣除孔眼的质量，焊条、铆钉、螺栓等不另增加质量。其中工程内容包括：拼装、安装、探伤、补刷油漆。

② 钢托架、钢桁架,应根据项目特征(钢材品种、规格,单榀质量,安装高度,螺栓种类,探伤要求,防火要求),以"t"为计量单位,工程量按设计图示尺寸以质量计算。不扣除孔眼质量,焊条、铆钉、螺栓等不另增加质量。其中工程内容包括:拼装、安装、探伤、补刷油漆。

③ 钢架桥,应根据项目特征(桥类型,钢材品种、规格,单榀质量,安装高度,螺栓种类,探伤要求),以"t"为计量单位,工程量按设计图示尺寸以质量计算。不扣除孔眼质量,焊条、铆钉、螺栓等不另增加质量。其中工程内容包括:拼装、安装、探伤、补刷油漆。

(3) 钢柱(编码:010603)

① 实腹钢柱、空腹钢柱,应根据项目特征(柱类型,钢材品种、规格,单根柱质量,螺栓种类,探伤要求,防火要求),以"t"为计量单位,工程量按设计图示尺寸以质量计算。不扣除孔眼的质量,焊条、铆钉、螺栓等不另增加质量,依附在钢柱上的牛腿及悬臂梁等并入钢柱工程量内。其中工程内容包括:拼装、安装、探伤、补刷油漆。

② 钢管柱,应根据项目特征(钢材品种、规格,单根柱质量,螺栓种类,探伤要求,防火要求),以"t"为计量单位,工程量按设计图示尺寸以质量计算。不扣除孔眼的质量,焊条、铆钉、螺栓等不另增加质量,钢管柱上的节点板、加强环、内村管、牛腿等并入钢管柱工程量内。其中工程内容包括:拼装、安装、探伤、补刷油漆。

(4) 钢梁(编码:010604)

钢梁、网吊车梁,应根据项目特征(梁类型,钢材品种、规格,单根质量,安装高度,探伤要求,防火要求),以"t"为计量单位,工程量按设计图示尺寸以质量计算。不扣除孔眼的质量,焊条、铆钉、螺栓等不另增加质量,制动梁、制动板、制动桁架、车挡并入钢吊车梁工程量内。其中工程内容包括:拼装、安装、探伤、补刷油漆。

(5) 钢板楼板、墙板(编码:010605)

① 钢板楼板,应根据项目特征(钢材品种、规格,钢板厚度,螺栓种类,防火要求),以"m²"为计量单位,工程量按设计图示尺寸以铺设水平投影面积计算。不扣除柱、垛及单个体积在 0.3 m³ 以内的孔洞所占面积。其中工程内容包括:拼装、安装、探伤、补刷油漆。

② 钢板墙板,应根据项目特征(钢材品种、规格,钢板厚度,复合板厚度,螺栓种类,复合板夹芯材料种类、层数、型号、规格,防火要求),以"m²"为计量单位,工程量按设计图示尺寸以铺挂展开面积计算。不扣除单个面积在 0.3 m² 以内的梁、孔洞所占面积,包角、包边、窗台泛水等不另增加面积。其中工程内容包括:拼装、安装、探伤、补刷油漆。

(6) 钢构件(编码:010606)

① 钢支撑、钢拉条,应根据项目特征(钢材品种、规格,构件类型,安装高度,螺栓种类,探伤要求,防火要求),以"t"为计量单位,工程量按设计图示尺寸以质量计,不扣除孔眼的质量,焊条、铆钉、螺栓等不另增加质量。其中工程内容包括:拼装、安装、探伤、补刷油漆。

② 钢檩条,应根据项目特征(钢材品种、规格,构件类型,单根质量,安装高度,螺栓种类,探伤要求,防火要求),以"t"为计量单位,工程量按设计图示尺寸以质量计,不扣除孔眼的质量,焊条、铆钉、螺栓等不另增加质量。其中工程内容包括:拼装、安装、探伤、补刷油漆。

③ 钢天窗架,应根据项目特征(钢材品种、规格,单榀质量,安装高度,螺栓种类,探伤要求,防火要求),以"t"为计量单位,工程量按设计图示尺寸以质量计,不扣除孔眼的质量,焊条、铆钉、螺栓等不另增加质量。其中工程内容包括:拼装、安装、探伤、补刷油漆。

④ 钢挡风架、钢墙架,应根据项目特征(钢材品种、规格,单榀质量,螺栓种类,探伤要求,防火要求),以"t"为计量单位,工程量按设计图示尺寸以质量计,不扣除孔眼的质量,焊条、铆钉、螺栓等

不另增加质量。其中工程内容包括：拼装、安装、探伤、补刷油漆。

⑤ 钢平台、钢走道，根据项目特征（钢材品种、规格、螺栓种类，防火要求），以"t"为计量单位，工程量按设计图示尺寸以质量计，不扣除孔眼的质量，焊条、铆钉、螺栓等不另增加质量。其中工程内容包括：拼装、安装、探伤、补刷油漆。

⑥ 钢梯，应根据项目特征（钢材品种、规格，钢梯形式，螺栓种类，防火要求），以"t"为计量单位，工程量按设计图示尺寸以质量计，不扣除孔眼的质量，焊条、铆钉、螺栓等不另增加质量。其中工程内容包括：拼装、安装、探伤、补刷油漆。

⑦ 钢护栏，应根据项目特征（钢材品种、规格，防火要求），以"t"为计量单位，工程量按设计图示尺寸以质量计，不扣除孔眼的质量，焊条、铆钉、螺栓等不另增加质量。其中工程内容包括：拼装、安装、探伤、补刷油漆。

⑧ 钢漏斗、钢板天沟，应根据项目特征（钢材品种、规格，漏斗、天沟形式，安装高度，探伤要求），以"t"为计量单位，工程量按设计图示尺寸以质量计算。不扣除孔眼的质量，焊条、铆钉、螺栓等不另增加质量，依附漏斗或天沟的型钢并入漏斗或天沟工程量内。其中工程内容包括：拼装、安装、探伤、补刷油漆。

⑨ 钢支架，应根据项目特征（钢材品种、规格，安装高度，防火要求），以"t"为计量单位，工程量按设计图示尺寸以质量计算。不扣除孔眼的质量，焊条、铆钉、螺栓等不另增加质量。其中工程内容包括：拼装、安装、探伤、补刷油漆。

⑩ 零星钢构件，应根据项目特征（钢材品种、规格，构件名称），以"t"为计量单位，工程量按设计图示尺寸以质量计算。不扣除孔眼的质量，焊条、铆钉、螺栓等不另增加质量。其中工程内容包括：拼装、安装、探伤、补刷油漆。

（7）金属制品（编码：010607）

① 成品空调金属百叶护栏，应根据项目特征（材料品种、规格，边框材质），以"m²"为计量单位，工程量按设计图示尺寸以框外围展开面积计算。其中工程内容包括：安装、校正、预埋铁件，安螺栓。

② 成品栅栏，根据项目特征（材料品种、规格，边框及立柱型钢品种、规格），以"m²"为计量单位，工程量按设计图示尺寸以框外围展开面积计算。其中工程内容包括：安装、校正、预埋铁件，安螺栓及金属立柱。

③ 成品雨篷，根据项目特征（材料品种、规格，雨篷宽度，晾衣杆品种、规格），以"m/m²"为计量单位，工程量以米计量，按设计图示接触边以米计算；以平方米计量，按设计图示尺寸以展开面积计算。其中工程内容包括：安装、校正、预埋铁件，安螺栓。

④ 金属网栏，根据项目特征（材料品种、规格，边框及立柱型钢品种、规格），以"m²"为计量单位，工程量按设计图示尺寸以框外围展开面积计算。其中工程内容包括：安装、校正，安螺栓及金属立柱。

⑤ 砌块墙钢丝网加固、后浇带金属网，根据项目特征（材料品种、规格，加固方式），以"m²"为计量单位，工程量按设计图示尺寸以面积计算。其中工程内容包括：铺贴、锚固。

6.4.3.7 木结构工程

（1）木屋架（编码：010701）

① 木屋架，应根据项目特征（跨度，材料品种、规格，刨光要求，拉杆及夹板种类，防护材料种类），以"榀/m³"为计量单位，工程量以榀计量，按设计图示数量计算；以立方米计量，按设计图示规格尺寸以体积计算。其中工程内容包括：制作、运输、安装，刷防护材料。

② 钢木屋架,应根据项目特征(跨度,木材品种、规格,刨光要求,钢材品种、规格,防护材料种类),以"榀"为计量单位,工程量以榀计量,按设计图示数量计算。其中工程内容包括:制作、运输、安装,刷防护材料。

(2) 木构件(编码:010702)

① 木柱、木梁,应根据项目特征(构件规格尺寸、木材种类、刨光要求、防护材料种类),以"m³"为计量单位,工程量按设计图示尺寸以体积计算。其中工程内容包括:制作、运输、安装,刷防护材料。

② 木檩,应根据项目特征(构件规格尺寸、木材种类、刨光要求、防护材料种类),以"m³/m"为计量单位,工程量以立方米计量,按设计图示尺寸以体积计算;以米计量,按设计图示尺寸以长度计算。其中工程内容包括:制作、运输、安装,刷防护材料。

③ 木楼梯,应根据项目特征(楼梯形式、木材种类、刨光要求、防护材料种类),以"m²"为计量单位,工程量按设计图示尺寸以水平投影面积计算。不扣除宽度小于 300 mm 的楼梯井,伸入墙内部分不计算。其中工程内容包括:制作、运输、安装,刷防护材料。

④ 其他木构件,应根据项目特征(构件名称、构件规格尺寸、木材种类、刨光要求、防护材料种类),以"m³/m"为计量单位,工程量以立方米计量,按设计图示尺寸以体积计算;以米计量,按设计图示尺寸以长度计算。其中工程内容包括:制作、运输、安装,刷防护材料。

6.4.3.8 门窗工程

(1) 木门(编码:010801)

① 木质门、木质门带套、木质连窗门、木质防火门,应根据项目特征(门代号及洞口尺寸,镶嵌玻璃品种、厚度),以"樘/m²"为计量单位,工程量以樘计量,按设计图示数量计算;以平方米计量,按设计图示洞口尺寸以面积计算。其中工程内容包括:门安装,玻璃安装,五金安装。

② 木门框,应根据项目特征(门代号及洞口尺寸,框截面尺寸,防护材料种类),以"樘/m"为计量单位,工程量以樘计量,按设计图示数量计算;以米计量,按设计图示框的中心线以延长米计算。其中工程内容包括:木门框制作、安装、运输,刷防护材料。

③ 门锁安装,应根据项目特征(锁品种、锁规格),以"个"为计量单位,工程量以个计量,按实际图示数量计算。其中工程内容包括:安装。

(2) 金属门(编码:010802)

① 金属(塑钢)门,应根据项目特征(门代号及洞口尺寸,门框或扇外围尺寸,门框、扇材质,玻璃品种、厚度),以"樘/m²"为计量单位,工程量以樘计量,按设计图示数量计算;以平方米计量,按设计图示洞口尺寸以面积计算。其中工程内容包括:门安装,玻璃安装,五金安装。

② 彩板门,应根据项目特征(门代号及洞口尺寸、门框或扇外围尺寸),以"樘/m²"为计量单位,工程量以樘计量,按设计图示数量计算;以平方米计量,按设计图示洞口尺寸以面积计算。其中工程内容包括:门安装,玻璃安装,五金安装。

③ 钢制防火门,应根据项目特征(门代号及洞口尺寸,门框或扇外围尺寸,门框、扇材质),以"樘/m²"为计量单位,工程量以樘计量,按设计图示数量计算;以平方米计量,按设计图示洞口尺寸以面积计算。其中工程内容包括:门安装,玻璃安装,五金安装。

④ 防盗门,应根据项目特征(门代号及洞口尺寸,门框或扇外围尺寸,门框、扇材质),以"樘/m²"为计量单位,工程量以樘计量,按设计图示数量计算;以平方米计量,按设计图示洞口尺寸以面积计算。其中工程内容包括:门安装,五金安装。

（3）金属卷帘（闸）门（编码：010803）

金属卷帘（闸）门、防火卷帘（闸）门，应根据项目特征（门代号及洞口尺寸，门材质，启动装置品种、规格），以"樘/m²"为计量单位，工程量以樘计量，按设计图示数量计算；以平方米计量，按设计图示洞口尺寸以面积计算。其中工程内容包括：门运输、安装，启动装置、五金安装。

（4）厂库房大门、特种门（编码：010804）

① 木板大门、钢木大门、全钢板大门，应根据项目特征（门代号及洞口尺寸，门框或扇外围尺寸，门框、扇材质，五金种类、规格，防护材料种类），以"樘/m²"为计量单位，工程量以樘计量，按设计图示数量计算；以平方米计量，按设计图示洞口尺寸以面积计算。其中工程内容包括：门（骨架）制作、运输，门、五金配件安装，刷防护材料。

② 防护铁丝门，应根据项目特征（门代号及洞口尺寸，门框或扇外围尺寸，门框、扇材质，五金种类、规格，防护材料种类），以"樘/m²"为计量单位，工程量以樘计量，按设计图示数量计算；以平方米计量，按设计图示门框或扇以面积计算。其中工程内容包括：门（骨架）制作、运输，门、五金配件安装，刷防护材料。

③ 金属格栅门，应根据项目特征（门代号及洞口尺寸，门框或扇外围尺寸，门框、扇材质，启动装置的品种、规格），以"樘/m²"为计量单位，工程量以樘计量，按设计图示数量计算；以平方米计量，按设计图示洞口尺寸以面积计算。其中工程内容包括：门安装，启动装置、五金配件安装。

④ 钢制花饰大门，应根据项目特征（门代号及洞口尺寸，门框或扇外围尺寸，门框、扇材质），以"樘/m²"为计量单位，工程量以樘计量，按设计图示数量计算；以平方米计量，按设计图示门框或扇以面积计算。其中工程内容包括：门安装，五金配件安装。

⑤ 特种门，应根据项目特征（门代号及洞口尺寸，门框或扇外围尺寸，门框、扇材质，启动装置的品种、规格），以"樘/m²"为计量单位，工程量以樘计量，按设计图示数量计算；以平方米计量，按设计图示洞口尺寸以面积计算。其中工程内容包括：门安装，五金配件安装。

（5）其他门（编码：010805）

① 电子感应门、旋转门，应根据项目特征（门代号及洞口尺寸，门框或扇外围尺寸，门框、扇材质，玻璃品种、厚度，启动装置的品种、规格，电子配件品种、规格），以"樘/m²"为计量单位，工程量以樘计量，按设计图示数量计算；以平方米计量，按设计图示洞口尺寸以面积计算。其中工程内容包括：门安装，启动装置、五金、电子配件安装。

② 电子对讲门、电动伸缩门，应根据项目特征（门代号及洞口尺寸，门框或扇外围尺寸，门材质，玻璃品种、厚度，启动装置的品种、规格，电子配件品种、规格），以"樘/m²"为计量单位，工程量以樘计量，按设计图示数量计算；以平方米计量，按设计图示洞口尺寸以面积计算。其中工程内容包括：门安装，启动装置、五金、电子配件安装。

③ 全自动自由门，应根据项目特征（门代号及洞口尺寸，门框或扇外围尺寸，框材质，玻璃品种、厚度），以"樘/m²"为计量单位，工程量以樘计量，按设计图示数量计算；以平方米计量，按设计图示洞口尺寸以面积计算。其中工程内容包括：门安装，五金安装。

④ 镜面不锈钢饰面门、复合材料门，应根据项目特征（门代号及洞口尺寸，门框或扇外围尺寸，门框、扇材质，玻璃品种、厚度），以"樘/m²"为计量单位，工程量以樘计量，按设计图示数量计算；以平方米计量，按设计图示洞口尺寸以面积计算。其中工程内容包括：门安装，五金安装。

（6）木窗（编码：010806）

① 木质窗，应根据项目特征（窗代号及洞口尺寸，玻璃品种、厚度），以"樘/m²"为计量单位，工程量以樘计量，按设计图示数量计算；以平方米计量，按设计图示洞口尺寸以面积计算。其中工程

内容包括:窗安装,五金、玻璃安装。

② 木飘(凸)窗,应根据项目特征(窗代号及洞口尺寸,玻璃品种、厚度),以"樘/m²"为计量单位,工程量以樘计量,按设计图示数量计算;以平方米计量,按设计图示尺寸以框外围展开面积计算。其中工程内容包括:窗安装,五金、玻璃安装。

③ 木橱窗,应根据项目特征(窗代号,框截面外围展开面积,玻璃品种、厚度,防护材料种类),以"樘/m²"为计量单位,工程量以樘计量,按设计图示数量计算;以平方米计量,按设计图示尺寸以框外围展开面积计算。其中工程内容包括:窗制作、运输、安装,五金、玻璃安装,刷防护材料。

④ 木纱窗,应根据项目特征(窗代号及框的外围尺寸,窗纱材料品种、规格,防护材料种类),以"樘/m²"为计量单位,工程量以樘计量,按设计图示数量计算;以平方米计量,按设计图示尺寸以框外围尺寸以面积计算。其中工程内容包括:窗安装,五金安装。

6.4.3.9 屋面及防水工程

(1) 瓦、型材及其他屋面(编码:010901)

① 瓦屋面,应根据项目特征(瓦品种、规格,黏结层砂浆的配合比),以"m²"为计量单位,工程量按设计图示尺寸以斜面面积计算。不扣除房上烟囱、风帽底座、风道、小气窗、斜沟等所占面积,小气窗的出槽部分不增加面积。其中工程内容包括:砂浆制作、运输、摊铺、养护,安瓦,作脊瓦。

② 型材屋面,应根据项目特征(型材品种、规格,金属檩条材料品种、规格,接缝、嵌缝材料种类),以"m²"为计量单位,工程量按设计图示尺寸以斜面面积计算。不扣除房上烟囱、风帽底座、风道、小气窗、斜沟等所占面积,小气窗的出槽部分不增加面积。其中工程内容包括:檩条制作、运输、安装,屋面型材安装,接缝、嵌缝。

③ 阳光板屋面,应根据项目特征(阳光板品种、规格,骨架材料品种、规格,接缝、嵌缝材料种类,油漆品种、刷漆遍数),以"m²"为计量单位,工程量按设计图示尺寸以斜面面积计算,不扣除单个面积在0.3 m²以内的孔洞所占面积。其中工程内容包括:骨架制作、运输、安装,刷防护材料、油漆,阳光板制作、安装,接缝、嵌缝。

④ 玻璃钢屋面,应根据项目特征(玻璃钢品种、规格,骨架材料品种、规格,玻璃钢固定方式,接缝、嵌缝材料种类,油漆品种、刷漆遍数),以"m²"为计量单位,工程量按设计图示尺寸以斜面面积计算,不扣除单个面积在0.3 m²以内的孔洞所占面积。其中工程内容包括:骨架制作、运输、安装,刷防护材料、油漆,玻璃钢制作、安装,接缝、嵌缝。

⑤ 膜结构屋面,应根据项目特征(膜布品种、规格、颜色,支柱钢材品种、规格,钢丝绳品种、规格,锚固基座做法,油漆品种、刷漆遍数),以"m²"为计量单位,工程量按设计图示尺寸以需要覆盖的水平面积计算。其中工程内容包括:膜布热压胶接,支柱(网架)制作、安装,膜布安装,穿钢丝绳、锚头锚固,锚固基座、挖土、回填,刷防护材料、油漆。

(2) 屋面防水(编码:010902)

① 屋面卷材防水,应根据项目特征(卷材品种、规格,防水层数,防水层做法),以"m²"为计量单位,工程量按设计图示尺寸以面积计算:a. 斜屋顶(不包括平屋顶找坡,按斜面积计算,平屋顶按水平投影面积计算;b. 不扣除房上烟囱、风帽底座、风道、屋面小气窗和斜沟所占面积;c. 屋面的女儿墙、伸缩缝和天窗等处的弯起部分并入屋面工程量内。其中工程内容包括:基层处理,刷底油,铺油毡卷材,接缝。

② 屋面涂膜防水,应根据项目特征(防水膜品种,涂膜厚度、遍数,增强材料种类),以"m²"为计量单位,工程量计算同屋面卷材防水。其中工程内容包括:基层处理、刷基层处理剂,铺布、喷涂防水层。

③ 屋面刚性防水，应根据项目特征（刚性层厚度，混凝土种类，嵌缝材料种类，混凝土强度等级，钢筋规格、型号），以"m²"为计量单位，工程量按设计图示尺寸以面积计算。不扣除房上烟囱、风帽底座、风道等所占面积。其中工程内容包括：基层处理，混凝土制作、运输、铺筑、养护，钢筋制作、安装。

④ 屋面排水管，应根据项目特征（排水管品种、规格，雨水斗、山墙出水口品种、规格，接缝、嵌缝材料种类，油漆品种、刷漆遍数），以"m"为计量单位，工程量按设计图示尺寸以长度计算。如设计未标注尺寸，以槽口至设计室外散水上表面垂直距离计算。其中工程内容包括：排水管及配件安装、固定，雨水斗、山墙出水口、雨水算子安装，接缝、嵌缝，刷漆。

⑤ 屋面天沟、檐沟，应根据项目特征（材料品种、规格，砂浆配合比，接缝、嵌缝材料种类），以"m²"为计量单位，工程量按设计图示尺寸以展开面积计算。其中工程内容包括：天沟材料铺设，天沟配件安装，接缝、嵌缝，刷防护材料。

⑥ 屋面变形缝，应根据项目特征（嵌缝材料种类、止水带材料种类、盖缝材料、防护材料种类），以"m"为计量单位，工程量按设计图示以长度计算。其中工程内容包括：清缝，填塞防水材料，止水带安装，盖缝制作、安装，刷防护材料。

（3）墙面防水、防潮（编码：010903）

① 墙面卷材防水，应根据项目特征（卷材品种、规格、厚度，防水层数、防水层做法），以"m²"为计量单位，工程量按设计图示尺寸以面积计算。其中工程内容包括：基层处理，刷胶黏剂，铺防水卷材，接缝、嵌缝。

② 墙面涂膜防水，应根据项目特征（防水涂膜品种，涂膜厚度、遍数、增强材料种类），以"m²"为计量单位，工程量按设计图示尺寸以面积计算。其中工程内容包括：基层处理、刷基层处理剂、铺布、喷涂防水层。

③ 墙面砂浆防水（潮），应根据项目特征（防水层做法，砂浆厚度、配合比，钢丝网规格），以"m²"为计量单位，工程量按设计图示尺寸以面积计算。其中工程内容包括：基层处理，挂钢丝网片，设置分格缝，砂浆制作、运输、摊铺、养护。

④ 墙面变形缝，应根据项目特征（嵌缝材料种类、止水带材料种类、盖缝材料、防护材料种类），以"m"为计量单位，工程量按设计图示以长度计算。其中工程内容包括：清缝，填塞防水材料，止水带安装，盖板制作、安装，刷防护材料。

（4）楼（地）面防水、防潮（编码：010904）

① 楼（地）面卷材防水，应根据项目特征（卷材品种、规格、厚度，防水层数、防水层做法，反边高度），以"m²"为计量单位，工程量按设计图示尺寸以面积计算。a. 楼（地）面防水，按主墙间净空面积计算，扣除凸出地面的构筑物、设备基础等所占面积，不扣除间壁墙及单个面积在 0.3 m² 以内的柱、垛、烟囱和孔洞所占面积；b. 楼（地）面防水反边高度 300 mm 以内算作地面防水，反边高度大于 300 mm 按墙面防水计算。其中工程内容包括：基层处理，刷胶黏剂，铺防水卷材，接缝、嵌缝。

② 楼（地）面涂膜防水，应根据项目特征（防水涂膜品种，涂膜厚度、遍数、增强材料种类，反水高度），以"m²"为计量单位，工程量按设计图示尺寸以面积计算。a. 楼（地）面防水，按主墙间净空面积计算，扣除凸出地面的构筑物、设备基础等所占面积，不扣除间壁墙及单个面积在 0.3 m² 以内的柱、垛、烟囱和孔洞所占面积；b. 楼（地）面防水反边高度 300 mm 以内算作地面防水，反边高度大于 300 mm 按墙面防水计算。其中工程内容包括：基层处理、刷基层处理剂、铺布、喷涂防水层。

③ 楼（地）面砂浆防水（潮），应根据项目特征（防水层做法，砂浆厚度、配合比，反边高度），以"m²"为计量单位，工程量按设计图示尺寸以面积计算。a.（楼）地面防水，按主墙间净空面积计算，

扣除凸出地面的构筑物、设备基础等所占面积,不扣除间壁墙及单个面积在 0.3 m² 以内的柱、垛、烟囱和孔洞所占面积;b. 楼(地)面防水反边高度 300 mm 以内算作地面防水,反边高度大于 300 mm 按墙面防水计算。其中工程内容包括:基层处理,砂浆制作、运输、摊铺、养护。

④ 楼(地)面变形缝,应根据项目特征(嵌缝材料种类、止水带材料种类、盖缝材料、防护材料种类),以"m"为计量单位,工程量按设计图示以长度计算。其中工程内容包括:清缝,填塞防水材料,止水带安装,盖板制作、安装,刷防护材料。

6.4.3.10 隔热、保温、防腐工程

(1) 隔热、保温(编码:011001)

① 保温隔热屋面,应根据项目特征(保温隔热材料品种、规格、厚度,隔气层材料品种、厚度,黏结材料种类、做法,防护材料种类、做法),以"m²"为计量单位,工程量按设计图示尺寸以面积计算,扣除面积大于 0.3 m² 孔洞及占位面积。其中工程内容包括:基层清理、刷黏结材料,铺粘保温层、刷防护材料。

② 保温隔热天棚,应根据项目特征(保温隔热面层材料品种、规格、性能,保温隔热材料品种、规格、厚度,黏结材料种类、做法,防护材料种类及做法),以"m²"为计量单位,工程量按设计图示尺寸以面积计算。扣除面积大于 0.3 m² 柱、垛、孔洞所占面积,与天棚相连的梁按展开面积计算并入天棚工程量内。其中工程内容包括:基层清理、刷黏结材料,铺粘保温层、刷防护材料。

③ 保温隔热墙面,应根据项目特征(保温隔热部位,保温隔热方式,踢脚线、勒脚线保温做法,龙骨材料品种、规格,保温隔热面层材料品种、规格、性能,保温隔热面层材料品种、规格、性能,保温隔热材料品种、规格、厚度,黏结材料种类、做法,防护材料种类及做法),以"m²"为计量单位,工程量按设计图示尺寸以面积计算。扣除门窗洞口及面积大于 0.3 m² 梁、孔洞所占面积;门窗洞口侧壁以及与墙相连的柱,并入保温墙体工程量内。其中工程内容包括:基层清理、刷界面剂,安装龙骨、填贴保温材料、保温板安装,粘贴面层、铺设增强格网,抹抗裂、防水砂浆面层,嵌缝、刷防护材料。

④ 保温柱、梁,应根据项目特征(同保温隔热墙面),以"m²"为计量单位,工程量按设计图示尺寸以面积计算。a. 柱按设计图示柱断面保温层中心线展开长度乘保温层高度计算,扣除面积大于 0.3 m² 梁所占面积;b. 梁按设计图示梁断面保温层中心线展开长度乘保温层长度以面积计算。其中工程内容包括:基层清理、刷界面剂,安装龙骨、填贴保温材料、保温板安装,粘贴面层、铺设增强格网,抹抗裂、防水砂浆面层,嵌缝、刷防护材料。

⑤ 保温隔热楼地面,应根据项目特征(保温隔热部位,保温隔热材料品种、规格、厚度,隔汽层材料品种、厚度,黏结材料种类、做法,防护材料种类、做法),以"m²"为计量单位,工程量按设计图示尺寸以面积计算。扣除面积大于 0.3 m² 柱、垛、孔洞等所占面积。门洞、空圈、暖气包槽、壁龛的开口部分不增加面积。其中工程内容包括:基层清理、刷黏结材料,铺贴保温层、刷防护材料。

⑥ 其他保温隔热,应根据项目特征(保温隔热部位,保温隔热方式,隔汽层材料品种、厚度,保温隔热面层材料品种、规格、做法,黏结材料种类、做法,增强网及抗裂防水砂浆种类,防护材料种类、做法),以"m²"为计量单位,工程量按设计图示尺寸以展开面积计算。扣除面积大于 0.3 m² 孔洞及占位面积。其中工程内容包括:基层清理、刷界面剂,安装龙骨、填贴保温材料、保温板安装,粘贴面层、铺设增强格网,抹抗裂、防水砂浆面层,嵌缝、刷防护材料。

(2) 防腐面层(编码:011002)

① 防腐混凝土面层,应根据项目特征(防腐部位,面层厚度,混凝土种类,胶泥种类,配合比),以"m²"为计量单位,工程量按设计图示尺寸以面积计算。a. 平面防腐:扣除凸出地面的构筑物、设备基础等以及面积大于 0.3 m² 柱、垛、孔洞等所占面积,门洞、空圈、暖气包槽、壁龛的开口部分不

增加面积。b. 立面防腐：扣除门、窗、洞口及面积大于 0.3 m² 柱、垛、孔洞等所占面积，门、窗、洞口侧壁、垛凸出部分按展开面积并入墙面积内。其中工程内容包括：基层清理，基层刷稀胶泥，混凝土制作、运输、摊铺、养护。

② 防腐砂浆面层，应根据项目特征（防腐部位，面层厚度，砂浆、胶泥种类），以"m²"为计量单位，工程量按设计图示尺寸以面积计算。a. 平面防腐：扣除凸出地面的构筑物、设备基础等以及面积大于 0.3 m² 柱、垛、孔洞等所占面积。门洞、空圈、暖气包槽、壁龛的开口部分不增加面积。b. 立面防腐：扣除门、窗、洞口及面积大于 0.3 m² 柱、垛、孔洞等所占面积，门、窗、洞口侧壁、垛凸出部分按展开面积并入墙面积内。其中工程内容包括：基层清理，基层刷稀胶泥，砂浆制作、运输、摊铺、养护。

③ 防腐胶泥面层，应根据项目特征（防腐部位，面层厚度，胶泥种类、配合比），以"m²"为计量单位，工程量按设计图示尺寸以面积计算（同防腐混凝土面层）。其中工程内容包括：基层清理，胶泥调制、摊铺。

④ 玻璃钢防腐面层，应根据项目特征（防腐部位，玻璃钢种类，贴布材料的种类、层数，面层材料品种），以"m²"为计量单位，工程量按设计图示尺寸以面积计算（同防腐混凝土面层）。其中工程内容包括：基层清理，刷底漆、刮腻子，胶浆配制、涂刷，粘布、涂刷面层。

⑤ 聚氯乙烯板面层，应根据项目特征（防腐部位，面层材料品种、厚度，黏结材料种类），以"m²"为计量单位，工程量按设计图示尺寸以面积计算（同防腐混凝土面层）。其中工程内容包括：基层清理，配料、涂胶，聚氯乙烯板铺设。

⑥ 块料防腐面层，应根据项目特征（防腐部位，块料品种、规格，黏结材料种类，勾缝材料种类），以"m²"为计量单位，工程量按设计图示尺寸以面积计算（同聚氯乙烯板面层）。其中工程内容包括：基层清理，铺贴块料，胶泥调制、勾缝。

⑦ 池、槽块料防腐面层，应根据项目特征（防腐池、槽名称、代号，块料品种、规格，黏结材料种类，勾缝材料种类），以"m²"为计量单位，工程量按设计图示尺寸以展开面积计算。其中工程内容包括：基层清理、铺贴块料，胶泥调制、勾缝。

（3）其他防腐（编码：011003）

① 隔离层，应根据项目特征（隔离层部位、隔离层材料品种、隔离层做法、粘贴材料种类），以"m²"为计量单位，工程量按设计图示尺寸以面积计算。a. 平面防腐：扣除凸出地面的构筑物、设备基础等以及面积大于 0.3 m² 柱、垛、孔洞等所占面积，门洞、空圈、暖气包槽、壁龛的开口部分不增加面积。b. 立面防腐：扣除门、窗、洞口及面积大于 0.3 m² 柱、垛、孔洞等所占面积，门、窗、洞口侧壁、垛凸出部分按展开面积并入墙面积内。其中工程内容包括：基层清理、刷油，煮沥青，胶泥调制、隔离层铺设。

② 砌筑沥青浸渍砖，应根据项目特征（砌筑部位、浸渍砖规格、浸渍砖砌法、胶泥种类），以"m³"为计量单位，工程量按设计图示尺寸以体积计算。其中工程内容包括：基层清理、胶泥调制、浸渍砖铺砌。

③ 防腐涂料，应根据项目特征（涂刷部位，基层材料类型，刮腻子的种类、遍数，涂料品种、刷涂遍数），以"m²"为计量单位，工程量按设计图示尺寸以面积计算（同隔离层）。其中工程内容包括：基层清理、刮腻子、刷涂料。

6.4.3.11　楼地面装饰工程

（1）整体面层及找平层（编码：011101）

① 水泥砂浆楼地面，应根据项目特征（找平层厚度、砂浆配合比，素水泥浆遍数，面层厚度、砂

浆配合比,面层做法要求),以"m²"为计量单位,工程量按设计图示尺寸以面积计算。扣除凸出地面构筑物、设备基础、室内铁道、地沟等所占面积,不扣除间壁墙和 0.3 m² 以内的柱、垛、附墙烟囱及孔洞所占面积。门洞、空圈、暖气包槽、壁龛的开口部分不增加面积。其中工程内容包括:基层清理、抹找平层、抹面层、材料运输。

② 现浇水磨石楼地面,应根据项目特征(找平层厚度、砂浆配合比,面层厚度、水泥石子浆配合比,嵌条材料种类、规格,石子种类、规格、颜色,颜料种类、颜色,图案要求,磨光、酸洗、打蜡要求),以"m²"为计量单位,工程量按设计图示尺寸以面积计算(同水泥砂浆楼地面)。其中工程内容包括:基层清理,抹找平层,面层铺设,嵌缝条安装,磨光、酸洗、打蜡,材料运输。

③ 细石混凝土楼地面,应根据项目特征(找平层厚度、砂浆配合比,面层厚度、混凝土强度等级),以"m²"为计量单位,工程量按设计图示尺寸以面积计算(同水泥砂浆楼地面)。其中工程内容包括:基层清理、抹找平层、面层铺设、材料运输。

④ 菱苦土楼地面,应根据项目特征(找平层厚度、砂浆配合比,面层厚度,打蜡要求),以"m²"为计量单位,工程量按设计图示尺寸以面积计算(同水泥砂浆楼地面)。其中工程内容包括:清理基层、抹找平层、面层铺设、打蜡、材料运输。

⑤ 自流平楼地面,应根据项目特征(找平层厚度、砂浆配合比,界面剂材料种类,中层漆材料种类、厚度,面漆材料种类、厚度,面层材料种类),以"m²"为计量单位,工程量按设计图示尺寸以面积计算(同水泥砂浆楼地面)。其中工程内容包括:基层处理,抹找平层、涂界面剂,涂刷中层漆,打磨、吸尘,镘自流平面漆,拌和自流平浆料,铺面层。

⑥ 平面砂浆找平层,应根据项目特征(找平层厚度、砂浆配合比),以"m²"为计量单位,工程量按设计图示尺寸以面积计算。其中工程内容包括:基层处理、抹找平层、材料运输。

(2) 块料面层(编码:011102)

石材楼地面、碎石材楼地面、块料楼地面,应根据项目特征(找平层厚度、砂浆配合比,结合层厚度、砂浆配合比,面层材料品种、规格、颜色,嵌缝材料种类,防护层材料种类,酸洗、打蜡要求),以"m²"为计量单位,工程量按设计图示尺寸以面积计算。门洞、空圈、暖气包槽、壁龛的开口部分并入相应的工程量内。其中工程内容包括:基层清理,抹找平层,面层铺设、磨边、嵌缝,刷防护材料,酸洗、打蜡,材料运输。

(3) 橡塑面层(编码:011103)

橡胶板楼地面、橡胶卷材楼地面、塑料板楼地面、塑料卷材楼地面,应根据项目特征(黏结层厚度、材料种类,面层材料品种、规格、颜色,压线条种类),以"m²"为计量单位,工程量按设计图示尺寸以面积计算。门洞、空圈、暖气包槽、壁龛的开口部分并入相应的工程量内。其中工程内容包括:基层清理、面层铺贴、压缝条安装、材料运输。

(4) 其他材料面层(编码:011104)

① 地毯楼地面,应根据项目特征(面层材料品种、规格、颜色,防护材料种类,黏结材料种类,压线条种类),以"m²"为计量单位,工程量按设计图示尺寸以面积计算。门洞、空圈、暖气包槽、壁龛的开口部分并入相应的工程量内。其中工程内容包括:基层清理、铺贴面层、刷防护材料、装钉压条、材料运输。

② 竹、木(复合)地板,金属复合地板,应根据项目特征(龙骨材料种类、规格、铺设间距,基层材料种类、规格,面层材料品种、规格、品牌、颜色,防护材料种类),以"m²"为计量单位,工程量按设计图示尺寸以面积计算(同地毯楼地面)。其中工程内容包括:基层清理、龙骨铺设、基层铺设、面层铺贴、刷防护材料、材料运输。

③ 防静电活动地板,应根据项目特征(支架高度、材料种类,面层材料品种、规格、品牌、颜色,防护材料种类),以"m²"为计量单位,工程量按设计图示尺寸以面积计算(同地毯楼地面)。其中工程内容包括:清理基层、固定支架安装、活动面层安装、刷防护材料、材料运输。

(5) 踢脚线(编码:011105)

① 水泥砂浆踢脚线,应根据项目特征(踢脚线高度,底层厚度、砂浆配合比,面层厚度、砂浆配合比),以"m²/m"为计量单位。以平方米计量,按设计图示长度乘高度以面积计算;以米计量,按延长米计算。工程内容包括:基层清理、底层和面层抹灰、材料运输。

② 石材踢脚线、块料踢脚线,应根据项目特征(踢脚线高度、粘贴层厚度、材料种类,面层材料品种、规格、品牌、颜色,防护材料种类),以"m²/m"为计量单位。以平方米计量,按设计图示长度乘高度以面积计算;以米计量,按延长米计算。工程内容包括:基层清理,底层抹灰,面层铺贴、磨边,擦缝、磨光、酸洗、打蜡,刷防护材料,材料运输。

③ 塑料板踢脚线,应根据项目特征(踢脚线高度,黏结层厚度、材料种类,面层材料种类、规格、品牌、颜色),以"m²/m"为计量单位。以平方米计量,按设计图示长度乘高度以面积计算;以米计量,按延长米计算。工程内容包括:基层清理、基层铺贴、面层铺贴、材料运输。

④ 木质踢脚线、金属踢脚线、防静电踢脚线,应根据项目特征(踢脚线高度,基层材料种类、规格,面层材料品种、规格、品牌、颜色),以"m²/m"为计量单位。以平方米计量,按设计图示长度乘高度以面积计算;以米计量,按延长米计算。工程内容包括:基层清理、基层铺贴、面层铺贴、材料运输。

(6) 楼梯面层(编码:011106)

① 石材楼梯面层、块料楼梯面层、拼碎块料面层,应根据项目特征(找平层厚度、砂浆配合比,黏结层厚度、材料种类,面层材料品种、规格、品牌、颜色,防滑条材料种类、规格,勾缝材料种类,防护层材料种类,酸洗、打蜡要求),以"m²"为计量单位,工程量按设计图示尺寸以楼梯(包括踏步、休息平台及500 mm以内的楼梯井)水平投影面积计算。楼梯与楼地面相连时,算至梯口梁内侧边沿;无梯口梁者,算至最上一层踏步边沿加300 mm。其中工程内容包括:基层清理,抹找平层,面层铺贴、磨边,贴嵌防滑条,勾缝,刷防护材料,酸洗、打蜡,材料运输。

② 水泥砂浆楼梯面,应根据项目特征(找平层厚度、砂浆配合比,面层厚度、砂浆配合比,防滑条材料种类、规格),以"m²"为计量单位,工程量按设计图示尺寸以楼梯水平投影面积计算(同石材楼梯面层)。其中工程内容包括:基层清理、抹找平层、抹面层、贴嵌防滑条、材料运输。

③ 现浇水磨石楼梯面,应根据项目特征(找平层厚度、砂浆配合比,面层厚度、水泥石子浆配合比,防滑条材料种类、规格,石子种类、规格、颜色,颜料种类、颜色,磨光、酸洗、打蜡要求),以"m²"为计量单位,工程量按设计图示尺寸以楼梯水平投影面积计算(同石材楼梯面层)。其中工程内容包括:基层清理,抹找平层,抹面层,贴嵌防滑条,磨光、酸洗、打蜡,材料运输。

④ 地毯楼梯面,应根据项目特征(基层材料种类,面层材料品种、规格、颜色,防护材料种类,黏结材料种类,固定配件材料种类、规格),以"m²"为计量单位,工程量按设计图示尺寸以楼梯水平投影面积计算(同石材楼梯面层)。其中工程内容包括:基层清理、铺贴面层、固定配件安装、刷防护材料、材料运输。

⑤ 木板楼梯面,应根据项目特征(基层材料种类、规格,面层材料品种、规格、品牌、颜色,黏结材料种类,防护材料种类),以"m²"为计量单位,工程量按设计图示尺寸以楼梯水平投影面积计算(同石材楼梯面层)。其中工程内容包括:基层清理,基层铺贴,面层铺贴,刷防护材料,油漆,材料运输。

⑥ 橡胶板楼梯面层、塑料板楼梯面层,应根据项目特征(黏结层厚度、材料种类,面层材料品种、规格,压线条种类),以"m²"为计量单位,工程量按设计图示尺寸以楼梯水平投影面积计算(同石材楼梯面层)。其中工程内容包括:基层清理、面层铺贴、压缝条装钉、材料运输。

(7) 台阶装饰(编码:011107)

① 石材台阶面、块料台阶面、拼碎块料台阶,应根据项目特征(找平层厚度、砂浆配合比,黏结层材料种类,面层材料品种、规格、颜色,勾缝材料种类,防滑条材料种类、规格,防护材料规格),以"m²"为计量单位,工程量按设计图示尺寸以台阶(包括最上层踏步边沿加300 mm)水平投影面积计算。其中工程内容包括:基层清理、抹找平层、面层铺贴、贴嵌防滑条、勾缝、刷防护材料、材料运输。

② 水泥砂浆台阶面,应根据项目特征(找平层厚度、砂浆配合比,面层厚度、砂浆配合比,防滑条材料种类),以"m²"为计量单位,工程量按设计图示尺寸以台阶(包括最上层踏步边沿加300 mm)水平投影面积计算。其中工程内容包括:基层清理、抹找平层、抹面层、抹防滑条、材料运输。

③ 现浇水磨石台阶面,应根据项目特征(找平层厚度、砂浆配合比,面层厚度、水泥石子浆配合比,防滑条材料种类、规格,石子种类、规格、颜色,颜料种类、颜色,磨光、酸洗、打蜡要求),以"m²"为计量单位,工程量按设计图示尺寸以台阶(包括最上层踏步边沿加300 mm)水平投影面积计算。其中工程内容包括:清理基层、抹找平层、抹面层、贴嵌防滑条、打磨、酸洗、打蜡、材料运输。

④ 剁假石台阶面,应根据项目特征(找平层厚度、砂浆配合比,面层厚度、砂浆配合比,剁假石要求),以"m²"为计量单位,工程量按设计图示尺寸以台阶(包括最上层踏步边沿加300 mm)水平投影面积计算。其中工程内容包括:清理基层、抹找平层、抹面层、剁假石、材料运输。

(8) 零星装饰项目(编码:011108)

① 石材零星项目、碎拼石材零星项目、块料零星项目,应根据项目特征(工程部位,找平层厚度、砂浆配合比,结合层厚度、材料种类,面层材料品种、规格、颜色,勾缝材料种类,防护材料种类,酸洗、打蜡要求),以"m²"为计量单位,工程量按设计图示尺寸以面积计算。其中工程内容包括:清理基层,抹找平层,面层铺贴,勾缝,刷防护材料,酸洗、打蜡,材料运输。

② 水泥砂浆零星项目,应根据项目特征(工程部位,找平层厚度、砂浆配合比,面层厚度、砂浆厚度),以"m²"为计量单位,工程量按设计图示尺寸以面积计算。其中工程内容包括:清理基层、抹找平层、抹面层、材料运输。

6.4.3.12　墙、柱面装饰与隔断、幕墙工程

(1) 墙面抹灰(编码:011201)

① 墙面一般抹灰、墙面装饰抹灰,应根据项目特征(墙体类型,底层厚度、砂浆配合比,面层厚度、砂浆配合比,装饰面材料种类,分格缝宽度、材料种类),以"m²"为计量单位,工程量按设计图示尺寸以面积计算。扣除墙裙、门窗洞口及单个面积大于 0.3 m² 的孔洞面积,不扣除踢脚线、挂镜线和墙与构件交接处的面积,门窗洞口和孔洞的侧壁及顶面不增加面积。附墙柱、梁、垛、烟囱侧壁并入相应的墙面面积内。a. 外墙抹灰面积按外墙垂直投影面积计算。b. 外墙裙抹灰面积按其长度乘高度计算。c. 内墙抹灰面积按主墙间的净长乘高度计算:无墙裙的,高度按室内楼地面至顶棚底面计算;有墙裙的,高度按墙裙顶至顶棚底面计算;有吊顶天棚抹灰,高度算至天棚底。d. 内墙裙抹灰面积按内墙净长乘高度计算。其中工程内容包括:基层清理,砂浆制作、运输,底层抹灰,抹面层,抹装饰面,勾分格缝。

② 墙面勾缝,应根据项目特征(勾缝类型、勾缝材料种类),以"m²"为计量单位,工程量按设计图示尺寸以面积计算(同墙面一般抹灰)。其中工程内容包括:基层清理,砂浆制作、运输,勾缝。

③ 立面砂浆找平层,应根据项目特征(基层类型,找平层砂浆厚度、配合比),以"m²"为计量单位,工程量按设计图示尺寸以面积计算(同墙面一般抹灰)。其中工程内容包括:基层清理,砂浆制作、运输,抹灰找平。

(2) 柱(梁)面抹灰(编码:011202)

① 柱、梁面一般抹灰和柱、梁面装饰抹灰,应根据项目特征(柱、梁体类型,底层厚度、砂浆配合比,面层厚度、砂浆配合比,装饰面材料种类,分格缝宽度、材料种类),以"m²"为计量单位。柱面抹灰工程量按设计图示柱断面周长乘高度以面积计算;梁面抹灰工程量按设计图示梁断面周长乘高度以面积计算。其中工程内容包括:基层清理,砂浆制作、运输,底层抹灰,抹面层,勾分格缝。

② 柱、梁面砂浆找平,应根据项目特征(柱、梁体类型,找平层砂浆厚度、配合比),以"m²"为计量单位,工程量按设计图示柱断面周长乘高度以面积计算(同柱、梁面一般抹灰)。其中工程内容包括:基层清理,砂浆制作、运输,抹灰找平。

③ 柱面勾缝,应根据项目特征(勾缝类型、勾缝材料种类),以"m²"为计量单位,工程量按设计图示柱断面周长乘高度以面积计算。其中工程内容包括:基层清理,砂浆制作、运输,勾缝。

(3) 零星抹灰(编码:011203)

① 零星项目一般抹灰、零星项目装饰抹灰,应根据项目特征(基层类型、部位,底层厚度、砂浆配合比,面层厚度、砂浆配合比,装饰面材料种类,分格缝宽度、材料种类),以"m²"为计量单位,工程量按设计图示尺寸以面积计算。其中工程内容包括:基层清理,砂浆制作、运输,底层抹灰,抹面层,抹装饰面,勾分格缝。

② 零星项目砂浆找平,应根据项目特征(基层类型、部位,找平层砂浆厚度、配合比),以"m²"为计量单位,工程量按设计图示尺寸以面积计算。其中工程内容包括:基层清理,砂浆制作、运输,抹灰找平。

(4) 墙面块料面层(编码:011204)

① 石材墙面、碎拼石材墙面、块料墙面,应根据项目特征(墙体类型,安装方式,面层材料品种、规格、颜色,底层厚度、砂浆配合比,缝宽、嵌缝材料种类,防护材料种类,磨光、酸洗、打蜡要求),以"m²"为计量单位,工程量按镶贴面积计算。其中工程内容包括:基层清理,砂浆制作、运输,黏结层铺贴,面层安装,嵌缝,刷防护材料,磨光、酸洗、打蜡。

② 干挂石材、钢骨架,应根据项目特征(骨架种类、规格,刷防锈漆品种、遍数),以"t"为计量单位,工程量按设计图示尺寸以质量计算。其中工程内容包括:骨架制作、运输、安装,刷漆。

(5) 柱(梁)面镶贴块料(编码:011205)

① 石材柱面、拼碎石材柱面、块料柱面,应根据项目特征(柱截面类型、尺寸,安装方式,面层材料品种、规格、颜色,缝宽、嵌缝材料种类,防护材料种类,磨光、酸洗、打蜡要求),以"m²"为计量单位,工程量按镶贴面积计算。其中工程内容包括:基层清理,砂浆制作、运输,黏结层铺贴,面层安装,嵌缝,刷防护材料,磨光、酸洗、打蜡。

② 石材梁面、块料梁面,应根据项目特征(安装方式,面层材料品种、规格、品牌、颜色,缝宽、嵌缝材料种类,防护材料种类,磨光、酸洗、打蜡要求),以"m²"为计量单位,工程量按镶贴面积计算。其中工程内容包括:基层清理,砂浆制作、运输,黏结层铺贴,面层安装,嵌缝,刷防护材料,磨光、酸洗、打蜡。

(6) 镶贴零星块料(编码:011206)

石材零星项目、拼碎石材零星项目、块料零星项目,应根据项目特征(基层类型、部位、安装方式,面层材料品种、规格、颜色,缝宽、嵌缝材料种类,防护材料种类,磨光、酸洗、打蜡要求),以"m²"

为计量单位,工程量按设计图示尺寸以面积计算。其中工程内容包括:基层清理,砂浆制作、运输,面层安装,嵌缝,刷防护材料,磨光、酸洗、打蜡。

(7)墙饰面(编码:011207)

① 墙面装饰板,应根据项目特征(基层类型、部位、安装方式,面层材料品种、规格、颜色,缝宽、嵌缝材料种类,防护材料种类,磨光、酸洗、打蜡要求),以"m²"为计量单位,工程量按设计图示墙净长乘净高以面积计算。扣除门窗洞口及单个面积大于 0.3 m² 的孔洞所占面积。其中工程内容包括:基层清理,龙骨制作、运输、安装,钉隔离层,基层铺钉,面层铺贴。

② 墙面装饰浮雕,应根据项目特征(基层类型、浮雕材料种类、浮雕样式),以"m²"为计量单位,工程量按设计图示尺寸以面积计算。其中工程内容包括:基层清理,材料制作、运输、安装成型。

(8)柱(梁)饰面(编码:011208)

① 柱(梁)面装饰,应根据项目特征(龙骨材料种类、规格、中距,隔离层材料种类,基层材料种类、规格,面层材料品种、规格、颜色,压条材料种类、规格),以"m²"为计量单位,工程量按设计图示饰面外围尺寸以面积计算。柱帽、柱墩并入相应柱饰面工程量内。其中工程内容包括:清理基层,龙骨制作、运输、安装,钉隔离层,基层铺钉,面层铺贴。

② 成品装饰柱,应根据项目特征(柱截面、高度尺寸,主材质)以"根/m"为计量单位,工程量以根计量,按设计数量计算;以米计量,按设计长度计算。其中工程内容包括:柱运输、固定、安装。

(9)幕墙(编码:011209)

① 带骨架幕墙,应根据项目特征(骨架材料种类、规格、中距,面层材料品种、规格、颜色,面层固定方式,隔离带、框边封闭材料品种、规格,嵌缝、塞口材料种类),以"m²"为计量单位,工程量按设计图示框外围尺寸以面积计算。与幕墙同种材质的窗所占面积不扣除。其中工程内容包括:骨架制作、运输、安装,面层安装,隔离带、框边封闭,嵌缝、塞口,清洗。

② 全玻(无框玻璃)幕墙,应根据项目特征(玻璃品种、规格、颜色,黏结塞口材料种类,固定方式),以"m²"为计量单位,工程量按设计图示尺寸以面积计算。带肋全玻幕墙按展开面积计算。其中工程内容包括:幕墙安装,嵌缝、塞口,清洗。

(10)隔断(编码:011210)

① 木隔断,应根据项目特征(骨架及边框材料种类、规格,隔板材料品种、规格、颜色,嵌缝、塞口材料品种,压条材料种类),以"m²"为计量单位,工程量按设计图示框外围尺寸以面积计算。扣除单个面积在 0.3 m² 以上的孔洞所占面积;浴厕门的材质与隔断相同时,门的面积并入隔断面积内。其中工程内容包括:骨架及边框制作、运输、安装,隔板制作、运输、安装,嵌缝、塞口,装钉压条。

② 金属隔断,应根据项目特征(骨架及边框材料种类、规格,隔板材料品种、规格、颜色,嵌缝、塞口材料品种),以"m²"为计量单位,工程量按设计图示框外围尺寸以面积计算。扣除单个面积在 0.3 m² 以上的孔洞所占面积;浴厕门的材质与隔断相同时,门的面积并入隔断面积内。其中工程内容包括:骨架及边框制作、运输、安装,隔板制作、运输、安装,嵌缝、塞口。

③ 玻璃隔断,应根据项目特征(边框材料种类、规格,玻璃品种、规格、颜色,嵌缝、塞口材料品种),以"m²"为计量单位,工程量按设计图示框外围尺寸以面积计算。扣除单个面积在 0.3 m² 以上的孔洞所占面积。其中工程内容包括:边框制作、运输、安装,玻璃制作、运输、安装,嵌缝、塞口。

④ 塑料隔断,应根据项目特征(边框材料种类、规格,隔板品种、规格、颜色,嵌缝、塞口材料品种),以"m²"为计量单位,工程量按设计图示框外围尺寸以面积计算。扣除单个面积在 0.3 m² 以上的孔洞所占面积。其中工程内容包括:骨架及边框制作、运输、安装,隔板制作、运输、安装,嵌缝、塞口。

⑤ 成品隔断，应根据项目特征（隔断材料品种、规格、颜色，配件品种、规格），以"m²/间"为计量单位，工程量以平方米计量，按设计图示框外围尺寸以面积计算；以间计算，按设计间的数量计算。其中工程内容包括：隔断运输、安装，嵌缝、塞口。

⑥ 其他隔断，应根据项目特征（骨架及边框材料种类、规格，隔板材料品种、规格、颜色，嵌缝、塞口材料品种），以"m²"为计量单位，工程量按设计图示框外围尺寸以面积计算。扣除单个面积在 0.3 m² 以上的孔洞所占面积。其中工程内容包括：骨架及边框制作、运输、安装，隔板安装，嵌缝、塞口。

6.4.3.13　天棚工程

（1）天棚抹灰（编码：011301）

天棚抹灰，应根据项目特征（基层类型，抹灰厚度、材料种类，砂浆配合比），以"m²"为计量单位，工程量按设计图示尺寸以水平投影面积计算。不扣除间壁墙、垛、柱、附墙烟囱、检查口和管道所占的面积，带梁顶棚、梁两侧抹灰面积并入天棚面积内，板式楼梯底面抹灰按斜面积计算，锯齿形楼梯底板抹灰按展开面积计算。其中工程内容包括：基层清理、底层抹灰、抹面层。

（2）天棚吊顶（编码：011302）

① 天棚吊顶，应根据项目特征（吊顶形式，吊杆规格、高度，龙骨类型及材料种类、规格、中距，基层材料种类、规格，面层材料品种、规格、颜色，压条材料种类、规格，嵌缝材料种类，防护材料种类），以"m²"为计量单位，工程量按设计图示尺寸以水平投影面积计算。天棚面中的灯槽及跌级、锯齿形、吊挂式、藻井式顶棚面积不展开计算。不扣除间壁墙、检查口、附墙烟囱、柱垛和管道所占面积，扣除单个面积在 0.3 m² 以外的孔洞、独立柱及与顶棚相连的窗帘盒所占的面积。其中工程内容包括：基层清理、吊杆安装，龙骨安装，基层板铺贴，面层铺贴，嵌缝，刷防护材料。

② 格栅吊顶，应根据项目特征（龙骨类型及材料种类、规格、中距，基层材料种类、规格，面层材料品种、规格、颜色，防护材料种类），以"m²"为计量单位，工程量按设计图示尺寸以水平投影面积计算。其中工程内容包括：基层清理、安装龙骨、基层板铺贴、面层铺贴、刷防护材料。

③ 吊筒吊顶，应根据项目特征（吊筒形状、规格，吊筒材料种类，防滑材料种类），以"m²"为计量单位，工程量按设计图示尺寸以水平投影面积计算。其中工程内容包括：基层清理，吊筒制作、安装，刷防护材料。

④ 藤条造型悬挂吊顶、织物软雕吊顶，应根据项目特征（骨架材料种类、规格，面层材料品种、规格），以"m²"为计量单位，工程量按设计图示尺寸以水平投影面积计算。其中工程内容包括：基层清理、龙骨安装、铺贴面层。

⑤ 装饰网架吊顶，应根据项目特征（网架材料品种、规格），以"m²"为计量单位，工程量按设计图示尺寸以水平投影面积计算。其中工程内容包括：基层清理，网架制作、安装。

（3）采光天棚（编码：011303）

采光天棚，应根据项目特征（骨架类型，固定类型、固定材料品种、规格，面层材料品种、规格，嵌缝、塞口材料品种），以"m²"为计量单位，工程量按设计图示尺寸以框外围展开面积计算。其中工程内容包括：清理基层，面层制作、安装，嵌缝、塞口，清洗。

（4）天棚其他装饰（编码：011304）

① 灯带，应根据项目特征（灯带形式、尺寸，格栅片材料品种、规格、颜色、安装和固定方式），以"m²"为计量单位，工程量按设计图示尺寸以框外围面积计算。其中工程内容包括：安装、固定。

② 送风口、回风口，应根据项目特征（风口材料品种、规格、品牌、颜色，安装和固定方式，防护材料种类），以"个"为计量单位，工程量按设计图示数量计算。其中工程内容包括：安装、固定，刷防护材料。

6.4.3.14 油漆、涂料、裱糊工程

(1)门油漆(编码:011401)

① 木门油漆,应根据项目特征(门类型、门代号及洞口尺寸、腻子种类、刮腻子遍数、防护材料种类、油漆品种、刷漆遍数),以"樘/m²"为计量单位,工程量以樘计量,按设计图示数量计算;以平方米计量,按设计图示洞口尺寸以面积计算。其中工程内容包括:基层清理,刮腻子,刷防护材料、油漆。

② 金属门油漆,应根据项目特征(门类型、门代号及洞口尺寸、腻子种类、刮腻子遍数、防护材料种类、油漆品种、刷漆遍数),以"樘/m²"为计量单位,工程量以樘计量,按设计图示数量计算;以平方米计量,按设计图示洞口尺寸以面积计算。其中工程内容包括:除锈,基层清理,刮腻子,刷防护材料、油漆。

(2)窗油漆(编码:011402)

① 木窗油漆,应根据项目特征(窗类型、窗代号及洞口尺寸、腻子种类、刮腻子遍数、防护材料种类、油漆品种、刷漆遍数),以"樘/m²"为计量单位,工程量以樘计量,按设计图示数量计算;以平方米计量,按设计图示洞口尺寸以面积计算。其中工程内容包括:基层清理,刮腻子,刷防护材料、油漆。

② 金属窗油漆,应根据项目特征(窗类型、窗代号及洞口尺寸、腻子种类、刮腻子遍数、防护材料种类、油漆品种、刷漆遍数),以"樘/m²"为计量单位,工程量以樘计量,按设计图示数量计算;以平方米计量,按设计图示洞口尺寸以面积计算。其中工程内容包括:除锈,基层清理,刮腻子,刷防护材料、油漆。

(3)木扶手及其他板条、线条油漆(编码:011403)

木扶手油漆,窗帘盒油漆,封檐板、顺水板油漆,挂衣板、黑板框油漆,挂镜线、窗帘棍、单独木线油漆,应根据项目特征(断面尺寸、腻子种类、刮腻子要求、防护材料种类、油漆品种、刷漆遍数),以"m"为计量单位,工程量按设计图示尺寸以长度计算。其中工程内容包括:基层清理,刮腻子,刷防护材料、油漆。

(4)木材面油漆(编码:011404)

① 木护墙、木墙裙油漆,窗台板、筒子板、盖板、门窗套、踢脚线油漆,清水板条顶棚、檐口油漆,吸声板墙面顶棚面油漆,暖气罩油漆,木方格吊顶顶棚油漆,其他木质材料,应根据项目特征(腻子种类、刮腻子遍数、防护材料种类、油漆品种、刷漆遍数),以"m²"为计量单位,工程量按设计图示尺寸以面积计算。其中工程内容包括:基层清理,刮腻子,刷防护材料、油漆。

② 木间壁、木隔断油漆,玻璃间壁露明墙筋油漆,木栅栏、木栏杆(带扶手)油漆,应根据项目特征(腻子种类、刮腻子遍数、防护材料种类、油漆品种、刷漆遍数),以"m²"为计量单位,工程量按设计图示尺寸以单面外围面积计算。其中工程内容包括:基层清理,刮腻子,刷防护材料、油漆。

③ 衣柜、壁柜油漆,梁柱饰面油漆,零星木装修油漆,应根据项目特征(腻子种类、刮腻子遍数、防护材料种类、油漆品种、刷漆遍数),以"m²"为计量单位,工程量按设计图示尺寸以油漆部分展开面积计算。其中工程内容包括:基层清理,刮腻子,刷防护材料、油漆。

④ 木地板油漆,应根据项目特征(腻子种类、刮腻子遍数、防护材料种类、油漆品种、刷漆遍数),以"m²"为计量单位,工程量按设计图示尺寸以面积计算。空洞、空圈、暖气包槽、壁龛的开口部分并入相应的工程量内。其中工程内容包括:基层清理,刮腻子,刷防护材料、油漆。

⑤ 木地板烫硬蜡面,应根据项目特征(硬蜡品种、面层处理要求),以"m²"为计量单位,工程量按设计图示尺寸以面积计算。空洞、空圈、暖气包槽、壁龛的开口部分并入相应的工程量内。其中

工程内容包括：基层清理、烫蜡。

（5）金属面油漆（编码：011405）

金属面油漆，应根据项目特征（构件名称、腻子种类、刮腻子遍数、防护材料种类、油漆品种、刷漆遍数），以"t/m^2"为计量单位，工程量以吨计量，按设计图示尺寸以质量计算；以平方米计量，按设计展开面积计算。其中工程内容包括：基层清理，刮腻子，刷防护材料、油漆。

（6）抹灰面油漆（编码：011406）

① 抹灰面油漆，应根据项目特征（基层类型，腻子种类，刮腻子遍数，防护材料种类，油漆品种，刷漆遍数、部位），以"m^2"为计量单位，工程量按设计图示尺寸以面积计算。其中工程内容包括：基层清理，刮腻子，刷防护材料、油漆。

② 抹灰线条油漆，应根据项目特征（线条宽度、道数，腻子种类，刮腻子遍数，防护材料种类，油漆品种，刷漆遍数），以"m"为计量单位，工程量按设计图示尺寸以长度计算。其中工程内容包括：基层清理，刮腻子，刷防护材料、油漆。

③ 满刮腻子，应根据项目特征（基层类型、腻子种类、刮腻子遍数），以"m^2"为计量单位，工程量按设计图示尺寸以面积计算。其中工程内容包括：基层清理、刮腻子。

（7）喷刷涂料（编码：011407）

① 墙面刷喷涂料、天棚刷喷涂料，应根据项目特征（基层类型、喷刷涂料部位、腻子种类、刮腻子要求、涂料品种、刷喷遍数），以"m^2"为计量单位，工程量按设计图示尺寸以面积计算。其中工程内容包括：基层清理，刮腻子，刷、喷涂料。

② 空花格、栏杆刷涂料，应根据项目特征（腻子种类、刮腻子遍数、涂料品种、刷喷遍数），以"m^2"为计量单位，工程量按设计图示尺寸以单面外围面积计算。其中工程内容包括：基层清理，刮腻子，刷、喷涂料。

③ 线条刷涂料，应根据项目特征（基层类型、线条宽度、刮腻子遍数、刷防护材料、油漆），以"m"为计量单位，工程量按设计图示尺寸以长度计算。其中工程内容包括：基层清理，刮腻子，刷、喷涂料。

④ 金属构件刷防火涂料，应根据项目特征（喷刷防火涂料构件名称、防火等级要求、涂料品种、刷喷遍数），以"m^2/t"为计量单位，工程量以平方米计量，按设计展开面积计算；以吨计量，按设计图示尺寸以质量计算。其中工程内容包括：基层清理，刷防护材料、油漆。

⑤ 木质构件刷防火涂料，应根据项目特征（喷刷防火涂料构件名称、防火等级要求、涂料品种、刷喷遍数），以"m^2"为计量单位，工程量以平方米计量，按设计展开面积计算。其中工程内容包括：基层清理、刷防火材料。

（8）裱糊（编码：011408）

墙纸裱糊、织锦缎裱糊，应根据项目特征（基层类型，裱糊部位，腻子种类，刮腻子要求，黏结材料种类，防护材料种类，面层材料品种、规格、颜色），以"m^2"为计量单位，工程量按设计图示尺寸以面积计算。其中工程内容包括：基层清理、刮腻子、面层铺粘、刷防护材料。

知识归纳

（1）工程计量的基本概念。

（2）建筑面积的计算规则。

（3）建筑工程工程量计算规则。

（4）装饰工程工程量计算规则。

（5）工程量清单计算规则。

思 考 题

6-1 什么是工程量清单？什么是工程量清单计价？

6-2 工程量清单的内容包括哪些方面？

6-3 如何编制分部分项工程量清单？

6-4 措施项目清单包括哪些内容？

6-5 其他项目清单包括哪些内容？

6-6 什么是综合单价？如何确定综合单价？

6-7 工程量清单计价过程是怎样的？

6-8 工程量清单格式的组成内容有哪些？

6-9 定额计价与工程量清单计价在计算方法上有哪些不同？

思考题答案

参考文献

[1] 林平.统一工程量计算规则的探讨.福建建筑高等专科学校学报,2002 (2):120-122.

[2] 肖伦斌.工程量计算规则中的几个问题探讨.西南科技大学学报(自然科学版),2003(4):47-48.

[3] 黄忠勋.建筑工程量计算要点.彭城职业大学学报,2004(2):44-46.

[4] 刘东军.工程量计算方法浅述.甘肃水利水电技术,2007(2):103-104.

[5] 蒋泉.建筑工程中工程量计算方法及发展.安徽冶金科技职业学院学报,2009(4):45-47.

[6] 佚名.正确的工程量计算是搞好工程造价确定与控制的重要环节.中国招标,2009(16):27-29.

[7] 佚名.工程量计算方法与技巧(二).中国招标,2010(24):17-21.

[8] 中华人民共和国住房和城乡建设部,中华人民共和国质量监督检验检疫总局.GB 50500—2013 建设工程工程量清单计价规范.北京:中国计划出版社,2013.

[9] 中华人民共和国住房和城乡建设部,中华人民共和国质量监督检验检疫总局.GB 50854—2013 房屋建筑与装饰工程工程量计算规范.北京:中国计划出版社,2013.

[10] 吉林省住房和城乡建设厅.JLJD-FY—2014 吉林省建设工程费用定额.长春:吉林人民出版社,2013.

[11] 吉林省住房和城乡建设厅.JLJD-JZ—2014 吉林省建筑工程计价定额.长春:吉林人民出版社,2013.

[12] 全国造价工程师执业资格考试培训教材编审委员会.建设工程计价.北京:中国计划出版社,2013.

7　工程量清单计价规范的应用

内容提要

　　本章将《建设工程工程量清单计价规范》(GB 50500—2013)在建设项目发承包阶段及实施阶段,对招标控制价和投标报价的编制、合同价款的约定、合同价款的调整、工程价款结算和竣工结算等计价活动内容的规定进行了详细的分析、归纳和总结。其详细叙述了招标控制价和投标报价的编制方法和要求,合同价款的约定,合同价款的调整,工程价款结算和竣工结算等计价活动的要点和注意事项。本章的教学重点和难点是招标控制价和投标报价的编制方法,合同价款调整事件的处理。

能力要求

　　通过本章的学习,学生应掌握招标控制价和投标报价的编制方法,并能较完整、准确地编制实际工程项目的招标控制价和投标报价,掌握合同价款的调整方法和工程结算的方法,在实际工程发生合同价款调整事件时能根据本章所述内容较正确地加以处理。

重难点

　　《建设工程工程量清单计价规范》(GB 50500—2013)适用于建设工程发承包及实施阶段的计价活动。

　　根据我国建设工程实施程序和计价活动的特点,建设工程发承包及实施阶段的计价活动主要包括招标控制价和投标报价的编制,合同价款的约定,合同价款的调整,工程价款结算和竣工结算等内容。

7.1　招标控制价的编制

　　《中华人民共和国招标投标法实施条例》规定,招标人可以自行决定是否编制标底,一个招标项目只能有一个标底,标底必须保密;同时还规定,招标人设有最高投标限价的,应当在招标文件中明确规定最高投标限价或最高投标限价的计算方法,招标人不得规定最低投标限价。

　　《建设工程工程量清单计价规范》(GB 50500—2013)规定,对于国有资金投资的建设工程招标,招标人必须编制招标控制价。

7.1.1　《建设工程工程量清单计价规范》(GB 50500—2013)中对招标控制价编制的规定

　　招标人应根据国家或省级、行业建设主管部门颁发的有关计价依据和办法,以及拟订的招标文件和招标工程量清单,结合工程具体情况编制招标工程的最高投标限价。

招标控制价的编制主体是具有编制能力的招标人或受其委托具有相应资质的工程造价咨询人。工程造价咨询人接受招标人的委托编制招标控制价时,不得再就同一工程接受投标人委托编制投标报价。招标控制价应按照计价规范的规定编制,不应上调或下浮。当招标控制价超过批准的概算时,招标人应将其报原概算审批部门审核。招标人应在发布招标文件时公布招标控制价,同时应将招标控制价及有关资料报送工程所在地或有该工程管辖权的行业管理部门工程造价管理机构备查。投标人经复核认为招标人公布的招标控制价未按照计价规范的规定进行编制的,应在招标控制价公布后 5 d 内向招投标监督机构和工程造价管理机构投诉。招投标监督机构和工程造价管理机构受理投诉后,应立即对招标控制价进行复查,组织投诉人、被投诉人或其委托的招标控制价编制人等单位人员对投诉问题逐一核对。有关当事人应当予以配合,并应保证所提供资料的真实性。工程造价管理机构应当在受理投诉的 10 d 内完成复查,特殊情况下时间可适当延长,并做出书面结论通知投诉人、被投诉人及负责该工程招投标监督工作的招投标管理机构。当招标控制价复查结论与原公布的招标控制价的误差大于±3%时,应当责成招标人改正。

7.1.2 招标控制价的编制依据

招标控制价的编制依据主要有:计价和计量规范,国家或省级、行业建设主管部门颁发的建设工程设计文件及相关资料,拟订的招标文件及招标工程量清单,与建设项目相关的标准、规范、技术资料,施工现场情况,工程特点及常规施工方案,工程造价管理机构发布的工程造价信息。当工程造价信息没有发布时,招标控制价参照市场价、其他相关资料拟订。

7.1.3 招标控制价的编制内容和要求

招标控制价的编制内容主要包括分部分项工程费、措施项目费、其他项目费、规费和税金的编制。各费用的编制要求不同。

7.1.3.1 分部分项工程费的编制要求

① 分部分项工程费应根据招标文件中的分部分项工程量清单及有关要求,按照计价规范中的有关规定确定综合单价后计价。

② 工程量依据招标文件中提供的分部分项工程量清单确定。

③ 招标文件提供了暂估单价的材料,其单价应按暂估单价计入综合单价。

④ 综合单价中应包括招标文件中划分的应由投标人承担的风险所产生的费用。招标文件中没有明确划分的,如是工程造价咨询人编制的,应提请招标人明确;如是招标人编制的,应自行予以明确。

⑤ 分部分项工程费计算结果要填入分部分项工程量清单表与计价表中。

7.1.3.2 措施项目费的编制要求

① 措施项目中的单价项目,应根据拟订的招标文件和招标工程量清单项目中的特征描述及有关要求确定综合单价计算。计算方法与分部分项工程费计算方法相同。

② 措施项目中的总价项目应根据拟订的招标文件和常规施工方案按"项"计算费用。

以"项"计算的措施项目费计算公式见式(7-1):

$$以"项"计算的措施项目费 = 措施项目费用计算基数 × 费率(\%) \tag{7-1}$$

7.1.3.3 其他项目费的编制要求

(1) 暂列金额

暂列金额一般根据工程特点、工期长短、工程环境条件(包括地质、水文、气候条件等)进行估

算，一般可以分部分项工程费的10%～18%作为参考值。招标控制价中的暂列金额计算应按招标工程量清单中列出的金额填写。

（2）暂估价

① 暂估价中的材料单价采用造价管理部门公布的最新信息价；工程造价信息中未发布的材料单价，结合类似工程价格信息和市场询价进行估算。编制招标控制价时，暂估价中的材料、工程设备单价应按招标工程量清单中列出的单价计入综合单价。

② 暂估价中的专业工程金额应按招标工程量清单中列出的金额填写。

（3）计日工

在编制招标控制价时，计日工中的人工单价和施工机械台班单价应按省级、行业建设主管部门或其授权的工程造价管理机构公布的单价计算，材料单价采用造价管理部门公布的最新信息价。工程造价信息中未发布的材料单价，结合类似工程价格信息和市场询价进行估算。计日工按招标工程量清单中列出的项目根据工程特点和有关计价依据确定综合单价计算。

（4）总承包服务费

总承包服务费应根据招标工程量清单中列出的内容和要求估算。计算时应按照省级或行业建设主管部门的规定计算，在计算时可参考以下标准：

① 招标人仅要求对分包的专业工程进行总承包管理和协调时，其按分包专业工程估算造价的1.8%计算。

② 招标人要求对分包的专业工程进行总承包管理和协调，并同时要求提供配合服务时，根据招标文件中列出的配合服务内容和提出的要求，按分包专业工程估算造价的3%～8%计算。

③ 招标人自行供应材料的，按招标人供应材料价值的1%计算。

7.1.3.4　规费和税金的编制要求

规费和税金必须按照国家或省级、行业建设主管部门的规定计算。

税金计算参考公式见式（7-2）。

$$税金＝（分部分项工程费＋措施项目费＋其他项目费＋规费）×综合税率 \qquad (7-2)$$

7.1.4　招标控制价的计价与组价

招标控制价的计价方法就是本书第4章中讲述的工程量清单计价方法。但因为编制人是招标人，所以计价过程中所使用的计价依据与投标报价时的计价依据有一些区别。

7.1.4.1　招标控制价计价的程序

招标控制价的计价程序可以参照程序表（表7-1）进行。

表7-1　　　　　　　　　　　　　　　　　招标控制价计价程序表

工程名称：　　　　　　　　　　　　　标段：　　　　　　　　　　　　　　　　第　页　共　页

序号	汇总内容	计算方法	金额/元
1	分部分项工程费	$\sum$（工程量×综合单价）	
	……	……	
2	措施项目费	总价措施费＋单价措施费	
	其中：安全文明施工费	按规定计算	
3	其他项目费	3.1＋3.2＋3.3＋3.4	
3.1	暂列金额	按照招标工程量清单中的数值填写	
3.2	专业暂估价	按照招标工程量清单中的数值填写	

续表

序号	汇总内容	计算方法	金额/元
3.3	计日工	按照规定计算	
3.4	总承包服务费	按照规定计算	
4	规费	按照规定计算	
8	税金	(1+2+3+4)×税率	
	单位工程招标控制价	1+2+3+4+8	

7.1.4.2　综合单价的组价

招标控制价中的分部分项工程费应按招标文件中分部分项工程量清单项目的特征描述确定综合单价计算。

分部分项工程量清单综合单价包括完成单位分部分项工程所需的人工费、材料费、机械使用费、管理费、利润,并考虑风险费用的分摊。

(1) 确定计算基础

计算基础主要包括消耗量的指标和生产要素的单价。应根据拟订的施工方案确定完成清单项目需要消耗的人工、材料、机械台班的数量。计算时应采用国家、地区、行业定额,并通过调整来确定清单项目的人、材、机单位用量。各种人工、材料、机械台班的单价,则应根据工程造价管理机构公布的信息价确定。

(2) 计算工程内容的工程数量与清单单位的含量

每项工程内容都应根据所选定额的工程量计算规则计算其工程数量。当定额的工程量计算规则与清单的工程量计算规则相一致时,可直接以工程量清单中的工程量作为工程内容的工程数量。当定额的工程量计算规则与清单的工程量计算规则不一致时,要计算清单单位含量工程量,并将其作为要使用的工程量。清单单位含量工程量就是计算每一计量单位的清单项目所分摊工程内容的工程数量。清单单位含量工程量的计算见式(7-3)。

$$清单单位含量工程量 = \frac{某工程内容的定额工程量}{清单工程量} \tag{7-3}$$

(3) 分部分项工程人工、材料、机械费用的计算

其以完成每一计量单位清单项目所需工程定额的人工、材料、机械用量为基础计算,再根据工程定额确定的各种生产要素的单位价格,可计算出每一计量单位清单项目的人工费、材料费与机械使用费。计算公式见式(7-4)、式(7-5)、式(7-6)。

$$综合单价中的人工费 = 清单单位含量工程量 \times (定额人工消耗量 \times 定额人工工日单价) \tag{7-4}$$

$$综合单价中的材料费 = 清单单位含量工程量 \times (定额材料消耗量 \times 定额材料单价) \tag{7-5}$$

$$综合单价中的施工机具使用费 = 清单单位含量工程量 \times (定额施工机具消耗量 \times 定额施工机具台班单价) \tag{7-6}$$

(4) 综合单价管理费、利润的计算

其按照国家或地区工程造价管理部门规定的计算方法计算。

(5) 综合单价风险费用的计算

综合单价风险费用的计算根据招标文件的规定进行。参考计算公式见式(7-7)。

$$综合单价的风险费用 = (定额人工费 + 定额材料费 + 定额施工机具使用费 + 管理费 + 利润) \times 风险费率 \tag{7-7}$$

（6）分部分项工程综合单价的组价计算

分部分项工程综合单价的组价计算公式见式(7-8)。

分部分项工程综合单价的组价＝人工费＋材料费＋施工机具使用费＋管理费＋利润＋风险费

$$(7-8)$$

【例7-1】 某一类工程项目的基础土方工程为人工挖基坑，清单工程量为 1000 m³。实际施工时，常规施工方案为四面放坡施工，实际施工工程量为 1300 m³。三类土，挖土深度为 1.8 m。请根据《建设工程工程量清单计价规范》(GB 50500—2013)、《房屋建筑与装饰工程工程量计算规范》(GB 50854—2013)、《吉林省建筑工程计价定额》(JLJD-JZ—2014)、《吉林省建设工程费用定额》(JLJD-FY—2014)和工程造价信息价——人工单价 120 元/工日为工程计价依据，参考例4-1中给定的表 4-3，计算招标控制价的分部分项工程综合单价(本题不考虑风险费的计算，计算结果保留两位小数)。

【解】 招标控制价是招标人编制的。在编制招标控制价时，要注意费用的计算依据，尤其要注意使用常规施工方案来计算的要求。

根据式(7-3)、式(7-4)、式(7-5)、式(7-6)和式(7-7)来计算综合单价。

（1）计算清单单位含量工程量

$$清单单位含量工程量＝\frac{某工程内容的定额工程量}{清单工程量}＝\frac{1300}{1000}＝1.3$$

（2）计算综合单价中的人工费

套《吉林省建筑工程计价定额》(JLJD-JZ—2014)中的定额，人工挖基坑(三类土，挖土深度为 1.8 m)的定额人工消耗量为 45.619 工日/(100 m³)，人工定额工日单价为 105 元/工日。

综合单价中的人工费＝清单单位含量工程量×(定额人工消耗量×定额人工工日单价)
$$＝1.3×(45.619×105)/100＝62.27(元)$$

（3）计算综合单价中的材料费

套《吉林省建筑工程计价定额》(JLJD-JZ—2014)中的定额，人工挖基坑(三类土，挖土深度为 1.8 m)没有材料费。

综合单价中的材料费＝清单单位含量工程量×(定额材料消耗量×定额材料单价)＝0

（4）计算综合单价中的施工机具使用费

套《吉林省建筑工程计价定额》(JLJD-JZ—2014)中的定额，人工挖基坑(三类土，挖土深度为 1.8 m)的定额施工机具消耗量为 0.416 台班/(100 m³)，施工机具定额台班单价为 27.43 元/台班。

综合单价中的施工机具使用费＝清单单位含量工程量×(定额施工机具消耗量×

定额施工机具台班单价)
$$＝1.3×(0.416×27.43)/100＝0.15(元)$$

（5）计算综合单价管理费、利润

综合单价管理费、利润按照国家或地区工程造价管理部门规定的计算方法计算。因为是招标控制价的综合单价计算，所以综合单价管理费和利润要按照《吉林省建设工程费用定额》(JLJD-FY—2014)计算。

综合单价管理费＝(人工费＋施工机具使用费)×费率＝(62.27＋0.15)×13.75%
$$＝8.58(元)$$

$$综合单价利润＝人工费×费率＝62.27×16\%＝9.96(元)$$

（6）分部分项工程综合单价的组价

分部分项工程综合单价的组价＝人工费＋材料费＋施工机具使用费＋管理费＋利润＋风险费

$$＝62.27＋0＋0.15＋8.58＋9.96＋0＝80.96(元)$$

7.1.4.3 招标控制价的计价

（1）分部分项工程费的计算

分部分项工程费的计算公式见式(7-9)，结果填入表 7-2 中。

$$分部分项工程费＝\sum(清单工程量×综合单价) \tag{7-9}$$

其中，综合单价中要包含招标人给定的人工、材料和施工机具的暂估价。

表 7-2 　　　　　　　　　　　　　　**分部分项工程量清单与计价表**

工程名称：　　　　　　　　　标段：　　　　　　　　　　　第　页　共　页

序号	项目编码	项目名称	项目特征描述	计量单位	工程量	金额/元		
						综合单价	合价	其中:暂估价

注：表中的前六项按照招标文件工程量清单的内容填写，综合单价和合价要由招标控制价编制人计算后填写。综合单价中使用了招标工程量清单中的材料暂估价的，要在表格中注明。

（2）措施项目费的计算

措施项目费的计算分为单价措施项目费的计算和总价措施项目费的计算。不同施工项目、不同施工单位会有不同施工组织方法和施工方案，所发生的措施项目费一定会不同。因此，对于竞争性措施项目费的计算，招标人应该首先编制常规施工组织设计或施工方案，之后经专家论证确认后再合理确定措施项目和费用。

① 单价措施项目费的计算。单价措施项目费的计算方法与分部分项工程费的计算方法相同，就是要先计算综合单价，然后计算合价。计算结果填入表 7-3 中。

表 7-3 　　　　　　　　　　　　　**单价措施项目清单与计价表**

工程名称：　　　　　　　　　标段：　　　　　　　　　　　第　页　共　页

序号	项目编码	项目名称	项目特征描述	计量单位	工程量	金额/元		
						综合单价	合价	其中:暂估价

② 总价措施项目费的计算。每一项总价措施项目费要按照招标文件中的总价措施项目工程量清单的计算项目，根据国家、地方和行业专业部门编制的相关定额来估算。总价措施项目费按照"项"计算，计算结果填入表 7-4 中。

表 7-4 　　　　　　　　　　　　　**总价措施项目清单与计价表**

工程名称：　　　　　　　　　标段：　　　　　　　　　　　第　页　共　页

序号	项目编码	项目名称	计算基础	费率/%	金额/元	调整费率/%	调整后金额/元	备注

（3）其他项目费的计算

其他项目费按照招标工程量清单的内容进行计算。编制招标控制价的其他项目费时，暂列金额按照其他项目招标工程量的数值填写，专业暂估价按照其他项目招标工程量的数值填写，计日工按照规定计算，总承包服务费按照规定计算。计算结果填入其他项目清单与计价汇总表中，表格形式见表7-5。

表7-5　　**其他项目清单与计价汇总表**

工程名称：　　　　　　　　　　标段：　　　　　　　　　　　　　第　页　共　页

序号	项目名称	金额/元	结算金额/元	备注

（4）规费、税金项目费用的计算

规费和税金按照有关规定计算，计算结果填入表7-6中。

表7-6　　**规费、税金项目计价表**

工程名称：　　　　　　　　　　标段：　　　　　　　　　　　　　第　页　共　页

序号	项目名称	计算基础	计算基数	计算费率/%	金额/元

（5）单位工程招标控制价的计算

将以上费用汇总即为单位工程招标控制价，将结果填入表7-7中。

表7-7　　**单位工程招标控制价汇总表**

工程名称：　　　　　　　　　　标段：　　　　　　　　　　　　　第　页　共　页

序号	汇总内容	金额/元	其中：暂估价/元

（6）单项工程招标控制价的计算

将所有单位工程招标控制价汇总即为单项工程招标控制价，将结果填入表7-8中。

表7-8　　**单项工程招标控制价汇总表**

工程名称：　　　　　　　　　　　　　　　　　　　　　　　　　　第　页　共　页

序号	单位工程名称	金额/元	其中：		
			暂估价/元	安全文明施工费/元	规费/元

（7）建设项目招标控制价的计算

将所有单项工程招标控制价汇总即为建设项目招标控制价，将结果填入表7-9中。

表7-9　　**建设项目招标控制价汇总表**

工程名称：　　　　　　　　　　　　　　　　　　　　　　　　　　第　页　共　页

序号	单项工程名称	金额/元	其中：		
			暂估价/元	安全文明施工费/元	规费/元

7.1.5　招标控制价计价时应注意的问题

7.1.5.1　材料价格的确定

招标控制价计价时所采用的材料价格应该是工程造价管理机构通过工程造价信息渠道发布的

材料价格;对于工程造价信息未发布其价格的材料,该材料的价格应该通过市场调查确定。未采用工程造价管理机构发布的材料价格时,需要在招标文件或答疑补充文件中对招标控制价中采用的与工程造价信息不一致的材料市场价格进行说明。

7.1.5.2　施工机具的选型

施工机具的选型直接关系综合单价的计算结果,应根据工程特点和施工条件,本着"经济适用、先进高效"的原则确定。

7.1.5.3　工程定额的使用

应该正确、全面地使用地区或行业的工程定额、费用定额和相关文件。

7.1.5.4　不可竞争费

不可竞争费一定要按照相关规定执行。

7.2　投标报价的编制

投标报价是投标人投标时响应招标文件的要求所报出的对已标价工程量清单进行汇总后的总价。投标报价是由投标人按照招标文件的要求,根据工程特点,并结合自身施工技术、装备和管理水平,依据有关计价规定自主进行的工程造价计算,是投标人期望达成的工程交易价格。它不能高于招标控制价。同时,投标报价的计算方法还要与采用的承包合同的形式相协调。

7.2.1　投标报价的编制原则

投标报价是投标的关键性工作。报价是否合理,不仅直接关系到投标的成败,还关系到中标后企业的盈亏。投标报价的编制要求如下。

7.2.1.1　编制主体

投标报价应由投标人或受其委托具有相应资质的工程造价咨询人编制。

7.2.1.2　编制原则

① 投标人应自主确定投标报价。

② 投标报价不得低于工程成本。

③ 投标人必须按招标工程量清单填报价格。项目编码、项目名称、项目特征、计量单位、工程量必须与招标工程量清单一致。

④ 投标人的投标报价高于招标控制价的应予以废标。

7.2.2　投标报价的编制依据和方法

7.2.2.1　投标报价的编制依据

《建设工程工程量清单计价规范》(GB 50500—2013)中规定了投标报价的编制依据:

①《建设工程工程量清单计价规范》(GB 50500—2013);

② 国家或省级、行业建设主管部门颁发的计价办法;

③ 企业定额,国家或省级、行业建设主管部门颁发的计价定额;

④ 招标文件、招标工程量清单及其补充通知、答疑纪要;

⑤ 建设工程设计文件及相关资料;

⑥ 施工现场情况、工程特点及投标时拟订的施工组织设计或施工方案;

⑦ 与建设项目相关的标准、规范等技术资料;

⑧ 市场价格信息或工程造价管理机构发布的工程造价信息；

⑨ 其他相关资料。

7.2.2.2　投标报价的编制方法

投标报价的编制方法与招标控制价的编制方法相同，都是根据招标文件中规定的方法进行。国有资金投资项目必须使用工程量清单计价办法。

在编制投标报价之前，需要先对清单工程量进行复核。因为工程量清单中的各分部分项工程量并不十分准确，若设计深度不够则可能有较大的误差。工程量是选择施工方法，安排人力和机械，准备材料时必须考虑的因素，它会影响分部分项工程的单价，因此一定要对工程量进行复核。

投标报价前，应首先根据招标人提供的工程量清单编制分部分项工程量清单与计价表，措施项目清单与计价表，其他项目清单与计价表，规费、税金项目清单与计价表进行计算。计算完毕后汇总得到单位工程投标报价汇总表，再层层汇总，分别得出单项工程投标报价汇总表和工程项目投标总价汇总表。

7.2.3　投标报价编制的内容和步骤

采用工程量清单计价方法的投标报价与招标控制价的计算方法和原理基本一致。但是，因为投标报价是投标人的自主报价，所以投标报价与招标控制价在具体费用计算上是有差别的，最主要的差别就是投标报价强调的是自主报价。投标报价的计价程序表见表 7-10 。

表 7-10　　　　　　　　　　　　**投标报价的计价程序表**

工程名称：　　　　　　　　　标段：　　　　　　　　　　　　第　页　共　页

序号	汇总内容	计算方法	金额/元
1	分部分项工程费	$\sum$（工程量×综合单价）（自主报价）	
	……	……	
2	措施项目费	总价措施项目费＋单价措施项目费（自主报价）	
	其中:安全文明施工费	按规定计算	
3	其他项目费	3.1＋3.2＋3.3＋3.4	
3.1	暂列金额	按照招标工程量清单中的数值填写	
3.2	专业暂估价	按照招标工程量清单中的数值填写	
3.3	计日工	按照招标工程量清单数量自主计算	
3.4	总承包服务费	按照招标工程量清单数量自主计算	
4	规费	按照规定计算	
8	税金	(1＋2＋3＋4)×税率	
	单位工程投标报价	1＋2＋3＋4＋8	

7.2.3.1　分部分项工程量清单与计价表的编制步骤

① 复核分部分项工程量清单中的工程量和项目是否准确。

② 研究分部分项工程量清单中的项目特征描述。

③ 进行清单综合单价的计算。

④ 根据投标策略,结合自身实力进行工程量清单综合单价的调整。

⑤ 编制分部分项工程量清单与计价表。分部分项工程量清单与计价表中的项目编码、项目名称、项目特征、项目计量单位及工程数量必须与招标文件中提供的清单内容一致。投标单位仅填报清单综合单价和合价(包括分项合价和分部分项清单总合计)。

7.2.3.2 分部分项工程量清单与计价表的填写

投标人应按招标人提供的工程量清单填报价格,填写的项目编码、项目名称、项目特征、计量单位、工程量必须与招标人提供的一致。表格格式同表 7-2。分部分项工程费的计算公式见式(7-10)。

$$每项分部分项工程费合价=清单工程量×综合单价 \qquad (7-10)$$

7.2.3.3 投标报价综合单价的确定

编制分部分项工程量清单与计价表的核心是确定综合单价。综合单价的确定方法与招标控制价中综合单价的确定方法相同,但确定的依据有所差异。编制投标报价分部分项工程费的综合单价时,要注意以下问题:

(1) 综合单价的确定一定要与招标工程量清单中的项目特征描述相一致

工程量清单中项目特征的描述决定了清单项目的实质,直接决定了工程的价值,是投标人确定综合单价最重要的依据。在招投标过程中,若招标文件中分部分项工程量清单的项目特征描述与设计图纸不符,投标人应以分部分项工程量清单中的项目特征描述为准确定投标报价的综合单价;若施工中施工图纸或设计变更与工程量清单项目特征描述不一致,发承包双方应按实际施工的项目特征依据合同约定重新确定综合单价。

(2) 综合单价的确定一定要依据企业定额

企业定额是施工企业根据本企业具有的管理水平、拥有的施工技术和施工机械装备水平而编制的,是施工企业完成一个规定计量单位工程项目所需的人工、材料、施工机械台班的消耗标准,是在施工企业内部进行施工管理的标准,也是施工企业投标报价时确定综合单价的依据之一。投标企业没有企业定额时可根据企业自身情况参照地区或行业的工程定额进行调整。

(3) 综合单价的确定要使用企业管理费费率、利润率

企业管理费费率可由投标人根据本企业近年的企业管理费核算数据自行测定,当然也可以参照当地造价管理部门发布的平均参考值确定。利润率可由投标人根据本企业当前盈利情况、施工水平、拟投标工程的竞争情况以及企业当前经营策略自主确定。

(4) 综合单价的确定要正确确定和使用资源价格

综合单价中的人工费、材料费、机械费是以企业定额的工、料、机消耗量乘以工、料、机的实际价格得出的,因此投标人拟投入的工、料、机等资源的可获取价格将直接影响综合单价。

(5) 综合单价的确定要考虑风险费用

综合单价中应包括招标文件中划分的应由投标人承担的风险范围及其费用。招标文件中没有明确的,应提请招标人明确。

招标文件中要求投标人承担的风险费用,投标人应在综合单价中予以考虑,通常以风险费率的形式进行计算。风险费率应根据招标人的要求,结合投标企业当前风险控制水平进行定量测算。在施工过程中,出现的风险内容及其范围(幅度)在招标文件规定的范围(幅度)内时,综合单价不得

变动，工程款不作调整。

根据国际惯例和我国工程建设特点，发承包双方对施工过程阶段的风险宜采用如下分摊原则：

① 在合同履行期内，工程主要材料的市场价格波动幅度过大时，建设工程的合同价款应予以调整。发承包双方应该在招标文件或施工合同中对此类风险的范围和变动幅度予以明确约定，进行合理分摊。一般来说，根据工程特点和工期要求，采用的风险分摊方式是：承包人承担8%以内的材料、工程设备价格风险，10%以内的施工机具使用费风险。

② 政策性调整导致的价格风险，如国家法律、法规、规章或有关政策的出台导致工程规费、税金发生变化时，由工程造价管理机构根据上述变化进行调整。承包人不承担此类风险，应按照有关调整文件执行。

③ 承包人根据自身技术水平，管理、经营状况能够自主确定的风险，如承包人的管理费、利润等风险，承包人应参照工程造价管理机构发布的费率，结合市场情况和企业自身实际情况合理确定、自主报价，风险由承包人承担，原则上不进行调整。

（6）综合单价的确定要使用材料暂估价

招标文件中提供了暂估单价的材料，其单价按暂估单价计入综合单价。

（7）综合单价的确定要注意清单单位含量工程量的计算

投标报价分部分项工程费综合单价的计算，与招标控制价分部分项工程费综合单价的计算一样，都要注意清单单位含量工程量的计算。

（8）综合单价的计算

投标报价分部分项工程费的综合单价计算公式见式（7-11）、式（7-12）、式（7-13）。

① 综合单价中人工费的计算。

$$综合单价中的人工费 = 清单单位含量工程量 \times （定额人工消耗量 \times 自主确定的人工工日单价） \tag{7-11}$$

② 综合单价中材料费的计算。

$$综合单价中的材料费 = 清单单位含量工程量 \times （定额材料消耗量 \times 自主确定的材料单价） \tag{7-12}$$

③ 综合单价中施工机具使用费的计算。

$$综合单价中的施工机具使用费 = 清单单位含量工程量 \times （定额施工机具消耗量 \times 自主确定的施工机具台班单价） \tag{7-13}$$

④ 综合单价中管理费的计算。

综合单价中的管理费按照投标企业自身的管理效率和管理水平确定计算方法和费率。

⑤ 综合单价中利润的计算。

综合单价中的利润按照投标企业的投标报价策略来确定计算方法和费率。

⑥ 综合单价中风险费用的计算。

综合单价中风险费用的计算根据招标文件中的规定进行。

⑦ 分部分项工程综合单价的组价。

分部分项工程综合单价的组价计算公式同式（7-8）。

（9）综合单价的计算用表

综合单价的计算用表见表7-11。

表 7-11   **综合单价分析表**

工程名称：   标段：   第 页 共 页

项目编码			项目名称		计量单位		工程量		
清单综合单价组成明细									
定额编号	定额项目名称	定额单位	数量	单价/元				合价/元			
				人工费	材料费	施工机具使用费	管理费和利润	人工费	材料费	施工机具使用费	管理费和利润
人工单价			小计								
元/工日			未计材料费								
清单项目综合单价											
材料明细表	主要材料的名称、规格、型号			单位	数量	单价	合价	暂估价/元	暂估合价/元
	其他材料费								
	材料费小计								

【例 7-2】 工程基本条件同例 7-1。要求根据《建设工程工程量清单计价规范》(GB 50500—2013)、《房屋建筑与装饰工程工程量计算规范》(GB 50854—2013)、《吉林省建筑工程计价定额》(JLJD-JZ—2014)、《吉林省建设工程费用定额》(JLJD-FY—2014)和工程信息价——人工单价120 元/工日、施工机具 40 元/台班为工程计价依据，参考例 4-1 中给定的表 4-3，计算投标报价的分部分项工程综合单价(本题不考虑风险费的计算，计算结果保留两位小数)。

【解】 投标报价是投标人编制的。在编制投标报价时，要注意投标报价和招标控制价计算的区别，一定要注意投标报价为投标人自主报价的重要特点。投标报价计算时，要使用投标人编制的施工方案来计算费用。

根据式(7-3)～式(7-8)计算综合单价。

(1) 计算清单单位含量工程量

$$清单单位含量工程量 = \frac{某工程内容的定额工程量}{清单工程量} = \frac{1300}{1000} = 1.3$$

（2）计算综合单价中的人工费

套《吉林省建筑工程计价定额》(JLJD-JZ—2014)中的定额,人工挖基坑(三类土,挖土深度为1.8 m)的定额人工消耗量为45.619 工日/(100 m³),人工定额工日单价为105 元/工日。本题中,市场人工工日单价为120 元/工日,企业自主确定的人工工日单价为企业内部劳务价100 元/工日。

综合单价中的人工费=清单单位含量工程量×(定额人工消耗量×自主确定的人工工日单价)
$$=1.3×(45.619×100)/100=59.30(元)$$

（3）计算综合单价中的材料费

套《吉林省建筑工程计价定额》(JLJD-JZ—2014)中的定额,人工挖基坑(三类土,挖土深度为1.8 m)没有材料费。

综合单价中的材料费=清单单位含量工程量×(定额材料消耗量×自主确定的材料单价)=0

（4）计算综合单价中的施工机具使用费

套《吉林省建筑工程计价定额》(JLJD-JZ—2014)中的定额,人工挖基坑(三类土,挖土深度为1.8 m)的定额施工机具消耗量为0.416 台班/(100 m³),施工机具定额台班单价为27.43 元/台班。本题给定的市场施工机具台班单价为40 元/台班,企业自主确定的企业内部施工机具台班单价为25 元/台班。

综合单价中的施工机具使用费=清单单位含量工程量×(定额施工机具消耗量×
自主确定的施工机具台班单价)
$$=1.3×(0.416×25)/100=0.14(元)$$

（5）计算综合单价管理费、利润

投标报价在计算综合单价管理费、利润时,只是参考使用国家或地区工程造价管理部门规定的计算方法。费率要根据投标企业的自身情况选定。本题中的投标企业自身管理效率和管理水平较高,管理费费率确定为10%;根据投标企业针对此项目的投标决策,利润率确定为15%。

综合单价管理费=(人工费+施工机具使用费)×费率=(59.3+0.14)×10%=5.94(元)
综合单价利润=人工费×费率=59.3×15%=8.90(元)

（6）分部分项工程综合单价的组价

分部分项工程综合单价的组价=人工费+材料费+施工机具使用费+管理费+利润+风险费
$$=59.3+0+0.14+5.94+8.90+0=74.28(元)$$

通过例7-1和例7-2中的计算分析过程,我们可以看出招标控制价和投标报价虽然是针对同一个项目的工程造价进行计算,计算程序和过程基本相同,但是由于编制主体不同,计算时资源的基础信息选取不同,导致计算结果存在差异。

7.2.3.4 措施项目清单与计价表的编制

投标人可根据工程项目实际情况以及施工组织设计或施工方案自主确定措施项目费。招标人在招标文件中列出的措施项目清单是根据一般情况确定的,没有考虑投标人的具体情况。因此,投标人投标报价时应根据自身拥有的施工装备、技术水平和采用的施工方法确定措施项目,对招标人所列的措施项目进行调整。

措施项目费的计价方式应根据工程量清单计价规范中的规定确定,可以计算工程量的措施项目采用综合单价的方式计价,其余的措施项目采用以"项"为计量单位的方式计价。措施项目费由投标人自主确定,但其中的安全文明施工费应按国家或省级、行业建设主管部门的规定确定。投标报价措施项目费的表格同招标控制价的表格,只是计算时应注意自主报价。

投标报价的措施项目费表格形式同表7-3和表7-4。

7.2.3.5 其他项目清单与计价表的编制

投标报价时,投标人对其他项目费的确定应遵循以下原则。

(1)暂列金额

暂列金额应按照其他项目清单中列出的金额填写,不得变动。

(2)暂估价

暂估价不得变动和更改。暂估价中的材料暂估价必须按照招标人提供的暂估单价计入分部分项工程费中的综合单价,专业工程暂估价必须按照招标人提供的其他项目清单中列出的金额填写。

(3)计日工

计日工应按照其他项目清单中列出的项目和估算的数量自主确定各项综合单价并计算费用。

(4)总承包服务费

总承包服务费应根据招标人在招标文件中列出的分包专业工程内容、供应材料和设备情况,由投标人按照招标人提出的协调、配合与服务要求以及施工现场管理需要自主确定。

投标报价其他项目费的表格同招标控制价中的表格一样,见表7-5。

7.2.3.6 规费和税金清单与计价表的编制

规费和税金应按国家或省级、行业建设主管部门的规定计算,不得作为竞争性费用。费用的计算方法和表格同招标控制价,表格形式见表7-6。

7.2.3.7 投标价的汇总

投标人的投标总价应当与组成工程量清单的分部分项工程费,措施项目费,其他项目费和规费、税金的合计金额相一致,即投标人在进行工程项目工程量清单招标的投标报价时,不能进行投标总价优惠(或降价、让利),投标人对投标总价的任何优惠(或降价、让利)均应反映在相应清单项目的综合单价中。

投标报价汇总表的格式同招标控制价一样,见表7-7~表7-9。

7.3 清单计价规范中关于合同价款的约定

合同价款是指发承包双方在工程合同中约定的工程造价。其是包括分部分项工程费、措施项目费、其他项目费、规费和税金的合同总金额,也称签约合同价。

7.3.1 合同价款的确定方式

合同价款的确定方式一般有两种:一种是通过招投标程序进行承包商的选择时,中标价即为合同价;另一种是发包方和承包方通过协商谈判进行承包商的选择时,以施工图预算为基础确定的工程造价即为合同价。

7.3.2 合同价款的类型

按照国内、国际的行业惯例,建设工程合同价款可以分为固定价格合同价款、可调价格合同价款、成本加酬金合同价款三种类型,发承包人可约定采用其中一种。

7.3.2.1 固定价格合同价款

合同双方在专用条款内约定合同价款包含的风险范围和风险费用的计算方法,在约定的风险

范围内合同价款不再调整。风险范围以外的合同价款调整方法，应当在专用条款内约定。固定价格合同价款分为两种形式：一是固定总价合同价款，又称总价包干或总价闭口，指发承包双方在合同中约定一个总价，承包人据此完成全部合同内容，建设工程合同中的施工单价和工程量均不再调整；二是固定单价合同价款，又称单价包干或单价闭口。所谓单价包干，是指承包人在投标时，按招标文件就分部分项工程所列出的工程量表确定各分部分项工程费用的合同类型，这类合同单价不可调，承包人的工程款总量通过用单价乘以实际完成工程量来确定。

7.3.2.2　可调价格合同价款

可调价格合同价款可根据双方的约定而调整，双方在专用条款内约定合同价款调整方法。可调价格包括可调综合单价和措施项目费等，双方应在合同中约定综合单价和措施项目费的调整方法。

7.3.2.3　成本加酬金合同价款

成本加酬金合同价款包括成本和酬金两部分。工程成本按现行计价依据以合同约定的办法计算，酬金按工程成本乘以通过竞争确定的费率计算，从而确定工程竣工结算价。

实行工程量清单计价的工程，应采用固定单价合同价款；建设规模较小，技术难度较低，工期较短，且施工图设计已经审查批准的建设工程，可采用固定总价合同价款；紧急抢险、救灾以及施工技术特别复杂的建设工程可采用成本加酬金合同价款。

7.3.3　对合同价款需约定的内容

合同价款需要在施工合同中进行约定，约定的内容有：预付工程款的数额、支付时间及抵扣方式，安全文明施工措施的支付计划、使用要求等，工程计量与支付工程进度款的方式、数额及时间，工程价款的调整因素、方法、程序、支付及时间，施工索赔与现场签证的程序、金额确认与支付时间，承担计价风险的内容、范围以及超出约定内容、范围的调整办法，工程竣工价款结算编制与核对、支付及时间，工程质量保证金的数额、预留方式及时间，违约责任以及发生合同价款争议时的解决方法及时间，与履行合同、支付价款有关的其他事项等。

7.4　施工阶段合同价款的调整和工程结算

建设工程的特殊性决定了工程造价不可能是固定不变的，合同履行过程中必然会发生各种干扰事件，使招标、投标确定的合同价款不再合适。为了保证建设工程合同价款的合理性、合法性，减少甲乙双方在履行合同中产生的纠纷，维护合同双方利益，有效控制工程造价，合同价款必须做出一定的调整，以适应不断变化的合同状态。

7.4.1　合同价款的调整

合同价款是否调整、如何调整需要在有关合同条款中约定。如果没有约定或约定不明，就容易引起合同双方当事人的纠纷。因此，在合同条款制定时，一定要认真研究，仔细分析，尽量使合同中有关合同价款的调整条款明确，调整方法科学。

7.4.1.1　合同中合同价款的调整因素

在合同双方履行合同过程中，如果发生下列事项（但不限于），发承包双方应当按照合同约定调整合同价款。

① 法律法规变化；

② 工程变更；

③ 项目特征不符；

④ 工程量清单缺项；

⑤ 工程量偏差；

⑥ 计日工；

⑦ 物价变化；

⑧ 暂估价；

⑨ 不可抗力；

⑩ 提前竣工（赶工补偿）；

⑪ 误期赔偿；

⑫ 索赔；

⑬ 现场签证；

⑭ 暂列金额；

⑮ 发承包双方约定的其他调整事项。

7.4.1.2 发生部分合同价款调整事项后对价款调整的一些规定

（1）出现合同价款调增事项（不含工程量偏差、计日工、现场签证、索赔）时的规定

出现合同价款调增事项（不含工程量偏差、计日工、现场签证、索赔）后的 14 d 内，承包人应向发包人提交合同价款调增报告并附上相关资料；承包人在 14 d 内未提交合同价款调增报告的，应视为承包人对该事项不存在调整价款请求。

（2）出现合同价款调减事项（不含工程量偏差、索赔）时的规定

出现合同价款调减事项（不含工程量偏差、索赔）后的 14 d 内，发包人应向承包人提交合同价款调减报告并附上相关资料；发包人在 14 d 内未提交合同价款调减报告的，应视为发包人对该事项不存在调整价款请求。

（3）发（承）包人收到合同价款报告后的规定

发（承）包人应在收到承（发）包人合同价款调增（减）报告及相关资料之日起 14 d 内对其进行核实，予以确认的应书面通知承（发）包人。当有疑问时，应向承（发）包人提出协商意见。发（承）包人在收到合同价款调增（减）报告之日起 14 d 内未确认也未提出协商意见的，应视为承（发）包人提交的合同价款调增（减）报告已被发（承）包人认可。发（承）包人提出协商意见的，承（发）包人应在收到协商意见后的 14 d 内对其进行核实，予以确认的应书面通知发（承）包人。承（发）包人在收到发（承）包人的协商意见后 14 d 内既不确认也未提出不同意见的，应视为发（承）包人提出的意见已被承（发）包人认可。

（4）发包人与承包人对合同价款调整存在不同意见时的规定

发包人与承包人对合同价款调整的不同意见不能达成一致时，只要对发承包双方履约不产生实质影响，双方应继续履行合同义务，直到其按照合同约定的争议解决方式得到处理。

（5）发承包双方确认调整的合同价款

经发承包双方确认调整的合同价款，作为追加（减）合同价款，应与工程进度款或结算款同期支付。

7.4.1.3 法律、法规、政策变化引起的合同价款调整

法律、法规、政策变化引起合同价款变化的风险，发承包双方可以在合同中约定由发包方承担。

（1）基准日的确定

为了合理划分发承包双方的合同风险，施工合同中应当约定一个基准日。对于基准日前发生的，一个有经验的承包人在招投标阶段可合理预见的风险，由承包人承担。对于基准日后发生的，一个有经验的承包人在招投标阶段不可能合理预见的风险，由发包人承担。招标工程以投标截止日前 28 d，非招标工程以合同签订前 28 d 为基准日，其后国家法律、法规、规章和政策发生变化影响工程造价的，风险由发包人承担。

（2）合同价款的调整方法

施工合同履行期间，基准日后国家的法律、法规、规章和政策发生变化引起工程造价增减变化的，发承包双方应当按照省级、行业建设主管部门或其授权的工程造价管理机构据此发布的规定调整合同价款。

但要注意的是，因承包人原因导致工期延误，在工期延误期间国家的法律、法规、规章和政策发生变化引起工程造价增减变化的，按照不利于承包人的原则调整合同价款。即由于承包人的原因造成工期延误，延误期间国家的法律、法规、规章和政策发生变化引起工程造价增加的，合同价款不予调整，造成合同价款减少的，合同价款予以调整。

7.4.1.4　工程变更

（1）工程变更范围

合同工程实施过程中，由发包人提出或由承包人提出经发包人批准的合同工程中任何一项工作的增、减、取消或施工工艺、顺序、时间的改变，设计图纸的修改，施工条件的改变，由招标工程量清单的错、漏引起合同条件的改变或工程量的增减变化等情况，都叫作发生了工程变更。

（2）分部分项工程变更价款的调整方法

① 已标价工程量清单中有适用于变更工程项目的，应采用该项目的单价。当由于工程变更导致该清单项目的工程数量发生变化，且工程量偏差没有超过 18% 时，则仍然采用本项目的单价。

② 当由于工程变更导致该清单项目的工程数量发生变化，且工程量偏差超过 18% 时，增加部分的工程量综合单价应予以调低；当工程量减少 18% 以上时，减少后剩余部分工程量的综合单价应予以调高。

③ 已标价工程量清单中没有适用但有类似于变更工程项目的，可在合理范围内参照类似项目的单价。

④ 已标价工程量清单中没有适用也没有类似于变更工程项目的，应由承包人根据变更工程资料、计量规则和计价办法、工程造价管理机构发布的信息价格和承包人报价浮动率提出变更工程项目的单价，报发包人确认后调整。承包人报价浮动率可按式（7-14）和式（7-15）计算。

对于招标工程：

$$承包人报价浮动率 L = \left(1 - \frac{中标价}{招标控制价}\right) \times 100\% \tag{7-14}$$

对于非招标工程：

$$承包人报价浮动率 L = \left(1 - \frac{报价}{施工图预算}\right) \times 100\% \tag{7-15}$$

⑤ 已标价工程量清单中没有适用也没有类似于变更工程项目的工程项目，且工程造价管理机构发布的信息价格缺乏的，应由承包人根据变更工程资料、计量规则、计价办法并通过市场调查等取得有合法依据的市场价格，提出变更工程项目的单价，报发包人确认后调整。

（3）措施项目工程变更费用的调整

工程变更引起施工方案改变并使措施项目发生变化时，承包人提出调整措施项目费的，应事先将拟实施的方案提交发包人确认，并应详细说明与原方案措施项目之间的变化情况。拟实施的方案经发承包双方确认后执行，并应按照下列规定调整措施项目费。

① 安全文明施工费应按照实际发生变化的措施项目调整，不得浮动。

② 采用单价计算的措施项目费，应按照实际发生变化的措施项目，按照分部分项工程工程变更调整方法确定单价。

③ 按总价（或系数）计算的措施项目费，按照实际发生变化的措施项目进行调整，但应考虑承包人报价浮动因素，即调整金额按照实际调整金额乘以由式（7-14）或式（7-15）得出的承包人报价浮动率计算。

如果承包人未事先将拟实施的方案提交给发包人确认，则视为工程变更不引起措施项目费的调整或承包人放弃调整措施项目费的权利。

（4）删减工程或工作的补偿

当发包人提出的工程变更因非承包人原因删减了合同中的某项原定工作，致使承包人发生的费用或（和）得到的收益不能被包括在其他已支付或应支付的项目中，也未被包含在任何替代的工作或工程中时，承包人有权提出并应得到合理的费用及利润补偿。

7.4.1.5　现场签证

现场签证是指发包人现场代表（或其授权的监理人、工程造价咨询人）与承包人现场代表就施工过程中涉及的责任事件所作的签认证明。

对于承包人应发包人要求完成的合同以外的零星项目、非承包人责任事件等工作，发包人应及时以书面形式向承包人发出指令，并应提供所需的相关资料；承包人在收到指令后，应及时向发包人提出现场签证要求。在合同履行期间发生现场签证事件的，发承包双方应该调整合同价款。

（1）现场签证的确认

承包人应在收到发包人指令后的 7 d 内向发包人提交现场签证报告；发包人应在收到现场签证报告后的 48 h 内对报告内容进行核实，予以确认或提出修改意见。发包人在收到承包人现场签证报告后的 48 h 内未确认也未提出修改意见的，应视为承包人提交的现场签证报告已被发包人认可。

（2）现场签证报告的要求

① 对于现场签证的工作，如已有相应的计日工单价，现场签证中应列明完成该类项目所需的人工、材料、工程设备和施工机械台班的数量。

如现场签证的工作没有相应的计日工单价，应在现场签证报告中列明完成该签证工作所需的人工、材料、工程设备和施工机械台班的数量及单价。

② 对于合同工程中发生的现场签证事件，未经发包人签证确认承包人便擅自施工的，除非征得发包人书面同意，否则发生的费用应由承包人承担。

③ 现场签证工作完成后的 7 d 内，承包人应按照现场签证内容计算价款，报送发包人确认后作为增加的合同价款，与进度款同期支付。

④ 在施工过程中，当发现合同工程内容与场地条件、地质水文、发包人要求等不一致时，承包人应提供所需相关资料，提交发包人签证认可，作为合同价款调整的依据。

（3）现场签证用表

现场签证用表见表 7-12 。

表 7-12　　　　　　　　　　　　　　　　现场签证用表

工程名称：　　　　　　　　　　标段：　　　　　　　　　　　　第　页　共　页

施工部位		日期	
致：			
复核意见：		复核意见：	
	监理工程师：		造价工程师：
审核意见：			
			发包人：

7.4.1.6　工程索赔

在工程合同履行过程中，合同当事人一方因非己方的原因而遭受损失，按合同约定或法律法规规定应由对方承担责任，从而向对方提出补偿的要求叫作索赔。

（1）索赔的分类

① 按照当事人分类：承包人与发包人之间的索赔，总包人和分包人之间的索赔。

② 按照索赔的目的和要求分类：工期索赔和费用索赔。

③ 按照索赔时间的性质分类：工期延误索赔、加速施工索赔、工程变更索赔、合同终止索赔、不可预见的不利条件索赔、不可抗力时间索赔、其他索赔。

（2）索赔的依据

① 招标文件，施工合同文本及附件、补充协议，施工现场的各类签认记录，经认可的施工进度计划书，工程图纸及技术规范等。

② 双方往来的信件及各种会议、会谈纪要。

③ 施工进度计划和实际施工进度记录、施工现场的有关文件（施工记录、备忘录、施工月报、施工日志等）及工程照片。

④ 气象资料，工程检查验收报告和各种技术鉴定报告，工程中送（停）电、送（停）水、道路开通和封闭的记录和证明。

⑤ 国家有关法律、法令，政策性文件。

（3）索赔成立的条件

① 索赔事件的发生是因为合同一方当事人违约。

② 索赔事件的发生已造成合同未违约当事人的实际损失。

③ 受损失方已按照施工合同中约定的提出索赔的期限、程序和形式向对方提出索赔意向、报告和相关证明。

（4）承包方提出索赔的要求

根据合同约定，承包人认为由非承包人原因造成了承包人的损失，应按下列程序向发包人提出索赔：

① 承包人应在知道或应当知道索赔事件发生后的 28 d 内,向发包人提交索赔意向通知书,说明发生索赔事件的事由。承包人逾期未发出索赔意向通知书的,丧失索赔的权利。

② 承包人应在发出索赔意向通知书后 28 d 内,向发包人正式提交索赔通知书。索赔通知书应详细说明索赔理由和要求,并应附必要的记录和证明材料。

③ 索赔事件具有连续影响的,承包人应继续提交延续索赔通知书,说明连续影响的实际情况和记录。

④ 在索赔事件影响结束后的 28 d 内,承包人应向发包人提交最终索赔通知书,说明最终索赔要求,并应附必要的记录和证明材料。

发承包双方在按合同约定办理了竣工结算后,即认为承包人已无权再提出竣工结算前所发生的任何索赔。承包人在提交的最终结清申请中,只限于提出竣工结算后的索赔,提出索赔的期限应自发承包双方最终结清时终止。

⑤ 当承包人的费用索赔与工期索赔要求相关联时,发包人在做出费用索赔的批准决定时,应结合工程延期综合做出费用赔偿和工程延期的决定。

(5) 承包人索赔程序

① 发包人收到承包人的索赔通知书后,应及时查验承包人的记录和证明材料。

② 发包人应在收到索赔通知书或有关索赔的进一步证明材料后 28 d 内,将索赔处理结果报送承包人。

③ 承包人接受索赔处理结果的,索赔款项应作为增加合同价款,在当期进度款中进行支付;承包人不接受索赔处理结果的,应按合同中约定的争议解决方式办理。

(6) 承包人要求赔偿的内容

承包人可以通过下列一项或几项方式获得赔偿:

① 延长工期;

② 要求发包人支付实际发生的额外费用;

③ 要求发包人支付合理的预期利润;

④ 要求发包人按合同中的约定支付违约金。

(7) 发包人提出的索赔要求、程序及内容

根据合同约定,发包人认为由于承包人的原因造成的发包人损失,宜按承包人索赔程序进行索赔。

发包人可以通过下列一种或几种方式获得赔偿:

① 延长质量缺陷修复期限;

② 要求承包人支付实际发生的额外费用;

③ 要求承包人按合同中的约定支付违约金;

④ 承包人应付给发包人的索赔金额可从拟支付给承包人的合同价款中扣除,或由承包人以其他方式支付给发包人。

7.4.1.7 物价波动

在合同履行期间,人工、材料、工程设备、机械台班价格波动而影响合同价款时,应根据合同中约定的调整办法对合同价款进行调整。由于物价波动而对合同价款进行调整的方法有两种:一种是按《建设工程工程量清单计价规范》(GB 50500—2013)附录 A 中的方法调整合同价款,即采用价格指数调整合同价款;另一种是采用工程造价信息调整价差,进而调整合同价款。

承包人采购材料和工程设备的,应在合同中约定主要材料、工程设备价格变化的范围或幅度;

当没有约定，且材料、工程设备单价变化超过8%时，超过部分的价格应按照下述两种方法之一计算调整材料、工程设备费。

（1）采用价格指数调整合同价款

采用价格指数调整合同价款的方法，主要适用于施工中所用的材料品种较少，但每种材料使用量较大的土木工程，如公路、水坝等。

合同履行期间，人工、材料、工程设备、机械台班价格波动影响合同价款时，根据投标函附录中的价格指数和权重表的约定数据，按照式(7-16)计算价格差额并调整合同价款。

① 价格调整公式。

$$\Delta P = P_0 \left[A + \left(B_1 \frac{F_{t1}}{F_{01}} + B_2 \frac{F_{t2}}{F_{02}} + B_3 \frac{F_{t3}}{F_{03}} + \cdots + B_n \frac{F_{tn}}{F_{0n}} \right) - 1 \right] \qquad (7\text{-}16)$$

式中　ΔP——需调整的价格差值；

　　　　P_0——约定的付款证书中承包人应得到的已完成工程量的金额，此项金额不包括价格调整，不计质量保证金的扣留和支付、预付款的支付和扣回，约定的变更及其他金额已按现行价格计价的，也不计在内；

　　　　A——定值权重（即不调部分的权重）；

　　　　$B_1, B_2, B_3, \cdots, B_n$——各可调因子的变值权重，为各可调因子在投标函投标报价中所占的比例；

　　　　$F_{t1}, F_{t2}, F_{t3}, \cdots, F_{tn}$——各可调因子的现行价格指数，指约定的付款证书相关周期最后一天前42 d的各可调因子的价格指数；

　　　　$F_{01}, F_{02}, F_{03}, \cdots, F_{0n}$——各可调因子的基本价格指数，指基准日期的各可调因子的价格指数。

② 当确定定值部分和可调部分因子权重时，应注意由以下原因引起的合同价款调整，其风险应由发包人承担：省级或行业建设主管部门发布人工费调整，但承包人对人工费或人工单价的报价高于发布的除外；由政府定价或政府指导价管理的原材料等价格进行了调整的。

式(7-16)中的各可调因子、定值和变值权重，以及基本价格指数及其来源在投标函附录价格指数和权重表中约定。价格指数应该首先采用工程造价管理机构提供的价格指数，缺乏上述价格指数时，可采用工程造价管理机构提供的价格代替。

在进行合同价格调整时，得不到现行价格指数时，可暂用上一次的价格指数计算，并在以后的付款中再按照实际价格指数进行调整。

③ 工期延误后的价格调整。由于发包人原因导致工期延误的，则对于计划进度日期（或竣工日期）后续施工的工程，在使用价格调整公式时，应采用计划进度日期（或竣工日期）与实际进度日期（或竣工日期）两个价格指数中的较高者作为现行价格指数。

由于承包人原因导致工期延误的，则对于计划进度日期（或竣工日期）后续施工的工程，在使用价格调整公式时，应采用计划进度日期（或竣工日期）与实际进度日期（或竣工日期）两个价格指数中的较低者作为现行价格指数。

（2）采用工程造价信息调整价格差额

采用工程造价信息调整价格差额的方法，主要适用于使用的材料品种较多，相对而言每种材料使用量较小的房屋建筑与装饰工程。

施工期内，人工、材料、设备和机械台班价格波动影响合同价格时，人工、机械使用费按照国家或省、自治区、直辖市建设行政管理部门，行业建设管理部门或其授权的工程造价管理机构发布的人工成本信息、机械台班单价或机械使用费系数进行调整;需要进行价格调整的材料,其单价和采购数应由发包人复核,发包人确认需调整的材料单价及数量可作为调整工程合同价格差额的依据。

① 人工单价的调整。人工单价发生变化时,发承包双方应该按照省级、行业建设主管部门或其授权的工程造价管理机构发布的人工成本文件调整合同价款。

② 材料和工程设备价格的调整。工程设备价格发生变化时的价款调整,按照承包人提供的主要材料和工程设备一览表,根据发承包双方约定风险的范围,按照以下规定进行调整。

如果承包人投标报价中的材料单价低于基准单价,工程施工期间材料单价涨幅以基准单价为基础超过合同约定的风险幅度值时,或材料单价跌幅以投标报价为基础超过合同约定的风险幅度值时,则其超过部分按实调整。

如果承包人投标报价中的材料单价高于基准单价,工程施工期间材料单价跌幅以基准单价为基础超过合同约定的风险幅度值时,或材料单价涨幅以投标报价为基础超过合同约定的风险幅度值时,其超过部分按实调整。

如果承包人投标报价中的材料单价等于基准单价,工程施工期间材料单价涨、跌幅以基准单价为基础超过合同约定的风险幅度值时,其超过部分按实调整。

承包人应当在材料采购前将采购数量和新的材料单价报发包人核对。确认用于本合同工程时,发包人应当确认采购材料的数量和单价。发包人在收到承包人报送的确认资料后 3 个工作日内不予答复的,视为已经认可。发包人的确认资料将作为合同价款调整的依据。如果承包人未报给发包人核对就自行采购材料,再报发包人确认调整合同价款的,如发包人不同意则不作调整。

③ 施工机械台班单价的调整。施工机械台班单价或施工机械使用费发生的变化超过省级、行业建设主管部门或其授权的工程造价管理机构规定的范围时,按照其规定调整合同价款。

7.4.1.8 引起合同价款调整的其他事件

(1) 项目特征描述不符

项目特征描述是清单计价时综合单价计算的主要依据之一。承包人在投标报价时应根据发包人提供的工程量清单中的项目特征描述来计算综合单价,进而确定投标报价。发包人在招标工程量清单中对项目特征的描述,应被认为是准确的和全面的,并且与实际施工要求相符合。承包人应按照发包人提供的招标工程量清单,根据项目特征描述的内容及有关要求实施合同工程,直到项目被改变为止。

承包人应按照发包人提供的设计图纸实施合同工程,若在合同履行期间出现设计图纸(含设计变更)与招标工程量清单任一项目的特征描述不符,且该变化引起该项目工程造价增减变化的,应按照实际施工的项目特征重新确定相应工程量清单项目的综合单价,并调整合同价款。

(2) 工程量清单缺项、漏项

招标工程量清单必须作为招标文件的组成部分,其准确性和完整性由招标人负责。因此,因招标工程量清单的缺项和漏项造成合同价款变化的风险应该由招标人承担。

① 合同履行期间,由于招标工程量清单中缺项,需新增分部分项工程清单项目的,应按照工程变更引起合同价款调整的规定调整方法来确定综合单价,并调整合同价款。

② 新增分部分项工程清单项目后,引起措施项目发生变化的,应按照工程变更事件引起合同价款调整方法中的措施项目费的调整方法来调整措施项目费。

③ 招标工程量清单中措施项目缺项时,承包人应先将新增措施项目实施方案提交发包人批准,之后应按照工程变更事件引起合同价款调整方法中的措施项目费用调整方法来调整措施项目费。

（3）工程量偏差

工程量偏差是指承包人按照合同工程的图纸（含经发包人批准由承包人提供的图纸）实施时，按照现行国家计量规范中规定的工程量计算规则计算得到的完成合同工程项目应予计量的工程量与相应的招标工程量清单项目中列出的工程量之间出现的量差。

合同履行期间，当应予计算的实际工程量与招标工程量清单出现偏差（或因非承包人原因造成的工程变更导致工程量出现偏差）时，该偏差对工程量清单项目的综合单价将产生影响。是否需要调整合同价款和如何调整，发承包双方应该在施工合同中约定。如果没有约定，则应该按照以下方法进行调整。

① 对于任一招标工程量清单项目，如果应予计算的实际工程量与招标工程量清单出现偏差（或因非承包人原因造成的工程变更导致工程量出现偏差）等原因导致工程量偏差超过 18％时，调整的原则为：当工程量增加 18％以上时，其增加部分的工程量综合单价应予以调低；当工程量减少 18％以上时，减少后剩余部分的工程量综合单价应予以调高。此时，调整后的分部分项工程费结算价按式（7-17）和式（7-18）计算。

当 $Q_1 > 1.18 Q_0$ 时：

$$S = 1.18 Q_0 P_0 + (Q_1 - 1.18 Q_0) P_1 \tag{7-17}$$

当 $Q_1 < 0.82 Q_0$ 时：

$$S = Q_1 P_1 \tag{7-18}$$

式中　S——调整后的某一分部分项工程费结算价；

　　　Q_1——最终完成的工程量；

　　　Q_0——招标工程量清单中列出的工程量；

　　　P_1——按照最终完成的工程量重新调整后的综合单价；

　　　P_0——承包人在工程量清单中填报的综合单价。

② 对于任一招标工程量清单项目，如果由于应予计算的实际工程量与招标工程量清单出现偏差（或因非承包人原因造成的工程变更导致工程量出现偏差）等原因导致工程量偏差超过 18％，且该变化引起相关措施项目相应发生变化，如按系数或单一总价方式计价的，工程量增加的措施项目费调高，工程量减少的措施项目费适当调减。具体的调整方法应该由发承包双方在施工合同中具体约定。

（4）暂估价

暂估价是指招标人在工程量清单中提供的用于支付必然发生但暂时不能确定价格的材料、工程设备以及专业工程的金额。

① 给定暂估价的材料和工程设备。发包人在招标工程量清单中给定暂估价的材料、工程设备属于依法必须招标的，应由发承包双方以招标的方式选择供应商，确定价格，并应以此为依据取代暂估价，调整合同价款。

发包人在招标工程量清单中给定暂估价的材料、工程设备不属于依法必须招标的，应由承包人按照合同约定采购，经发包人确认单价后取代暂估价，调整合同价款。

② 给定暂估价的专业工程。发包人在工程量清单中给定暂估价的专业工程不属于依法必须招标的，应按照工程变更调整合同价款相应条款中的规定确定专业工程价款，并应以此为依据取代专业工程暂估价，调整合同价款。

发包人在招标工程量清单中给定暂估价的专业工程依法必须招标的，应当由发承包双方依法组织招标，选择专业分包人，并接受有管辖权的建设工程招标投标管理机构的监督，还应符合下列要求：

a. 除合同中另有约定外,承包人不参加投标的专业工程发包招标,应由承包人作为招标人,但其拟订的招标文件、评标工作、评标结果应报送发包人批准。与组织招标工作有关的费用应当被认为已经包括在承包人的签约合同价(投标总报价)中。

b. 承包人参加投标的专业工程发包招标,应由发包人作为招标人,与组织招标工作有关的费用由发包人承担。同等条件下,应优先选择承包人中标。

c. 应以专业工程发包中标价为依据取代专业工程暂估价,调整合同价款。

(5) 提前竣工(赶工补偿)费与误期赔偿费

① 提前竣工(赶工补偿)费。

提前竣工(赶工补偿)费是指承包人应发包人的要求而采取加快工程进度措施,使合同工程工期缩短,由此产生的应由发包人支付的费用。

招标人应依据相关工程的工期定额合理计算工期,压缩的工期天数不得超过定额工期的20%,超过者应在招标文件中明示增加赶工费用。除合同另有约定外,提前竣工(赶工补偿)费可为合同价款的8%。

发包人要求合同工程提前竣工时,应征得承包人同意后与承包人商定采取加快工程进度的措施,并应修订合同工程进度计划。发包人应承担承包人由此增加的提前竣工(赶工补偿)费。

发承包双方也可以在合同中约定提前竣工每日历天应补偿的额度,此项费用应作为增加合同价款列入竣工结算文件中,应与结算款一并支付。

② 误期赔偿费。

误期赔偿费是指承包人未按照合同工程的计划进度施工,导致实际工期超过合同工期(包括经发包人批准的延长工期),承包人应向发包人赔偿损失的费用。

承包人未按照合同约定施工,导致实际进度迟于计划进度的,承包人应加快进度,实现合同工期。

合同工程发生误期时,承包人应赔偿发包人由此造成的损失,并应按照合同约定向发包人支付误期赔偿费。即使承包人支付误期赔偿费,也不能免除承包人按照合同约定应承担的任何责任和应履行的任何义务。

发承包双方应在合同中约定误期赔偿费,并应明确每日历天应赔额度。误期赔偿费应列入竣工结算文件中,并应在结算款中扣除。除合同另有约定外,误期赔偿费可为合同价款的8%。

在工程竣工之前,合同工程内的某单项(位)工程已通过了竣工验收,且该单项(位)工程接收证书中表明的竣工日期并未延误,而是合同工程的其他部分产生了工期延误时,误期赔偿费应按照已颁发工程接收证书的单项(位)工程造价占合同价款的比例幅度予以扣减。

(6) 不可抗力

不可抗力是指发承包双方在工程合同签订时不能预见的,对其发生的后果不能避免并且不能克服的自然灾害和社会性突发事件。

因不可抗力事件导致的人员伤亡、财产损失及其费用增加,发承包双方应按下列原则分别承担并调整合同价款和工期:

① 合同工程本身的损害、因工程损害导致第三方人员伤亡和财产损失以及运至施工场地用于施工的材料和待安装设备的损害,应由发包人承担;

② 发包人、承包人的人员伤亡应由其所在单位负责,并应承担相应费用;

③ 承包人的施工机械设备损坏及停工损失应由承包人承担;

④ 停工期间,承包人应发包人要求留在施工场地的必要管理人员及保卫人员的费用应由发包人承担;

⑤ 工程所需清理、修复费用，应由发包人承担。

不可抗力解除后复工的，若不能按期竣工，应合理延长工期。发包人要求赶工的，赶工费用应由发包人承担。

(7) 计日工

计日工是指在施工过程中承包人完成发包人提出的工程合同范围以外的零星项目或工作，按合同中约定的单价计价的一种方式。

① 发包人通知承包人以计日工方式实施的零星工作，承包人应予执行。

② 对于采用计日工计价的任何一项变更工作，在该项变更工作实施过程中，承包人应按合同约定提交下列报表和有关凭证送发包人复核：工作名称、内容和数量，投入该工作所有人员的姓名、工种、级别和耗用工时，投入该工作的材料名称、类别和数量，投入该工作的施工设备型号、台数和耗用台时，发包人要求提交的其他资料和凭证。

③ 任一计日工项目持续进行时，承包人应在该项工作实施结束后的24 h内向发包人提交有计日工记录汇总的现场签证报告一式三份。发包人应在收到承包人提交的现场签证报告后2 d内予以确认并将其中一份返还给承包人，作为计日工计价和支付的依据。发包人逾期未确认也未提出修改意见的，应视为承包人提交的现场签证报告已被发包人认可。

④ 任一计日工项目实施结束后，承包人应按照确认的计日工现场签证报告核实该类项目的工程数量，并应根据核实的工程数量和承包人已标价工程量清单中的计日工单价计算，提出应付价款；已标价工程量清单中没有该类计日工单价的，由发承包双方按规范中的规定商定计日工单价计算。

⑤ 每个支付期末，承包人应按照规范的相关条款规定向发包人提交期间所有计日工记录的签证汇总表，并应说明期间自己认为有权得到的计日工金额，调整合同价款，列入进度款支付。

(8) 暂列金额

暂列金额是招标人在工程量清单中暂定并包括在合同价款中的一笔款项，用于工程合同签订时尚未确定或者不可预见的所需材料、工程设备、服务的采购，施工中可能发生的工程变更、合同约定调整因素出现时的合同价款调整以及发生的索赔、现场签证确认等的费用。

已签约合同价中的暂列金额应由发包人掌握使用。发包人按照合同约定项目支付暂列金额后，暂列金额的余额应归发包人所有。

7.4.2　合同价款结算

合同价款结算是指发承包双方根据合同约定，对合同工程在实施中、终止时、已完工后进行的合同价款计算、调整和确认。其包括期中结算、终止结算、竣工结算。

7.4.2.1　预付款

预付款是指在开工前发包人按照合同约定，预先支付给承包人用于购买合同工程施工所需的材料、工程设备，以及组织施工机械和人员进场等的款项。承包人应将预付款专用于合同工程。

(1) 预付款的计算

包工包料工程的预付款支付比例不得低于签约合同价（扣除暂列金额）的10%，不宜高于签约合同价（扣除暂列金额）的30%。

(2) 预付款的支付时间

承包人应在签订合同或向发包人提供与预付款等额的预付款保函后向发包人提交预付款支付申请。

发包人应在收到支付申请的 7 d 内进行核实,向承包人发出预付款支付证书,并在签发支付证书后的 7 d 内向承包人支付预付款。

发包人没有按合同约定按时支付预付款的,承包人可催告发包人支付;发包人在预付款期满后的 7 d 内仍未支付的,承包人可在付款期满后的第 8 天起暂停施工。发包人应承担由此增加的费用和延误的工期,并应向承包人支付合理利润。

(3) 预付款的扣回

预付款应从每一个支付期应支付给承包人的工程进度款中扣回,直到扣回的金额达到合同约定的预付款金额为止。承包人预付款保函的担保金额根据预付款扣回的数额相应递减,但在预付款全部扣回之前一直保持有效。发包人应在预付款扣完后的 14 d 内将预付款保函退还给承包人。

确定工程预付款起扣点的依据是:未完施工工程所需主要材料和构件的费用,等于工程预付款的数额。预付款起扣点的计算见式(7-19)。

$$T = P - \frac{M}{N} \tag{7-19}$$

式中　　T——起扣点,即预付款开始扣回的累计完成工作量金额;

　　　　M——预付款数额;

　　　　N——主要材料、构件所占比重;

　　　　P——承包工程价款总额(或建安工作量价值)。

7.4.2.2　安全文明施工费

安全文明施工费是指在合同履行过程中,承包人按照国家法律、法规、标准等规定,为保证安全施工、文明施工,保护现场内外环境和搭拆临时设施等所采取的措施发生的费用。安全文明施工费包括的内容和使用范围,应符合国家有关文件和计量规范的规定。

发包人应在工程开工后的 28 d 内预付不低于当年施工进度计划安全文明施工费总额的 60%,其余部分应按照提前安排的原则进行分解,并应与进度款同期支付。

发包人没有按时支付安全文明施工费的,承包人可催告发包人支付;发包人在付款期满后的 7 d 内仍未支付的,若发生安全事故,发包人应承担相应责任。

承包人对安全文明施工费应专款专用,在财务账目中应单独列项备查,不得挪作他用,否则发包人有权要求其限期改正;逾期未改正的,造成的损失和延误的工期应由承包人承担。

7.4.2.3　期中支付

(1) 进度款的概念

发承包双方应按照合同约定的时间、程序和方法,根据工程计量结果办理期中价款结算,支付进度款。进度款支付周期应与合同约定的工程计量周期一致。

(2) 期中价款的计算

已标价工程量清单中的单价项目,承包人应按工程计量确认的工程量与综合单价计算;综合单价发生调整的,以发承包双方确认调整的综合单价计算进度款。

已标价工程量清单中的总价项目,承包人应按合同中约定的进度款分解支付,分别列入进度款支付申请中的安全文明施工费和本周期应支付的总价项目的金额中。

发包人提供的甲供材料金额,应按照发包人签约时提供的单价和数量从进度款支付中扣除,列入本周期应扣减的金额中。

承包人现场签证和得到发包人确认的索赔金额应列入本周期应增加的金额中。

(3) 期中支付程序

承包人应在每个计量周期到期后的 7 d 内向发包人提交已完工程进度款支付申请一式四份，详细说明此周期内认为有权得到的款额，包括分包人已完工程的价款。支付申请应包括下列内容：

① 累计已完成的合同价款。

② 累计已实际支付的合同价款。

③ 本周期合计完成的合同价款。

a. 本周期已完成单价项目的金额；

b. 本周期应支付的总价项目的金额；

c. 本周期已完成的计日工价款；

d. 本周期应支付的安全文明施工费；

e. 本周期应增加的金额。

④ 本周期合计应扣减的金额。

a. 本周期应扣回的预付款；

b. 本周期应扣减的金额。

⑤ 本周期实际应支付的合同价款。

发包人应在收到承包人进度款支付申请后的 14 d 内，根据计量结果和合同约定对申请内容予以核实，确认后向承包人出具进度款支付证书。若发承包双方对部分清单项目的计量结果出现争议，发包人应对无争议部分的工程计量结果向承包人出具进度款支付证书。

发包人应在签发进度款支付证书后的 14 d 内，按照支付证书中列明的金额向承包人支付进度款。

若发包人逾期未签发进度款支付证书，则视为承包人提交的进度款支付申请已被发包人认可，承包人可向发包人发出催告付款的通知。发包人应在收到通知后的 14 d 内，按照承包人支付申请的金额向承包人支付进度款。

发包人未按照规定支付进度款的，承包人可催告发包人支付，并有权获得延迟支付的利息；发包人在付款期满后的 7 d 内仍未支付的，承包人可在付款期满后的第 8 天起暂停施工。发包人应承担由此增加的费用和延误的工期，向承包人支付合理利润，并应承担违约责任。

若发现已签发的任何支付证书中有错、漏或重复的数额，发包人有权予以修正，承包人也有权提出修正申请。经发承包双方复核同意修正的，应在本次到期的进度款中支付或扣除。

进度款的支付比例按照合同约定，按期中结算价款总额计，不低于 60%，不高于 90%。

7.5　竣 工 结 算

竣工结算价款是指发承包双方依据国家有关法律、法规和标准的规定，按照合同约定确定的，包括在履行合同过程中按合同约定进行的合同价款调整，承包人按合同约定完成了全部承包工作后，发包人应付给承包人的合同总金额。

7.5.1　竣工结算的编制

工程完工后，发承包双方必须在合同约定时间内办理工程竣工结算。

工程竣工结算应由承包人或受其委托的具有相应资质的工程造价咨询人编制，并应由发包人或受其委托的具有相应资质的工程造价咨询人核对。

当发承包双方或一方对工程造价咨询人出具的竣工结算文件有异议时，可向工程造价管理机构投诉,申请对其进行执业质量鉴定。

工程造价管理机构对投诉的竣工结算文件进行质量鉴定,宜按相关规定进行。

竣工结算办理完毕后,发包人应将竣工结算文件报送工程所在地或有该工程管辖权的行业管理部门的工程造价管理机构备案,竣工结算文件应作为工程竣工验收备案、交付使用的必备文件。

7.5.1.1 工程竣工结算编制与复核依据

工程竣工结算编制与复核依据有:工程量清单计价规范,工程合同,发承包双方实施过程中已确认的工程量及其结算的合同价款,发承包双方实施过程中已确认调整后追加(减)的合同价款,建设工程设计文件及相关资料,投标文件,其他依据。

7.5.1.2 工程竣工结算的计价原则

采用工程量清单计价方法时,工程竣工结算计价原则如下。

① 分部分项工程和措施项目中的单价项目应依据发承包双方确认的工程量与已标价工程量清单的综合单价计算;发生调整的,应以发承包双方确认调整的综合单价计算。

② 措施项目中的总价项目应依据已标价工程量清单中的项目和金额计算;发生调整的,应以发承包双方确认调整的金额计算,其中安全文明施工费应按工程量清单计价规范中的规定计算。

③ 其他项目应按下列规定计价:

a. 计日工应按发包人实际签证确认的事项计算;

b. 暂估价应按工程量清单计价规范中的相关规定计算;

c. 总承包服务费应依据已标价工程量清单金额计算,发生调整的应以发承包双方确认调整的金额计算;

d. 索赔费用应依据发承包双方确认的索赔事项和金额计算;

e. 现场签证费用应依据发承包双方签证资料确认的金额计算;

f. 暂列金额应按减去合同价款调整(包括索赔、现场签证)金额计算,如有余额归发包人。

④ 规费和税金应按工程量清单计价规范中的规定计算。规费中的工程排污费应按工程所在地环境保护部门规定的标准缴纳后按实列入。

注意:发承包双方在合同工程实施过程中已经确认的工程计量结果和合同价款,在竣工结算办理中应直接计入结算。

7.5.1.3 竣工结算的程序

(1) 承包人提交竣工结算相关文件

合同工程完工后,承包人应在经发承包双方确认的合同工程期中价款结算的基础上汇总编制完成竣工结算文件,应在提交竣工验收申请的同时向发包人提交竣工结算文件。

承包人未在合同约定的时间内提交竣工结算文件,经发包人催告后 14 d 内仍未提交或没有明确答复的,发包人有权根据已有资料编制竣工结算文件,作为办理竣工结算和支付结算款的依据,承包人应予以认可。

(2) 发包人核对竣工结算文件

发包人应在收到承包人提交的竣工结算文件后的 28 d 内核对。发包人经核实,认为承包人还应进一步补充资料和修改结算文件时,应在上述时限内向承包人提出核实意见,承包人在收到核实意见后的 28 d 内应按照发包人提出的合理要求补充资料,修改竣工结算文件,并应再次提交给发包人复核后批准。

发包人应在收到承包人再次提交的竣工结算文件后的 28 d 内予以复核,将复核结果通知承包人,并应遵守下列规定。

① 发包人、承包人对复核结果无异议的,应在 7 d 内在竣工结算文件上签字确认,竣工结算办理完毕。

② 承包人认为复核结果有误的,无异议部分按照本条第①款中的规定办理不完全竣工结算;有异议部分由发承包双方协商解决,协商不成的,应按照合同中约定的争议解决方式处理。

发包人在收到承包人竣工结算文件后的 28 d 内,不核对竣工结算或未提出核对意见的,应视为承包人提交的竣工结算文件已被发包人认可,竣工结算办理完毕。

承包人在收到发包人提出的核实意见后的 28 d 内,不确认也未提出异议的,应视为发包人提出的核实意见已被承包人认可,竣工结算办理完毕。

（3）发包人委托工程造价咨询人核对竣工结算文件

发包人委托工程造价咨询人核对竣工结算文件的,工程造价咨询人应在 28 d 内核对完毕,核对结论与承包人竣工结算文件不一致的,应提交给承包人复核;承包人应在 14 d 内将同意核对结论或不同意见的说明提交工程造价咨询人。工程造价咨询人收到承包人提出的异议后,应再次复核,复核无异议的,应按工程量清单计价规范中的相关规定办理,复核后仍有异议的,按工程量清单计价规范中的相关规定办理。

承包人逾期未提出书面异议的,应视为工程造价咨询人核对的竣工结算文件已被承包人认可。

（4）竣工结算文件的签认

对发包人或发包人委托的工程造价咨询人指派的专业人员与承包人指派的专业人员经核对后无异议并签名确认的竣工结算文件,除非发承包人能提出具体、详细的不同意见,否则发承包人都应在竣工结算文件上签名确认。其中一方拒不签认的,按下列规定办理:

① 若发包人拒不签认,承包人可不提供竣工验收备案资料,并有权拒绝与发包人或其上级部门委托的工程造价咨询人重新核对竣工结算文件。

② 若承包人拒不签认,发包人要求办理竣工验收备案的,承包人不得拒绝提供竣工验收资料,否则由此造成的损失由承包人承担。

合同工程竣工结算核对完成,发承包双方签字确认后,发包人不得要求承包人与另一个或多个工程造价咨询人重复核对竣工结算。

（5）质量争议工程的竣工结算

发包人对工程质量有异议,拒绝办理工程竣工结算的,已竣工验收或已竣工未验收但实际投入使用的工程,其质量争议应按该工程保修合同执行,竣工结算应按合同约定办理;已竣工未验收且未实际投入使用的工程以及停工、停建工程的质量争议,双方应就有争议的部分委托有资质的检测鉴定机构进行检测,并应根据检测结果确定解决方案,或按工程质量监督机构的处理决定执行后办理竣工结算,无争议部分的竣工结算应按合同约定办理。

7.5.2　结算款支付

7.5.2.1　承包人提交竣工结算款支付申请

承包人应根据办理的竣工结算文件向发包人提交竣工结算款支付申请。申请应包括下列内容:

① 竣工结算合同价款总额;

② 累计已实际支付的合同价款;

③ 应预留的质量保证金;

④ 实际应支付的竣工结算款金额。

7.5.2.2 发包人签发竣工结算支付证书

发包人应在收到承包人提交的竣工结算款支付申请后 7 d 内予以核实,向承包人签发竣工结算支付证书。

7.5.2.3 发包人支付竣工结算款

发包人在签发竣工结算支付证书后的 14 d 内,应按照竣工结算支付证书中列明的金额向承包人支付结算款。

发包人在收到承包人提交的竣工结算款支付申请后 7 d 内不予核实,不向承包人签发竣工结算支付证书的,视为承包人的竣工结算款支付申请已被发包人认可;发包人应在收到承包人提交的竣工结算款支付申请 7 d 后的 14 d 内,按照承包人提交的竣工结算款支付申请中列明的金额向承包人支付结算款。

发包人未按照工程量清单计价规范中的规定支付竣工结算款的,承包人可催告发包人支付,并有权获得延迟支付的利息。发包人在竣工结算支付证书签发后或者在收到承包人提交的竣工结算款支付申请 7 d 后的 86 d 内仍未支付的,除法律另有规定外,承包人可与发包人协商将该工程折价,也可直接向人民法院申请将该工程依法拍卖。承包人应就该工程折价或拍卖的价款优先受偿。

7.5.2.4 质量保证金

发包人应按照合同中约定的质量保证金比例从结算款中预留质量保证金。

承包人未按照合同约定履行属于自身责任工程缺陷修复义务的,发包人有权从质量保证金中扣除用于缺陷修复的各项支出。经查验,工程缺陷属于发包人原因造成的,应由发包人承担查验和缺陷修复的费用。

在合同约定的缺陷责任期终止后,发包人应按照工程量清单计价规范中的规定,将剩余的质量保证金返还给承包人。

7.5.3 最终结清

最终结清是指合同约定的质量缺陷责任期终止后,承包人按照施工合同中的规定完成全部剩余工作且质量合格后,发包人与承包人结清全部剩余款项的活动。

7.5.3.1 最终结清支付申请

缺陷责任期终止后,承包人应按照合同约定向发包人提交最终结清支付申请。发包人对最终结清支付申请有异议的,有权要求承包人进行修正和提供补充资料。承包人修正后,应再次向发包人提交修正后的最终结清支付申请。

7.5.3.2 最终结清支付证书

发包人应在收到最终结清支付申请后的 14 d 内予以核实,并应向承包人签发最终结清支付证书。

发包人未在约定的时间内核实,又未提出具体意见的,应视为承包人提交的最终结清支付申请已被发包人认可。

7.5.3.3 最终结清付款

发包人应在签发最终结清支付证书后的 14 d 内,按照最终结清支付证书中列明的金额向承包人支付最终结清款。

发包人未按期支付的,承包人可催告发包人支付,并有权获得延迟支付的利息。

最终结清时,承包人被预留的质量保证金不足以抵减发包人工程缺陷修复费用的,承包人应承担不足部分的补偿责任。

承包人对发包人支付的最终结清款有异议的,应按照合同中约定的争议解决方式处理。

7.5.4　合同解除的价款结算与支付

发承包双方协商一致解除合同的,应按照达成的协议办理结算和支付合同价款。

7.5.4.1　由于不可抗力解除合同

由于不可抗力致使合同无法履行而解除合同的,发包人应向承包人支付合同解除之日前已完成工程但尚未支付的合同价款。此外,还应支付下列金额:

① 工程量清单计价规范中规定的由发包人承担的费用。

② 已实施或部分实施的措施项目应付价款。

③ 承包人为合同工程合理订购且已交付的材料和工程设备货款。

④ 承包人撤离现场所需的合理费用,包括员工遣送费和临时工程拆除、施工设备运离现场的费用。

⑤ 承包人为完成合同工程而预期开支的任何合理费用,且该项费用未包括在其他各项支付之内。发承包双方办理结算合同价款时,应扣除合同解除之日前发包人应向承包人收回的价款。当发包人应扣除的金额超过了应支付的金额时,承包人应在合同解除后的 86 d 内将其差额退还给发包人。

7.5.4.2　由于违约解除合同

（1）由于承包人违约解除合同

因承包人违约解除合同的,发包人应暂停向承包人支付任何价款。发包人应在合同解除后 28 d 内核实合同解除时承包人已完成的全部合同价款以及按施工进度计划已运至现场的材料和工程设备货款,按合同约定核算承包人应支付的违约金以及造成损失的索赔金额,并将结果通知承包人。发承包双方应在 28 d 内予以确认或提出意见,并应办理结算合同价款。如果发包人应扣除的金额超过了应支付的金额,承包人应在合同解除后的 86 d 内将其差额退还给发包人。发承包双方不能就解除合同后的结算达成一致的,按照合同约定的争议解决方式处理。

（2）由于发包人违约解除合同

因发包人违约解除合同的,发包人除应按照规范相关规定向承包人支付各项价款外,应按合同约定核算发包人应支付的违约金以及给承包人造成的损失或损害的索赔金额费用。该笔费用应由承包人提出,发包人核实后在与承包人协商确定后的 7 d 内向承包人签发支付证书。协商不能达成一致的,应按照合同约定的争议解决方式处理。

7.5.5　合同价款争议的解决途径

合同价款争议是指发承包双方在施工合同价款的确定、调整和结算等过程中所发生的争议。根据发生争议的合同类型不同,合同价款争议可分为总价合同价款争议、单价合同价款争议、成本加酬金合同价款争议;按照争议发生的阶段不同,合同价款争议可分为合同价款确定争议、合同价款调整争议和合同价款结算争议;按照争议的成因不同,合同价款争议可分为合同无效的价款争议、工程延误的价款争议、质量争议的价款争议以及工程索赔的价款争议。

施工合同价款争议的解决途径主要有四种:和解、调解、仲裁和诉讼。和解是自行解决争议的方式,这是最好的方式;调解是由有关部门帮助解决的方式;仲裁是由仲裁机关解决的方式;诉讼是向人民法院提起诉讼以寻求纠纷解决的方式。

7.5.5.1　和解

和解是指当事人因合同发生纠纷时可以再行协商,在尊重双方利益的基础上,就争议的事项达成一致意见,从而解决争议的方式。和解是当事人自由选择的在自愿原则下解决合同纠纷的方式,而不是合同纠纷解决的必经程序。当事人也可以不经和解而直接选择其他解决纠纷的途径。

工程量清单计价规范中规定,发承包双发可以通过以下途径进行和解。

(1) 协商和解

合同价款争议发生后,发承包双方任何时候都可以进行协商。协商达成一致的,双方应签订书面和解协议,和解协议对发承包双方均有约束力。如果协商不能达成一致协议,则发包人或承包人都可以按合同约定的其他方式解决争议。

(2) 监理或造价工程师暂定

若发包人和承包人之间就工程质量、进度、价款支付与扣除、工期延期、索赔、价款调整等发生任何法律上、经济上或技术上的争议,首先应根据已签约合同的规定,提交合同约定职责范围内的总监理工程师或造价工程师解决,并应抄送另一方。总监理工程师或造价工程师在收到此提交件后 14 d 内应将暂定结果通知发包人和承包人。发承包双方对暂定结果认可的,应以书面形式予以确认,暂定结果成为最终决定。

发承包双方在收到监理工程师或造价工程师的暂定结果通知之后 14 d 内未对暂定结果予以确认也未提出不同意见的,应视为发承包双方已认可该暂定结果。

发承包双方或一方不同意暂定结果的,应以书面形式向总监理工程师或造价工程师提出,说明自己认为正确的结果,同时抄送另一方,此时该暂定结果成为争议。在暂定结果对发承包双方当事人的履约不产生实质影响的前提下,发承包双方应实施该结果,直到按照发承包双方认可的争议解决办法被改变为止。

7.5.5.2　调解

调解是指双方当事人自愿在第三者(即调解人)的主持下,在查明事实、分清是非的基础上,由第三者对纠纷双方当事人进行劝导,促使他们互谅互让,达成和解协议,从而解决纠纷的活动。工程量清单计价规范中规定了以下调解方式。

(1) 管理机构的解释或认定

合同价款争议发生后,发承包双方可就工程计价依据的争议以书面形式提请工程造价管理机构对争议以书面文件形式进行解释或认定。工程造价管理机构应在收到申请后的 10 个工作日内就发承包双方提请的争议问题进行解释或认定。发承包双方或一方在收到工程造价管理机构书面解释或认定后仍可按照合同约定的争议解决方式提请仲裁或诉讼。除工程造价管理机构的上级管理部门做出了不同的解释或认定,或在仲裁裁决或法院判决中不予采信的外,工程造价管理机构做出的书面解释或认定应为最终结果,并应对发承包双方均有约束力。

(2) 双方约定争议调解人进行调解

其通常按照以下程序进行:

① 约定调解人。发承包双方应在合同中约定或在合同签订后共同约定争议调解人,负责双方在合同履行过程中发生争议的调解。合同履行期间,发承包双方可协议调换或终止任何调解人,但发包人或承包人都不能单独采取行动。除非双方另有协议,在最终结清支付证书生效后,调解人的任期即应终止。

② 争议的提交。如果发承包双方发生了争议,任何一方均可将该争议以书面形式提交给调解人,并将副本抄送另一方,委托调解人调解。发承包双方应按照调解人提出的要求,给调解人提供

所需要的资料、现场进入权及相应设施。调解人应被视为不是在进行仲裁人的工作。

③ 进行调解。调解人应在收到调解委托后 28 d 内或由调解人建议并经发承包双方认可的其他期限内提出调解书,发承包双方接受调解书的,经双方签字后作为合同的补充文件,对发承包双方均具有约束力,双方都应立即遵照执行。

④ 异议通知。当发承包双方中的任何一方对调解人的调解书有异议时,应在收到调解书后 28 d 内向另一方发出异议通知,并应说明争议的事项和理由。但除非调解书在协商和解或仲裁裁决、诉讼判决中做出修改,或合同已经解除,承包人应继续按照合同实施工程。

当调解人已就争议事项向发承包双方提交了调解书,而任何一方在收到调解书后 28 d 内均未发出表示异议的通知时,调解书对发承包双方均产生约束力。

7.5.5.3　仲裁、诉讼

仲裁是指合同当事人在发生纠纷时,依照合同中的仲裁条款或者事先达成的仲裁协议,自愿向仲裁机构提出申请,由仲裁机构做出裁决的一种解决争议的办法。诉讼是指人民法院根据合同当事人的请求,在所有诉讼参与人的参加下,审理和解决合同争议的活动,以及由此产生的一系列法律关系的总和。

以何种方式解决争议,关键看合同中是如何进行约定的。

（1）仲裁方式的选择

发承包双方经和解或调解均未达成一致意见,其中一方已就此争议事项根据合同约定的仲裁协议申请仲裁时,应同时通知另一方。

仲裁可在竣工之前或之后进行,但发包人、承包人、调解人各自的义务不得因在工程实施期间进行仲裁而有所改变。当仲裁在仲裁机构要求停止施工的情况下进行时,承包人应对合同工程采取保护措施,由此增加的费用应由败诉方承担。

在发承包双方通过和解或调解形成的有关暂定、和解协议或调解书已经有约束力的情况下,当发承包中的一方未能遵守暂定、和解协议或调解书时,另一方可在不损害其可能具有的任何其他权利的情况下,将未能遵守暂定或不执行和解协议、调解书的事项提交仲裁。

（2）诉讼方式的选择

发包人、承包人在履行合同时发生争议,双方不愿和解、调解或者和解、调解不成,又没有达成仲裁协议的,可依法向人民法院提起诉讼。

7.6　工程造价鉴定

工程造价鉴定是指工程造价咨询人接受人民法院、仲裁机关的委托,对施工合同纠纷案件中的工程造价争议,运用专门知识进行鉴别、判断和评定,并提供鉴定意见的活动。其也称为工程造价司法鉴定。

7.6.1　工程造价鉴定的一般规定

7.6.1.1　工程造价鉴定人资格合格

在工程合同价款纠纷案件处理中,需做工程造价司法鉴定的,应委托具有相应资质的工程造价咨询人进行。工程造价咨询人进行工程造价司法鉴定时,应指派专业对口、经验丰富的注册造价工程师承担鉴定工作。

7.6.1.2　工程造价鉴定程序合法

工程造价咨询人接受委托提供工程造价司法鉴定服务时,应按仲裁、诉讼程序和要求进行,并应符合国家关于司法鉴定的规定。

7.6.1.3　工程造价鉴定按期完成

工程造价咨询人应在收到工程造价司法鉴定资料后 10 d 内,根据自身专业能力和证据资料判断能否胜任该项委托。如不能,应辞去该项委托。工程造价咨询人不得在鉴定期满后以上述理由不做出鉴定结论,影响案件处理。

7.6.1.4　工程造价鉴定的回避要求

接受工程造价司法鉴定委托的工程造价咨询人或造价工程师如是鉴定项目一方当事人的近亲属或代理人、咨询人以及有其他关系可能影响鉴定公正的,应当自行回避;未自行回避时,鉴定项目委托人以该理由要求其回避的,必须回避。

7.6.1.5　工程造价鉴定接受质询

工程造价咨询人应当依法出庭接受鉴定项目当事人对工程造价司法鉴定意见书的质询。如确因特殊原因无法出庭的,经审理该鉴定项目仲裁机关或人民法院的准许,可以书面形式答复当事人的质询。

7.6.2　工程造价鉴定的取证

7.6.2.1　工程造价鉴定的取证资料收集

工程造价咨询人进行工程造价鉴定工作时,应自行收集以下(但不限于)鉴定资料:

① 适用于鉴定项目的法律、法规、规章、规范性文件以及规范、标准、定额;

② 鉴定项目同时期、同类型工程的技术经济指标及其各类要素价格等。

7.6.2.2　工程造价咨询人收集鉴定项目的鉴定依据

工程造价咨询人收集鉴定项目的鉴定依据时,应向鉴定项目委托人提出具体的书面要求。其内容包括:

① 与鉴定项目相关的合同、协议及其附件;

② 相应的施工图纸等技术经济文件;

③ 施工过程中的施工组织、质量、工期和造价等工程资料;

④ 存在争议的事实及各方当事人的理由;

⑤ 其他有关资料。

7.6.2.3　鉴定缺陷资料的补充

工程造价咨询人在鉴定过程中要求鉴定项目当事人对缺陷资料进行补充的,应征得鉴定项目委托人的同意,或者协调鉴定项目各方当事人共同签认。

7.6.3　现场踏勘

根据鉴定工作需要进行现场勘验的,工程造价咨询人应提请鉴定项目委托人组织各方当事人对被鉴定项目所涉及的实物标的进行现场勘验。

勘验现场后应制作勘验记录、笔录或勘验图表,记录勘验的时间、地点、勘验人、在场人,勘验经过、结果,由勘验人、在场人签名或者盖章确认。绘制的现场图应注明绘制的时间,测绘人姓名、身份等内容。必要时应采取拍照或摄像取证,留下影像资料。

鉴定项目当事人未对现场勘验图表或勘验笔录等进行签字确认的,工程造价咨询人应提请鉴

定项目委托人决定处理意见，并在鉴定意见书中做出表述。

7.6.4 鉴定结论

工程造价咨询人在鉴定项目合同有效的情况下应根据合同约定进行鉴定，不得任意改变双方合法的合意。

工程造价咨询人在鉴定项目合同无效或合同条款约定不明确的情况下应根据法律法规、相关国家标准和规范中的规定，选择相应专业工程的计价依据和方法进行鉴定。

工程造价咨询人出具正式鉴定意见书之前，可报请鉴定项目委托人向鉴定项目各方当事人发出鉴定意见书征求意见稿，并指明应书面答复的期限及其不答复的相应法律责任。

工程造价咨询人收到鉴定项目各方当事人对鉴定意见书征求意见稿的书面复函后，应对不同意见作认真复核，修改完善后再出具正式鉴定意见书。

工程造价咨询人出具的工程造价鉴定书应包括下列内容：

① 鉴定项目委托人名称、委托鉴定的内容；

② 委托鉴定的证据材料；

③ 鉴定的依据及使用的专业技术手段；

④ 对鉴定过程的说明；

⑤ 明确的鉴定结论；

⑥ 其他需说明的事宜；

⑦ 工程造价咨询人盖章及注册造价工程师签名盖执业专用章。

7.6.5 工程造价鉴定的期限延长要求

工程造价咨询人应在委托鉴定项目的鉴定期限内完成鉴定工作。如确因特殊原因不能在原定期限内完成鉴定工作时，应按照相应法规提前向鉴定项目委托人申请延长鉴定期限，并应在此期限内完成鉴定工作。经鉴定项目委托人同意等待鉴定项目当事人提交、补充证据的，质证所用的时间不应计入鉴定期限。

对于已经出具的正式鉴定意见书中有部分缺陷的鉴定结论，工程造价咨询人应通过补充鉴定做出补充结论。

知识归纳

（1）招标控制价的编制内容和程序；

（2）投标报价的编制内容和程序；

（3）合同价款的约定；

（4）合同价款的调整；

（5）工程结算的规定；

（6）竣工结算的要求；

（7）工程造价鉴定的要求。

思 考 题

7-1 简述招标控制价的编制内容和程序。

7-2 简述投标报价的编制内容和程序。

7-3 简述合同价款的约定。

7-4 简述合同价款调整事件发生时合同价款的调整方法。

7-5 简述工程结算的规定。

7-6 简述竣工结算的要求。

7-7 简述工程造价鉴定的要求。

思考题答案

参考文献

[1] 中华人民共和国住房和城乡建设部,中华人民共和国国家质量监督检验检疫总局.GB 50500—2013 建设工程工程量清单计价规范.北京:中国计划出版社,2013.

[2] 中华人民共和国住房和城乡建设部,中华人民共和国国家质量监督检验检疫总局.GB 50854—2013 房屋建筑与装饰工程工程量计算规范.北京:中国计划出版社,2013.

[3] 全国造价工程师执业资格考试培训教材编审委员会.建设工程计价.北京:中国计划出版社,2013.

[4] 吉林省住房和城乡建设厅.JLJD-FY—2014 吉林省建设工程费用定额.长春:吉林人民出版社,2014.

[5] 方俊,宋敏.工程估价:上册.武汉:武汉理工大学出版社,2008.

[6] 吉林省住房和城乡建设厅.JLJD-JZ—2014 吉林省建筑工程计价定额.长春:吉林人民出版社,2014.

 8 建筑安装工程施工预算

重难点

◎ **内容提要**

　　本章的主要内容为施工预算的概念和作用，施工预算的编制方法，"两算"对比的含义和方法。本章的教学重点和难点是施工预算的编制方法。

◎ **能力要求**

　　通过本章的学习，学生应熟悉施工预算的概念和作用，"两算"对比的含义和方法，掌握施工预算的编制方法。

8.1　施工预算的概念及作用

8.1.1　施工预算的概念

　　施工预算是建筑安装工程施工前，施工单位根据施工图纸和施工定额在施工图预算控制范围内所编制的预算。它以单位工程为对象，分析计算所需工程材料的规格、品种、数量，计算所需各不同工种的人工数量，计算所需各种机械台班的种类及数量，计算单位工程直接费，并提出各类构件、配件和外加工项目的具体内容等，以便有计划、有步骤地合理组织施工，从而达到节约人力、物力和财力的目的。编制施工预算是加强企业内部核算，提高企业经营管理水平的重要措施。

8.1.2　施工预算的作用

　　① 通过施工预算，能精确地计算出各工种劳动力需要量，为施工企业有计划地调配劳动力提供可靠的依据。

　　② 通过施工预算，能准确地确定出材料的需用量，使施工企业可据此安排材料采购和供应。

　　③ 通过施工预算，能计算出施工中所需人力和物力的实物工作量，以便施工企业作出最佳的施工进度计划。

　　④ 通过施工预算，可以确定施工任务单和限额领料单上的定额指标和计件单价等，以便向班组下达施工任务。

　　⑤ 施工预算是衡量工人劳动成果的尺度和计算应得报酬的依据。施工企业根据施工定额规定的标准实行计件工资和全优超额工资等制度，有利于贯彻多劳多得原则，调动生产工人的生产积极性。

⑥ 施工企业在进行经济活动分析时,可把施工预算与施工图预算相对比,分析其中超支、节约的原因,从而改进技术操作和施工管理,有针对性地控制施工中的人力、物力消耗。

8.2 施工预算的编制依据和编制内容

8.2.1 施工预算的编制依据

8.2.1.1 施工图纸和说明书

用于编制施工预算的施工图纸和说明书必须是经过建设单位、设计单位和施工单位共同会审后的图纸和说明书,不宜采用未经会审的图纸和说明书,以避免返工。要具备全套施工所需的设计图纸和标准图集。

8.2.1.2 施工定额

施工预算定额简称施工定额,是编制施工预算的基础。定额水平的高低和内容是否简明适用,直接关系到施工预算的执行与贯彻。施工定额的编制如何做到既简明适用,又能促进企业管理,是值得研究的。在目前没有统一施工定额的情况下,执行所在地区的规定或企业内部自行编制的施工定额,包括人工、材料、机械等内容。

8.2.1.3 施工组织设计或施工方案

施工中要确定土方开挖采用机械还是人工;运土的工具和运距;工作面多大,放坡系数是多少,属于几类土;垂直运输是采用井字架、卷扬机,还是采用塔吊;脚手架是采用竹脚手架、木脚手架,还是采用金属脚手架,是双排还是单排,有无安全网或护身栏杆;门窗等加工件是现场制作还是在加工厂购买。这些问题都要在施工组织设计或施工方案中有明确的规定。因此,经过批准的施工组织设计或施工方案也是不可缺少的施工预算编制依据。

8.2.1.4 施工图预算

施工预算的项目划分要比施工图预算的项目划分更加详细,可通过各类项目综合与分解的数据对比找出差额,为企业分析成本盈亏,有的放矢地采取措施提供依据。另外,这两种定额中有些项目的工程量计算规则是一致的,在此情况下可减少计算工作量,即可直接采用施工图预算中的数据。

8.2.1.5 工地现场勘察与测量资料

其包括工程地质报告、室外地坪设计标高及实际标高、地下水位标高、现场施工用地范围等。

8.2.1.6 建筑材料手册和预算手册

根据施工图纸只能计算出金属构件的长度、面积和体积,而施工定额中金属结构的工程量常以吨(t)为单位,因此必须根据建筑材料手册和有关资料,把金属结构的长度、面积和体积换算成以吨(t)为单位的工程量之后,才能套用相应的施工定额。

8.2.2 施工预算的编制内容

施工预算的编制内容主要包括工程量、人工、材料和机械台班四项,一般以单位工程为对象,按分部工程进行计算。施工预算通常由编制说明和计算表格两部分组成。

8.2.2.1 编制说明部分

编制说明是以简练的文字说明施工预算的编制依据、对施工图纸的审查意见、现场勘察的主要资料、存在的问题及处理办法等。其主要包括以下内容:

① 编制该单位工程施工预算的依据(使用的定额和图纸等)。

② 工程所在地点、性质及范围。

③ 对图纸和设计说明的审查意见以及工程现场勘察资料。

④ 施工方案的主要内容和施工期限。

⑤ 施工中采取的主要技术措施和降低工程成本的措施。一般包括机械化施工的部署，土方调整方案，采用的新技术，使用的新材料以及代用材料的情况，冬、雨期施工中的安全技术措施，施工中可能发生的困难和问题以及准备采取的对策等。

⑥ 工程中待解决的其他问题。

8.2.2.2　计算表格部分

为适应施工方法的可能变动，减少因此发生的计算上的重复劳动和变化，编制施工预算时多采用表格方式进行计算。表格是施工预算表达的主体。为适应施工企业内部管理和满足"两算"对比的需要，单位工程施工预算中常见的表格有：

① 工程量计算表格，形式同施工图预算工程量表格。

② 施工预算表（也称施工任务表或施工预算工料分析表）。它是单位工程施工预算的基本表格，其形式如表8-1所示。表中结果是工程量与该项目在现行施工定额中的人工、材料、机械台班消耗定额的乘积。在计算方法上，其与施工图预算中计算各分项工程工料的方法完全一样，无任何差异。

表 8-1　　　　　　　　　　　　　　　　　施工预算表

序号	定额编号	分部分项工程名称	单位	工程量	人工用量/工日			主要材料用量			
					综合	技工	力工	×××	×××	×××	……
×	××	××××	×	××	××						

③ 单位工程劳动力汇总表。其分工种把施工预算表中的人工统计在一起。统计时应分别统计现场内用工和现场外用工，其中现场外用工要按不同的外加工单位分别统计。

④ 单位工程材料汇总表。其按材料名称、规格把施工预算中的材料分别统计在一起。统计时也应分别统计现场内、外用料。其中，现场外用料也要按不同外加工单位分别统计，以便单独供料和结算。

⑤ 单位工程机具汇总表。其是本单位工程的各分项工程施工时所需机具的汇总，其形式如表8-2所示。

表 8-2　　　　　　　　　　　　　　　　　机具汇总表

序号	机具名称	规格	单位	所需数量	台班费	金额

⑥ 其他表格。有门窗加工表、钢筋混凝土预制构件加工表、五金明细表、钢筋（铁件）加工表、临时设施及其他用工用料分析表等。

由于目前尚无全国统一定额，故施工预算计算表格在形式、内容方面也无统一和固定格式。各施工单位多依据自己的需要自行设计表格，内容上大同小异，视各企业管理深度不同，以满足管理需要为度，制定适合的表式。但一般情况下都应满足：能反映出经济效果，把施工图预算和施工预算分部分项工程价值列出对比表，计算出节约（超支）差额；施工预算的项目应符合给施工班组签发的施工任务单和材料限额领料单的要求,工地签发上述施工任务单和材料限额领料单的任务也要编制到施工预算的工作中来,由编制施工预算的人员完成此项任务。

8.3 施工预算的编制方法和步骤

编制施工预算的工作同编制施工图预算的工作一样,首先应当熟悉必需的基础资料,了解定额内容以及分部分项工程包括的范围。为了便于进行"两算"对比,编制施工预算时可不按照施工定额编号排列,而尽量与施工图预算的分部分项项目相对应,要特别注意施工定额所示的计量单位。我们在计算工程量时所采用的计量单位一定要与定额的计量单位相适应,墙体要计算出体积,抹灰要计算出面积,脚手架要计算出延长米,金属构件要计算出吨数。若不按定额单位计算工程量,计算出的工程量就不能套用定额,也就编不出施工预算。编制好施工预算后,要多熟悉定额的内容(表中的工作内容、计量单位、附注说明,定额的工料机具数量,工程量的计算规则等),然后根据已会审的图纸和说明书以及施工方案,按编制施工预算的步骤和方法进行编制。

8.3.1 编制方法

施工预算的编制方法有实物法和实物金额法两种。

8.3.1.1 实物法

实物法是根据图纸和施工组织设计有关资料,结合施工定额的规定计算工程量,套用施工定额计算并分析人工、材料、机械的台班数量。利用这些数量可向施工班组签发施工任务书和限额领料单,进行班组核算,并与施工图预算的人工、材料和机械数量进行对比,分析超支或节约的原因,改进和加强企业管理。

8.3.1.2 实物金额法

① 根据实物法计算出的工料机数量,分别乘以人工、材料和机械台班单价求出人工费、材料费和机械使用费。上述三项费用之和即为单位工程直接费。

② 在编有施工定额单位估价表的地区,可根据已会审的施工图、说明书和施工方案计算工程量,然后套用施工定额中的单价,逐项累加后即为单位工程直接费。

以上介绍的两种编制方法中,实物法是目前普遍采用的一种方法。

8.3.2 编制步骤

施工预算的编制步骤与施工图预算的编制步骤大体相同。因各地区施工定额有差别,故没有统一的编制步骤。

编制步骤及其注意事项如下。

8.3.2.1 熟悉图纸、现场和施工定额

熟悉图纸、现场和施工定额是正确编制施工预算的必要和重要条件。只有熟悉图纸和施工现场的实际情况,才能正确理解工程设计和施工组织设计的内容,编制的施工预算才能与工程实际相符合,才能正确反映工程的人工、材料和机械台班消耗量,才能正确确定工程成本,从而为企业的管理提供符合实际的成本数据。只有熟悉施工定额,才能正确列出工程项目,并按其规定正确计算工程量,为以后的各项计算提供可靠数据。

8.3.2.2 列工程项目

施工预算要列的工程项目的划分比施工图预算已有项目的划分要详细。列工程项目时要依施

工定额使工程项目的名称、计量单位与施工定额完全相符,保证有定额可查。例如,钢筋混凝土构件制作在施工图预算中列两项,在施工预算中则分为模板、钢筋和混凝土三项,分别计算它们与混凝土的接触面积、质量与体积;对于各项零星砌砖,无论位置如何,在施工图预算中只列一项"零星砌砖",而在施工预算中则被分为"房上"、"室内"和"室外"三项。这样,编制施工预算列工程项目时,可抄用施工图预算的大部分项目,而对某些不能直接抄用的项目可按施工定额上的项目列出应追加的新项目。另外,施工预算要根据现场施工的顺序排列施工预算项目的顺序,以便于现场按施工进度控制人工、材料、机械的投入,控制成本和考核效益。

可见,编制施工预算时列工程项目的关键是熟悉施工定额和现场实际的施工顺序。

8.3.2.3　填写与计算工程量

对于从施工图预算中抄来的项目,绝大部分工程量的计量单位与施工定额计量单位相同,或有明显的十倍、百倍关系。所以,这些抄自施工图预算项目的工程量,可直接抄用或移动小数点位置后填写在工程量栏目内,不必重新再算。对于某些名称虽然与施工图预算分项工程名称相同,但计算单位不同的项目,要重新计算工程量。例如,门窗安装在施工图预算中按框外围面积计算工程量,而在施工预算中则按个数、樘数计算工程量。对于钢筋混凝土构件制作项目,就要增列模板、钢筋项目,并计算它们的工程量(模板工程量以 m² 为单位计算模板与混凝土的接触面积,钢筋以 t 为单位计算工程量)。为满足工程分段、分层流水施工的要求,应要求所有的工程量按分段、分层的情况分开计算。

总之,除新增加的工程项目需要补充计算工程量之外,其余项目皆可把施工图预算中的工程量填入工程量计算表中。

8.3.2.4　套用施工定额

按所列工程项目,套用相应的劳动定额、材料消耗定额和机械台班定额。有的地方已按项目把该项目的人工、材料和机械的消耗定额汇总成册,称为《施工定额》,直接使用《施工定额》更加方便。把查得的人工、材料、机械消耗定额指标填入各项目在施工预算表中相应的位置。

8.3.2.5　人工、材料、机械台班消耗量分析

将各分部(或分层、分段)工程中同类的各种人工、材料和机械台班消耗量相加,得出每一分部(或分层、分段)工程的各种人工、材料和机械台班的总消耗量,再进一步将各分部工程的人工、材料和机械总消耗量相加,最后得出单位工程各工种人工、各种材料和各类型机械台班的总需要量,并制成表格。

8.3.2.6　分部工程汇总

以分部工程为单位,分别汇总各分部工程所有分项工程的各种人工、材料、机械台班消耗。分部工程的划分仍以施工预算中的分部工程划分为基础,以便于"两算"对比。

8.3.2.7　编制单位工程劳动力、材料、机械台班汇总表

把各分部工程的各种人工、各种规格的不同材料、各种机械台班的数量,按现场内或现场外分别汇总在一起,就是单位工程劳动力、材料、机械台班汇总表。

8.3.2.8　"两算"对比

详见 8.4 节。

8.4　"两算"对比

"两算"对比是指施工预算与施工图预算的对比。施工企业通过"两算"对比可找出节约或超出

的因素,从而督促相关部门加强和改进施工组织管理,采取措施增进节约,减少超支,降低总消耗量以节约资金,取得较大的经济效益。因此,"两算"对比是施工企业运用经济规律加强企业管理的重要手段。

8.4.1 "两算"对比的方法

8.4.1.1 实物对比法

其是将施工预算中各分部工程的人工、主要材料、机械台班数量,与施工图预算中的人工、主要材料、机械台班数量分别进行对比。

8.4.1.2 金额对比法

其是将施工预算中的人工费、材料费、机械使用费、其他直接费与施工图预算中的相应费用分别进行对比。

8.4.2 "两算"对比的内容

"两算"对比时一般以分部工程为对比的单位。对比只限于构成直接费的因素(人工、材料、机械台班),间接费不作对比。直接费对比有如下内容。

8.4.2.1 人工方面

一般施工预算的人工消耗数量应低于施工图预算的人工用量,否则就要认真分析其用工分布情况,找出超出施工图预算用工的原因。

8.4.2.2 材料方面

施工预算的材料消耗量应低于同一分项工程在施工图预算中的材料消耗量,否则就要认真分析各分项工程的材料消耗量,找出施工预算中该项材料超过施工图预算中用量的原因。当出现施工预算中的材料消耗量多于施工图预算中材料消耗量的情况时,应认真分析。一般若因施工方法选择不当或技术措施不力,则必须认真、慎重地研究原来的施工方案,在不影响工程质量和工期的前提下改进原来的施工方法,采取有效的技术或组织措施,保证施工预算的材料消耗量少于施工图预算的材料消耗量。

8.4.2.3 机械台班方面

在预算定额中,机械台班量是综合考虑的,多数直接用金额表示。施工预算要根据施工组织设计或施工方案中规定的机械种类、型号、数量、工期来计算机械使用费。

8.4.2.4 脚手架方面

施工图预算中,脚手架是按建筑"综合脚手架"计算费用的;而施工预算中则要根据施工组织设计或施工方案中规定的脚手架种类计算其费用,再用实物对比法和金额对比法对比其节超。

8.4.2.5 其他方面

其他直接费可用金额对比法进行对比。其他不便直接对比实物的项目和内容都可用金额对比法比较费用的节超,确定其措施是否得当。

一般以分部工程为单元进行比较时,可列表进行。应用实物对比法时需列出各分部工程的人工、主要材料、机械台班数量并加以比较,应用金额对比法时需列出各分部工程的人工费、材料费、机械使用费并加以比较。

有时也就某一单项或某种紧缺的材料等作单项对比。比较中要注意扣除某些"两算"中的不可比因素,避免影响比较结果。

 知识归纳

（1）施工预算的概念。

（2）施工预算的编制方法。

（3）"两算"对比的方法。

思 考 题

8-1 试述施工预算的编制依据与作用。

8-2 施工预算的编制方法和编制步骤有哪些？

8-3 "两算"对比的内容和作用有哪些？

8-4 如何进行"两算"对比？

思考题答案

参考文献

[1] 中华人民共和国住房和城乡建设部,中华人民共和国国家质量监督检验检疫总局.GB 50500—2013 建设工程工程量清单计价规范.北京：中国计划出版社,2013.

[2] 中华人民共和国住房和城乡建设部,中华人民共和国国家质量监督检验检疫总局.GB 50854—2013 房屋建筑与装饰工程工程量计算规范.北京：中国计划出版社,2013.

[3] 全国造价工程师执业资格考试培训教材编审委员会.建设工程计价.北京：中国计划出版社,2013.

[4] 吉林省住房和城乡建设厅.JLJD-FY—2014 吉林省建设工程费用定额.长春：吉林人民出版社,2014.

[5] 方俊,宋敏.工程估价：上册.武汉：武汉理工大学出版社,2008.

[6] 吉林省住房和城乡建设厅.JLJD-JZ—2014 吉林省建筑工程计价定额.长春：吉林人民出版社,2014.

9 建筑与装饰工程结算与竣工决算

内容提要

本章主要叙述了工程结算与竣工决算的内容与方法。本章的教学重点和难点为工程结算和竣工决算的方法。

能力要求

通过本章的学习,学生应熟悉决算报表的结构,能够结合工程实际熟练地进行竣工决算的编制。

重难点

《建设工程工程量清单计价规范》(GB 50500—2013)中规定,国有投资项目必须使用工程量清单计价方式进行计价,国有投资项目和国有控股项目的工程结算要在《建设工程工程量清单计价规范》(GB 50500—2013)的框架下进行。这部分内容主要在第 7 章中叙述。本章主要叙述建筑与装饰工程结算与竣工决算的方法和要求,主要针对的是非国有投资项目和非国有控股项目。

9.1 建筑与装饰工程的结算

9.1.1 工程结算的概念

工程结算是指承包人在工程实施过程中,依据承包合同中关于付款条件的规定和已完工程量,按照规定的程序向发包人收取工程价款的一项经济活动。

9.1.1.1 工程结算的分类

根据内容不同,工程结算可分为以下几类:

(1) 建设工程价款结算

根据《财政部 建设部关于印发〈建设工程价款结算暂行办法〉的通知》(财建〔2004〕369 号)的规定,工程价款结算是指对建设工程的发承包合同价款进行约定和依据合同约定进行工程预付款、工程进度款、工程竣工价款结算的活动。

(2) 设备、工器具和材料价款结算

其是指工程建设中发包人、承包人为了采购机械设备、工器具和材料,同设备、工器具、材料供应单位之间发生的货币结算。

(3) 劳务供应结算

其是指工程建设过程中发包人、承包人及有关部门之间发生勘察、设计、建筑安装工程施工、运输和加工等劳务而发生的结算。

9.1.1.2　工程结算的作用

① 通过工程结算办理已完工程的工程价款，确定施工企业的货币收入，补充施工生产过程中的资金消耗。

② 工程结算是统计施工企业完成生产计划和建设单位完成建设投资任务的依据。

③ 工程结算是施工企业按合同规定完成该工程项目后而获得的相应货币收入，是企业内部编制工程结算，进行成本核算，确定工程实际成本的重要依据。

④ 工程结算是建设单位编制竣工决算的主要依据。

⑤ 工程结算的完成标志着施工企业和建设单位双方所承担合同义务和经济责任的结束。

9.1.1.3　工程结算的编制依据

我国对工程价款结算在建设工程施工合同示范文本中作了有关时间要求，2004 年，财政部、建设部联合以规范性文件形式颁发了《建设工程价款结算暂行办法》。该办法对工程价款的支付在参照国际惯例的基础上作了以下规定。

① 建设工程价款结算（以下简称工程价款结算）是指对建设工程的发承包合同价款进行约定，依据合同约定进行工程预付款、工程进度款、工程竣工价款结算的活动。

② 从事工程价款结算活动时，应当遵循合法、平等、诚信的原则，并符合国家有关法律、法规和政策的规定。

③ 发包人、承包人应当在合同条款中对涉及工程价款结算的下列事项进行约定。

a. 预付工程款的数额、支付时限及抵扣方式。

b. 工程进度款的支付方式、数额及时限。

c. 工程施工中发生变更时，工程价款的调整方法、索赔方式、时限要求及金额支付方式。

d. 发生工程价款纠纷时的解决方法。

e. 约定承担风险的范围及幅度以及超出约定范围和幅度时的调整办法。

f. 工程竣工价款的结算与支付方式、数额及时限。

g. 工程质量保证（保修）金的数额、预付方式及时限。

h. 安全措施和意外伤害保险费用。

i. 工期及工期提前或延后的奖惩办法。

j. 与履行合同、支付价款相关的担保事项。

④ 工程价款结算应按合同约定办理，合同未作约定或约定不明的，发承包双方应以下列规定与文件协商处理。

a. 国家有关法律、法规和规章制度。

b. 国务院建设行政主管部门，省、自治区、直辖市有关部门发布的工程造价、计价办法等有关规定。

c. 建设项目的合同、补充协议，变更签证和现场签证，以及经发承包人认可的有效文件。

d. 其他可依据的材料。

9.1.1.4　工程结算方式

工程建设周期长，产品具有不可分割的特点，一般整个单项或单位工程完工后才进行竣工验收。但一个工程项目在开工前就需要准备各种建筑材料及支付各种费用，施工期间需要支付人工费、材料费、施工机具使用费以及各项施工管理费。工程在开工前的施工准备阶段，建设单位往往会根据合同约定先支付一部分资金，主要用于材料的准备，称为工程预付款。工程开工之后，按工程实际完成情况由建设单位定期拨付已完工程部分的价款，称为工程进度款。工程进度款是一种中间结算。对于跨年工程，需要对工程年终实际完成情况进行盘点，完成工程价款的年终结算。

按工程结算的时间和对象,工程结算方式可分为按月结算、分段结算、年终结算、竣工后一次结算和目标结款方式等。

　　(1) 按月结算

　　其采取月初预支,月末结算,竣工后清算的办法。在月初(或月中),承包人提出已完工月报表及工程价款结算清单,经监理工程师审核签证并经发包人确认后,办理已完工程的工程价款月终结算;同时,扣除本月预支款,并办理下月预支款。本期收入额为月终结算时的已完工程价款金额。此外,月初(或月中)不实行预支月终结算、分句预支按月结算都属于按月结算。

　　(2) 分段结算

　　当年开工但当年不能竣工的工程按照工程形象进度划分为若干施工阶段,按阶段进行工程价款结算。一般以审定的施工图预算为基础测算每个阶段的预支款数额。在施工开始时办理第一阶段的预支款,待该阶段完成后计算其工程价款,办理该阶段的结算,同时办理下阶段的预支款。

　　(3) 年终结算

　　年终结算是指单位工程或单项工程不能在本年度竣工,而要转入下年度继续施工的结算方式。为了正确统计施工企业本年度的经营成果和建设投资完成情况,由施工企业、建设单位对正在施工的工程进行已完成和未完成工程量盘点,结清本年度的工程价款。

　　(4) 竣工后一次结算

　　建设工程项目或单项工程的全部建筑安装工程建设期在 12 个月以内,或者工程承包合同价在 100 万元以下的,可以实行工程价款每月月中预支,竣工后一次结算。

　　(5) 其他结算方式

　　其指结算双方约定的其他结算方式。

9.1.2　工程预付款及其计算

　　工程预付款是指用于支付承包人为合同工程施工购置材料、工程设备、施工设备,修建临时设施以及组织施工队伍进场等所需的费用。工程预付款的额度和预付办法在专用合同条款中约定。工程预付款必须专用于合同工程。

　　施工企业承包工程时一般实行包工包料,这就需要有一定数量的备料周转金,用以提前储备材料和订购构配件,保证施工的顺利进行。

　　工程开工之前,业主为使承包商顺利进行施工准备,往往要向承包商支付一部分预付款,但是否给预付款以及给多少预付款,则由业主与承包商在合同条件中约定。工程施工中,由承包商负责建筑材料采购的,业主应在双方签订工程施工合同后按照合同价的一定比例向承包商支付预付款,材料价款在工程款结算时应陆续抵扣。如果由业主负责供应材料,业主可以不提供预付款。

9.1.2.1　工程预付款的支付期限及违约责任

　　按照现行《建设工程价款结算暂行办法》的规定,在具备施工条件的前提下,发包人应在双方签订合同后的 1 个月内或不迟于约定开工日期前的 7 d 内支付工程预付款。发包人不按约定预付时,承包人应在预付时间到期后 10 d 内向发包人发出要求预付的通知;发包人收到通知后仍不按要求预付时,承包人可在发出通知 14 d 后停止施工,发包人从发包之日起应向承包人支付应付款的利息(利率按同期银行贷款利率计),并承担违约责任。

9.1.2.2　工程预付款数额

　　确定工程预付款数额的原则是,保证施工所需材料和构件的正常储备。备料款数额太小,备料不足,可能造成施工生产停工待料;预付数额太大,会造成备料积压浪费,不便于施工企业管理和资金核算。工程预付款的数额一般由下列因素决定:施工工期、主要材料(包括构配件)占年度建筑安装工作量的比重(简称主材所占比重)、材料储备期。

工程预付款由下列公式计算:

$$工程预付款 = \frac{年度建筑安装工作量 \times 主要材料所占比重}{年度施工日历天数} \times 材料储备天数 \qquad (9\text{-}1)$$

或

$$工程预付款 = 工程预付款额度 \times 年度建筑安装工作量 \qquad (9\text{-}2)$$

材料储备天数可根据材料储备定额或当地材料供应情况确定。工程预付款额度一般不得超过当年建筑安装工作量的30%,安装工程按年安装量的10%拨付,材料所占比重较大的安装工程按年计划产值的15%左右拨付。大量采用预制构件以及工期在6个月以内的工程可以适当增加,具体额度由建设主管部门根据工程类别、施工工期分类确定,也可由甲、乙双方根据施工工程实际测算后确定额度,列入施工合同条款。《建设工程价款结算暂行办法》规定,包工包料工程的预付款按合同约定拨付,原则上预付比例不低于合同金额的10%,不高于合同金额的30%;对于重大工程项目,按年度工程计划逐年预付。

【例 9-1】　某住宅工程计划完成的年度建筑安装工作量为800万元,计划工期为210 d,预算价值中材料费占65%,材料储备期为80 d。试确定工程预付款数额。

【解】

$$工程预付款 = \frac{800 \times 65\%}{210} \times 80 = 198(万元)$$

9.1.2.3　工程预付款的扣回

工程预付款有预支性质,随着工程的推进,未完工程比例减少,所需材料储备量随之减少,工程预付款应以抵扣工程价款的方式陆续扣回。工程预付款的扣回是随着工程价款的结算以冲减工程价款的方法逐渐抵扣的,待工程竣工时,全部工程预付款应抵扣完。扣回的方法有两种:

(1)采用等比例或等额扣款的方式扣回工程预付款

发包人和承包人通过协商,以合同的形式确定扣款比例或扣款额。在承包人完成金额累计达到合同总价的一定比例后,开始由承包人向发包人还款。发包人从每次应付给承包人的金额中扣回工程预付款,发包人至少在合同规定完工前3个月将工程预付款的总计金额逐次扣回。当发包人一次付给承包人的余额少于规定扣回的金额时,其差额应转入下一次支付中作为债务结转。

(2)从每次结算的工程价款中扣回工程预付款

工程进度达到起扣点时,应自起扣点开始,从每次结算的工程价款中扣回工程预付款。

① 确定工程预付款起扣点。确定工程预付款开始抵扣的时间时,应该以未施工工程所需主要材料及构配件的价值刚好等于工程预付款为原则。起扣点为工程预付款开始扣回时的累计完成工程金额,工程预付款的起扣点金额可按式(7-19)计算。

【例 9-2】　某工程计划完成的年度建筑安装工作量为800万元,按本地区的规定,工程备料款额度为30%,材料比例为60%。试计算预付款数额及起扣点金额。

【解】　预付款数额:

$$工程预付款 = 800 \times 30\% = 240(万元)$$

起扣点金额：

$$800-\frac{240}{60\%}=400（万元）$$

② 应扣工程预付款数额。工程进度达到起扣点后，在每次结算的工程价款中扣回工程预付款，扣回的数量为本期工程价款数额和材料比重的乘积。一般情况下，工程预付款的起扣点与工程价款结算间隔点不一定重合。因此，第一次扣回的工程预付款数额的计算式与其后各次工程预付款扣回数额的计算式略有不同。具体计算方法如下：

第一次扣回的工程预付款数额＝（累计完成工程费用－起扣点金额）×主材比重

第二次及以后各次扣回的工程预付款数额＝本期完成的工程费用×主材比重

【例 9-3】 某建设项目计划完成年度建筑安装工作量为 900 万元，主要材料所占比重为 50%，起扣点为 400 万元。10 月份累计完成的建筑安装产值为 550 万元，当月完成的建筑安装产值为 120 万元；11 月份完成的建筑安装产值为 150 万元。求 10、11 月份月终结算时应抵扣的工程预付款数额。

【解】 10 月份应扣回的工程预付款数额：

$$（550-400）\times50\%=75（万元）$$

11 月份应扣回的工程预付款数额：

$$120\times50\%=60（万元）$$

9.1.3 工程进度款的计量与支付

承包人在施工过程中，按照工程施工的进度和合同规定，按逐月（或形象进度、控制界面等）完成的工程数量计算各项费用，向发包人收取工程进度款。

（1）工程量的计量与确认

① 承包人应当按照合同约定的方法和时间向发包人提交已完工程量的报告。发包人接到报告后 14 d 内核实已完工程量，并在核实前一天通知承包人，承包人应提供条件并派人参加核实。承包人收到通知后不参加核实的，以发包人核实的工程量作为工程价款支付的依据。发包人不按约定时间通知承包人，致使承包人未能参加核实的，核实结果无效。

② 发包人收到承包人的报告后 14 d 内未核实完工程量时，从第 15 天起，承包人报告的工程量即视为被确认，作为工程价款支付的依据。双方合同中另有约定的，按合同执行。

③ 对承包人超出设计图（含设计变更）范围和因承包人原因造成返工的工程量，发包人不予计量。

（2）工程进度款的支付

① 根据确定的工程计量结果，承包人向发包人提出支付工程进度款申请。之后的 14 d 内，发包人应按不低于工程价款的 60%、不高于工程价款的 90% 向承包人支付工程进度款。按约定时间发包人应扣回的预付款，与工程进度款同期结算抵扣。

② 发包人超过约定的支付时间时，承包人应及时向发包人发出要求付款的通知。发包人收到承包人的通知后仍不能按要求付款时，可与承包人协商签订延期付款协议，经承包人同意后可延期支付。协议应明确延期支付的时间，还应有对从工程计量结果确认后第 15 天起计算应付款的利息（利率按同期银行贷款利率）的约定。

③ 发包人不按合同约定支付工程进度款，双方又未达成延期付款协议，导致施工无法进行时，

承包人可停止施工，由发包人承担违约责任。

（3）工程进度款的计算

对于工程进度款的收取，一般是月初收取上期完成的工程进度款，当累计工程价款未达到起扣点时，工程进度款额应等于施工图预算中所完成的建筑安装工程费用之和。当累计完成工程价款总和达到起扣点时，就要从每期工程进度款中减去应扣的预付款数额，按下式计算：

$$本期应收取的工程进度款＝本期完成工程费用总和－本期应抵扣的工程预付款数额 \quad (9-3)$$

按照有关规定，工程项目总造价中应预留出一定比例的尾留款作为质量保证金，待工程项目保修期结束后拨付。有关尾留款应如何扣除，一般有两种做法：

① 当工程进度款拨付额累计达到该建筑安装工程造价的一定比例（一般为 95%）时，停止支付，将预留造价部分作为质量保证金。

② 国家颁布的《标准施工招标文件》中规定，质量保证金的扣除应从第一个付款周期开始，在发包人的进度款中按专用合同条款的约定扣留质量保证金，直至扣留的质量保证金总额达到专用合同条款中约定的金额或比例为止。质量保证金的计算额度不包括预付款的支付、扣回以及价格调整的金额。

因此，在进行工程进度款结算时，质量保证金的扣除方法不同，进度款的计算方法也不同。

9.1.4　工程竣工结算

工程竣工结算是指承包人按照合同规定的内容全部完成所承包的工程，经验收合格并符合合同要求之后，发承包人进行的最终工程价款结算。它分为单位工程竣工结算、单项工程竣工结算、建设项目竣工结算。

9.1.4.1　工程竣工结算编制与审查的相关规定

① 单位工程的竣工结算由承包人编制，发包人审查。实行总承包的工程，其由具体承包人编制，在总承包人审查的基础上由发包人审查。

② 单项工程竣工结算或建设项目竣工总结算由总（承）包人编制，发包人可直接进行审查，也可以委托具有相应资质的工程造价咨询机构进行审查。政府投资项目由同级财政部门审查。单项工程竣工结算或建设项目竣工总结算经发承包人签字盖章后有效。

承包人应在合同约定期限内完成项目竣工结算编制工作，未在规定期限内完成并且不提出正当理由导致延期的，责任自负。

承包人如未在规定时间内提供完整的工程竣工结算资料，经发包人催促后 14 d 内仍未提供或没有明确答复时，发包人有权根据已有资料进行审查，责任由承包人自负。

③ 工程竣工结算审查期限。单项工程竣工后，承包人应在提交竣工验收报告的同时，向发包人递交竣工结算报告及完整的结算资料，发包人应在规定的期限内进行核对（审查）并提出审查意见。工程竣工结算审查期限见表 9-1。

表 9-1　　　　　　　　　　　　　　　　工程竣工结算审查期限

序号	工程竣工结算报告资金	审查时间
1	500 万元以下	从接到竣工结算报告和完整的竣工结算资料之日起 20 d
2	500 万~2000 万元	从接到竣工结算报告和完整的竣工结算资料之日起 30 d
3	2000 万~5000 万元	从接到竣工结算报告和完整的竣工结算资料之日起 45 d
4	5000 万元以上	从接到竣工结算报告和完整的竣工结算资料之日起 60 d

建设项目竣工总结算在最后一个单项工程竣工结算审查确认后 15 d 内汇总,送发包人后 30 d 内审查完成。

发包人收到竣工结算报告及完整的结算资料后,在规定或合同约定期限内对竣工结算报告及资料没有提出意见的,则视同认可。

9.1.4.2　工程竣工结算价款的支付与违约责任

发包人收到承包人递交的竣工结算报告及完整的结算资料后,应按规定的期限(合同中约定期限的,从其约定)进行核实,给予确认或者提出修改意见。发包人根据确认的竣工结算报告向承包人支付工程竣工结算价款,保留 5% 左右的质量保证(保修)金,待工程交付使用 1 年质保期结束后清算(合同另有约定的,从其约定)。质保期内如有返修,发生的费用应在质量保证(保修)金内扣除。

根据确认的竣工结算报告,承包人向发包人申请支付工程竣工结算款。发包人应在收到申请后 15 d 内支付结算款,到期没有支付的应承担违约责任。承包人可以催告发包人支付结算价款。如达成延期支付协议,发包人应按同期银行贷款利率支付拖欠工程价款的利息。如未达成延期支付协议,承包人可以与发包人协商将该工程折价,或申请人民法院将该工程依法拍卖,承包人就该工程折价或者拍卖的价款优先受偿。

9.1.4.3　工程竣工结算书的编制

(1)工程竣工结算书的编制方法

工程竣工结算书的编制应区分施工发承包合同的类型采用相应的编制方法。

① 采用总价合同的,应在合同价基础上对设计变更、工程洽商以及工程索赔等合同中约定可以调整的内容进行调整。

② 采用单价合同的,应计算或核定竣工图或施工图以内的各个分部分项工程量,依据合同中约定的方式确定分部分项工程项目价格,并对设计变更、工程洽商、施工措施以及工程索赔等内容进行调整。

③ 采用成本加酬金合同的,应依据合同约定的方法计算各个分部分项工程以及设计变更、工程洽商、施工措施等内容的工程成本,并计算酬金及有关税费。

(2)工程竣工结算书的编制程序

工程竣工结算书应按准备、编制和定稿三个工作阶段进行编制,并实行编制人、校对人和审核人分别署名盖章确认的内部审核制度。

工程竣工结算书编制准备阶段的程序具体如下:

① 收集与工程竣工结算书编制相关的原始资料。

② 熟悉工程结算资料的内容,进行分类、归纳、整理。

③ 召集相关单位或部门有关人员参加工程结算预备会议,对结算内容和结算资料进行核对与充实完善。

④ 收集建设期内影响合同价格的法律和政策性文件。

工程竣工结算书编制阶段的程序具体如下:

① 根据竣工图、施工图以及施工组织设计进行现场踏勘,对需要调整的工程项目进行观察、对照、必要的现场实测和计算,做好书面或影像记录。

② 按既定的工程量计算规则计算需调整的分部分项、施工措施项目或其他项目的工程量。

③ 按招标文件、施工承发包合同中规定的计价原则和计价办法对分部分项、施工措施项目或其他项目进行计价。

④ 对于工程量清单或定额缺项以及采用新材料、新设备、新工艺的，应根据施工过程中的合理消耗和市场价格编制综合单价或单位估价分析表。

⑤ 工程索赔应按合同约定的索赔处理原则、程序和计算方法提出索赔费用，经发包人确认后作为结算依据。

⑥ 汇总计算工程费用，包括编制分部分项工程费、施工措施项目费、其他项目费、零星工作项目费或直接费、间接费、利润和税金等，初步确定工程结算价格。

⑦ 编写编制说明。

⑧ 计算主要技术经济指标。

⑨ 提交结算编制的初步成果文件待校对、审核。

工程竣工结算书定稿阶段的程序具体如下：

① 由结算编制受托人单位的部门负责人对初步成果文件进行检查、校对。

② 由结算编制受托人单位的主管负责人审核批准。

③ 在合同约定的期限内，向委托人提交经编制人、校对人、审核人和受托人单位盖章确认的正式结算编制文件。

（3）工程竣工结算书的编制要求

① 工程结算一般经过发包人或有关单位验收合格且点交后方可进行。

② 工程结算应以施工承发包合同为基础，按合同约定的工程价款调整方式对原合同价款进行调整。

③ 工程结算应核查设计变更、工程洽商等工程资料的合法性、有效性、真实性和完整性。对有疑义的工程实体项目，应视现场条件和实际需要核查隐蔽工程。

④ 建设项目由多个单项工程或单位工程构成时，应按建设项目划分标准的规定，将各单项工程或单位工程竣工结算进行汇总，编制相应的工程结算书，并撰写编制说明。

⑤ 实行分阶段结算的工程，应将各阶段工程结算汇总后编制工程结算书，并撰写编制说明。

⑥ 实行专业分包结算的工程，应将各专业分包结算汇总在相应的单项工程或单位工程结算内，并撰写编制说明。

⑦ 工程结算的编制应采用书面形式，有电子文本要求的应一并报送与书面内容一致的电子文本。

⑧ 工程结算应严格按工程结算编制程序进行编制，做到程序化、规范化，结算资料必须完整。

（4）工程竣工结算书的组成

① 工程竣工结算书一般由工程结算汇总表、单项工程结算汇总表、单位工程结算汇总表和分部分项（措施、其他、零星）工程结算表及结算编制说明等组成。

② 工程结算汇总表、单项工程结算汇总表、单位工程结算汇总表应当按表格所规定的内容详细编制。

③ 工程结算编制说明可根据委托工程的实际情况以单位工程、单项工程或建设项目为对象进行编制，并应说明工程概况，编制范围，编制依据，编制方法，有关材料、设备、参数和费用说明，其他有关问题的说明等内容。

④ 提交工程竣工结算书时，受托人应当同时提供与工程结算相关的附件，包括所依据的发承包合同调价条款、设计变更、工程洽商、材料及设备定价单、调价后的单价分析表等与工程结算相关的书面证明材料。

【例9-4】　某项工程的业主与承包商签订了施工合同，双方签订的关于工程价款的合同内容有：

① 建筑安装工程造价 700 万元,建筑材料及设备费占施工产值的比重为 50%。

② 预付工程款为建筑安装工程造价的 20%。工程实施后,预付工程款从未施工工程尚需的主要材料及构件的价值相当于工程款数额时起扣。

③ 工程进度款按月计算。

④ 工程保修金为建筑安装工程造价的 3%,竣工结算月一次扣留。

⑤ 材料价差调整按有关规定计算(规定上半年材料价差上调 10%,在 6 月份一次调增)。工程各月实际完成产值见表 9-2。

表 9-2　　　　　　　　　　　　　　　　　　**工程各月实际完成产值**　　　　　　　　　　　　　　(单位:万元)

月份	2	3	4	5	6
完成产值	60	150	150	200	140

求:① 该工程的预付工程款和起扣点为多少?

② 该工程 2—5 月每月拨付的工程款为多少?累计拨付工程款为多少?

③ 6 月份办理工程竣工结算时,该工程结算造价为多少?业主应付的工程结算款为多少?

【解】　① 预付工程款:

$$700 \times 20\% = 140(万元)$$

起扣点:

$$700 - 140 \div 50\% = 420(万元)$$

② 各月拨付工程款。

a. 2 月:工程款 60 万元,拨付工程款 60 万元,累计拨付工程款 60 万元。

b. 3 月:工程款 150 万元,拨付工程款 150 万元,累计拨付工程款 210 万元。

c. 4 月:工程款 150 万元,拨付工程款 150 万元,累计拨付工程款 360 万元。

d. 5 月:工程款 200 万元,累计工程款 560 万元,超出预付款起扣点 420 万元,本月开始起扣预付款,本月扣除预付款:$(560-420) \times 50\% = 70(万元)$;本月拨付工程款:$200-70 = 130(万元)$;累计拨付工程款:$360+130 = 490(万元)$。

③ 6 月办理工程竣工结算时:

调增材料价差:$700 \times 50\% \times 10\% = 35(万元)$

扣除工程保修金:$(700+35) \times 3\% = 22.05(万元)$

工程结算造价:$700+35 = 735(万元)$

业主应付的工程结算款:$735-490-22.05-(140-70) = 152.95(万元)$

9.2　竣工决算

9.2.1　竣工决算的概念及作用

9.2.1.1　竣工决算的概念

竣工决算是以实物数量和货币指标为计量单位,综合反映竣工项目从筹建到竣工交付使用为止的全部费用、投资效果和财务情况的总结文件,是竣工验收报告的重要组成部分。竣工决算是正确核定新增固定资产价值,考核分析投资效果,建立健全经济责任制的依据,是反映建设项目实际造价和投资效果的文件。通过竣工决算与概算、预算的对比分析,还可以考核投资控制的工作成

效，为工程建设提供重要的技术经济方面的基础资料，提高未来工程建设的投资效益。

必须指出的是，施工企业为了总结经验，提高经营管理水平，在单位工程竣工后往往也编制单位工程竣工成本决算，核算单位工程的实际成本、预算成本和成本降低额，作为实际成本分析，反映经营成果，总结经验和提高管理水平的手段。它与建设工程竣工决算在概念的内涵上是不同的。

9.2.1.2　竣工决算的作用

（1）为加强建设工程的投资管理提供依据

建设单位项目的竣工决算可全面反映出建设项目从筹建到竣工交付使用全过程中各项费用的实际发生数额和投资计划的执行情况，通过将竣工决算的各项费用数额与设计概算中的相应费用指标进行对比，可得出节约或超支的情况，之后可分析节约或超支的原因，总结经验和教训，加强投资的计划管理，提高建设工程的投资效果。

（2）为"三算"对比提供依据

设计概算和施工图预算是在建筑施工前，在不同的建设阶段根据有关资料进行计算，确定出的拟建工程所需要的费用。而建设单位项目竣工决算所确定的建设费用是人们在建设活动中实际支出的费用。因此，它在"三算"对比中具有特殊的作用，能够直接反映出固定资产投资计划完成情况和投资效果。

（3）为竣工验收提供依据

在竣工验收之前，建设单位向主管部门提出验收报告，其中的主要组成部分是建设单位编制的竣工决算文件，并以此作为验收的主要依据。

（4）为确定建设单位新增固定资产价值提供依据

竣工决算中详细计算了建设项目所有的建筑工程费、安装工程费、设备费和其他费用等新增固定资产总额及流动资金，可将其作为建设主管部门向企事业使用单位移交财产的依据。

9.2.2　竣工决算的编制依据、内容和编制步骤与方法

根据《财政部关于进一步加强中央基本建设项目竣工财务决算工作的通知》（财办建〔2008〕91号）的文件要求，财政部按规定对中央级大中型项目、国家确定的重点小型项目竣工财务决算的审批实行"先审核，后审批"的办法。即对需"先审核，后审批"的项目，先委托财政投资评审机构或经财政部认可的有资质的中介机构对项目单位编制的竣工财务决算进行审核，再按规定批复项目竣工财务决算。文件还要求，项目建设单位应在项目竣工后3个月内完成竣工财务决算的编制工作，并报主管部门审核。主管部门收到竣工财务决算报告后，对于按规定由主管部门审批的项目，应及时审核批复，并报财政部备案；对于按规定报财政部审批的项目，一般应在收到决算报告后1个月内完成审核工作，并将经其审核后的决算报告报财政部（经济建设司）审批。

对于之前年度竣工尚未编报竣工财务决算的基建项目，主管部门应督促项目建设单位抓紧编报。

9.2.2.1　竣工决算的编制依据

① 建设工程计划任务书和有关文件。

② 建设工程总概算书和单项工程综合概（预）算书。

③ 设计图交底或图纸会审的会议纪要，建设工程项目设计图及说明，其中包括总平面图、建筑工程施工图、安装工程施工图、设计变更记录、工程师现场签证及有关资料。

④ 设计变更通知书、现场工程变更签证、施工记录，各种验收资料，停（复）工报告。

⑤ 关于材料、设备等价差调整的有关规定，其他施工中发生的费用记录。

⑥ 竣工图。

⑦ 各种结算材料,包括建筑工程的竣工结算文件、设备安装工程结算文件、设备购置费用结算文件、工器具和生产用具购置费用结算文件等。

⑧ 国家和地方主管部门颁发的有关建设工程竣工决算的文件。

9.2.2.2 竣工决算的内容

建设项目竣工决算应包括从筹划到竣工投产全过程的全部实际费用,即建筑工程费用、安装工程费用、设备工器具购置费用和工程建设其他费用,以及预备费和投资方向调节税支出费用等。

竣工决算的内容包括竣工财务决算说明书、竣工财务决算报表、工程竣工图和工程造价比较分析四个部分。前两个部分又称为建设项目竣工财务决算,是竣工决算的核心内容和重要组成部分。

(1) 竣工财务决算说明书

竣工财务决算说明书主要反映竣工工程建设成果和经验,是对竣工决算报表进行分析和补充说明的文件,是全面考核、分析工程投资与造价后的书面总结。其内容主要包括:

① 基本建设项目概况。

② 会计账务处理、财产物资清理及债权债务的清偿情况。

③ 基本建设支出预算、投资计划和资金到位情况。

④ 基建结余资金形成情况。

⑤ 概算、项目预算执行情况及分析,主要分析决算与概算的差异及产生差异的原因。

⑥ 尾工及预留费用情况。

⑦ 历次审计、核查、稽查及整改情况。

⑧ 主要技术经济指标的分析、计算情况。

⑨ 基本建设项目管理经验、问题和建议。

⑩ 预备费动用情况。

⑪ 招标投标情况、本工程中政府采购情况、合同(协议)履行情况。

⑫ 征地拆迁补偿情况、移民安置情况。

⑬ 需说明的其他事项。

⑭ 编表说明。

(2) 建设项目竣工财务决算报表

建设项目竣工财务决算报表按大、中型建设项目和小型建设项目分别制订,包括的报表如图 9-1 所示。

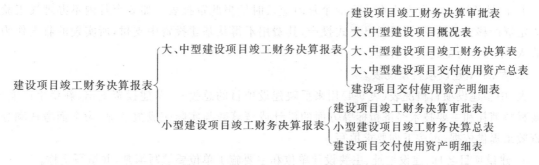

图 9-1 建设项目竣工财务决算报表的内容

① 建设项目竣工财务决算审批表。

建设项目竣工财务决算审批表(表 9-3)在有关部门审批时使用。其格式按照中央级项目审批要求设计,地方级项目可按审批要求作适当修改。大、中、小型建设项目竣工决算时均要填报此表。

表 9-3　　　　　　　　　　　　　建设项目竣工财务决算审批表

| 建设项目法人（建设单位） | | 建设性质 | |
| 建设项目名称 | | 主管部门 | |

开户银行意见

盖章

　年　月　日

专员办审批意见

盖章

　年　月　日

主管部门或地方财政部门审批意见

盖章

　年　月　日

a. 表中的"建设性质"按照新建、改建、扩建、迁建和恢复建设项目等分类填列。

b. 表中的"主管部门"是指建设单位的主管部门。

c. 所有建设项目均须先经开户银行签署意见后，按下列要求报批：

（a）中央级小型建设项目由主管部门签署审批意见。

（b）中央级大、中型建设项目报所在地财政监察专员办事机构签署意见后，再由主管部门签署意见报财政部审批。

（c）地方级项目由同级财政部门签署审批意见即可。

d. 已具备竣工验收条件的项目，3 个月内应及时填报此审批表。如 3 个月内不办理竣工验收和固定资产移交手续，视同项目已正式投产，其费用不得从基建投资中支付，所实现的收入作为经营收入，不再作为基建收入管理。

② 大、中型建设项目概况表。

大、中型建设项目概况表（表 9-4）用来反映建设项目的总投资、基建投资支出、新增生产能力、主要材料消耗和主要技术经济指标等方面的设计或概算数与实际完成数情况，为全面考核和分析投资效果提供依据，可按下列要求填写。

a. 建设项目名称、建设地址、主要设计单位和主要施工单位要填写清楚，并填写全称。

b. 表中各项目的设计、概算、计划指标按经批准的设计文件和概算、计划等确定的数字填列。

c. 表中所列新增生产能力、完成主要工程量的实际数据，根据建设单位的统计资料和施工单位提供的有关资料填列。

d. 表中基建支出是指建设项目从开工起至竣工为止发生的全部基本建设支出，包括形成资产

表 9-4   大、中型建设项目概况表

建设项目(单项工程)名称				建设地址			项目	概算/元	实际/元	备注
主要设计单位				主要施工单位			建筑安装工程			
占地面积	设计	实际	总投资/万元	设计	实际	基建支出	设备、工具、器具			
							待摊投资支出			
							其中:建设单位支出			
新增生产能力	能力(效益名称)			设计	实际		其他投资支出			
							待核销基建支出			
建设起止时间	设计	从 年 月 日开工至 年 月 日竣工					非经营性项目转出投资			
	实际	从 年 月 日开工至 年 月 日竣工					合计			
初步设计概算批准日期、文号										
完成主要工程量	建筑面积/m²				设备/(台、套、t)					
	设计:		实际:		设计:		实际:			
收尾工程	工程项目、内容		已完成投资额		尚需投资		完成时间			
	小计									

价值的交付使用资产,如固定资产、流动资产、无形资产、递延资产的支出,还包括不形成资产价值按照规定应核销的非经营项目的待核销基建支出和转出投资。上述支出应根据国家财政部门历年批准的"基建投资表"中的有关数据填列。按照国家财政部印发的《基本建设财务管理若干规定》中的规定,需要注意以下几点:

(a) 建设成本包括建筑安装工程投资支出、设备投资支出、待摊投资支出和其他投资支出。

(b) 建筑安装工程投资支出是指建设单位按项目概算内容发生的建筑工程和安装工程的实际成本,其中不包括被安装设备本身的价值以及按照合同规定支付给施工企业的预付备料款和预付工程款。

(c) 设备投资支出是指建设单位按照项目概算内容发生的各种设备的实际成本,包括需要安装设备、不需要安装设备和为生产准备的不符合固定资产标准的工具、器具的实际成本。需要安装设备是指必须将其整体或几个部位装配起来,安装在基础上或建筑物支架上才能使用的设备。不需要安装设备是指不必固定在一定位置或支架上就可以使用的设备。

(d) 待摊投资支出是指建设单位按项目概算内容发生的,按照规定应当分摊计入交付使用资产价值中的各项费用支出。其包括建设单位管理费、土地征用及迁移补偿费、土地复垦及补偿费、勘察设计费、研究试验费、可行性研究费、临时设施费、设备检验费、负荷联合试车费、合同公证及工程质量监理费、(贷款)项目评估费、国外借款手续费及承诺费、社会中介机构审计(查)费、招标投标费、经济合同仲裁费、诉讼费、律师代理费、土地使用税、耕地占用税、车船使用税、汇兑损益、报废工程损失、坏账损失、借款利息、固定资产损失、器材处理亏损、设备盘亏及毁损、调整器材调拨价格折价、企业债券发行费用、航道维护费、航标设施费、航测费、其他待摊投资等。

建设单位要严格按照规定的内容和标准控制待摊投资支出，不得将非法的收费、摊派等计入待摊投资支出。

（e）其他投资支出是指建设单位按项目概算内容发生的构成基本建设实际支出的房屋购置支出和基本畜禽、林木等购置、饲养、培育支出，以及取得各种无形资产和递延资产发生的支出。

（f）建设单位管理费是指建设单位从项目开工之日起至办理竣工财务决算之日止发生的管理性质的开支。其包括：不在原单位发工资的工作人员工资、基本养老保险费、基本医疗保险费、失业保险费、办公费、差旅交通费、劳动保护费、工具用具使用费、固定资产使用费、零星购置费、招募生产工人费、技术图书资料费、印花税、业务招待费、施工现场津贴、竣工验收费和其他管理性质开支。其中，业务招待费支出不得超过建设单位管理费总额的10%。施工现场津贴标准比照当地财政部门制定的差旅费标准执行。

（g）待核销基建支出是指非经营性项目发生的江河清障、航道清淤、飞播造林、补助群众造林、退耕还林（草）、封山（沙）育林（草）、水土保持、城市绿化、取消项目可行性研究费、项目报废及其他经财政部门认可的不能形成资产部分的投资作待核销处理的支出。在财政部门批复竣工决算后，冲销相应的资金。形成资产部分的投资，计入交付使用资产价值。

（h）非经营性项目投资为项目配套的专用设施投资，包括专用道路、专用通信设施、送变电站、地下管道等，产权归属本单位的，计入交付使用资产价值；产权不归属本单位的，作转出投资处理，冲销相应的资金。

e. 表中"初步设计和概算批准日期、文号"按最后经批准的日期和文号填列。

f. 表中"收尾工程"是指全部工程项目验收后尚遗留的少量工程，在表中应明确填写收尾工程内容、完成时间。这部分工程的实际成本可根据实际情况进行估算并加以说明，完工后不再编制竣工决算。

③ 大、中型建设项目竣工财务决算表。

大、中型建设项目竣工财务决算表反映竣工的大、中型建设项目从开工到竣工为止全部资金来源和资金运用情况，是考核和分析投资效果，落实结余资金，报告上级核销基本建设支出和基本建设拨款的依据。在编制该表前，应先编制出项目竣工年度财务决算，再根据竣工年度财务决算和历年财务决算编制本项目的竣工财务决算。此表采用平衡表形式，即资金来源合计等于资金支出合计，具体编制方法见表9-5。

a. 资金来源包括基建拨款、项目资本、项目资本公积金、基建借款、上级拨入投资借款、企业债券资金、待冲基建支出、应付款和未交款以及上级拨入资金和留成收入等。

（a）预算拨款、自筹资金拨款及其他拨款、项目资本、基建借款及其他借款等项目，指自开工建设至竣工为止的累计数，是根据历年批复的年度基本建设财务决算和竣工年度的基本建设财务决算中资金平衡表相应项目的数字经汇总后的投资额。

（b）项目资本公积金是指经营性项目对投资者实际缴付的出资额超过其资金的差额（包括发行股票的溢价净收入）、接受捐赠的财产、外币资本折算差额等，在项目建设期间作为资本公积金，项目建成交付使用并办理竣工决算后，相应转为生产经营企业的资本公积金。

b. 表中"交付使用资产""预算拨款""自筹资金拨款""其他拨款""项目资本""基建借款"等项目是指自工程项目开工建设至竣工为止的累计数。上述有关指标应根据历年批复的年度基本建设财务决算和竣工年度的基本建设财务决算中资金平衡表相应项目的数字进行汇总填写。

c. 表中其余项目费用办理竣工验收时的结余数，根据竣工年度财务决算中资金平衡表的有关项目期末数填写。

表 9-5 　　　　　　　　大、中型建设项目竣工财务决算表 　　　　　　　　（单位：元）

资金来源	金额	奖金占用	金额
一、基建拨款		一、基建支出	
1. 预算拨款		1. 交付使用资产	
2. 基建基金拨款		2. 在建工程	
其中：国债专项资金拨款		3. 待核销基建支出	
3. 专项建设基金拨款		4. 非经营性项目转出投资	
4. 进口设备转账拨款		二、应收生产单位投资借款	
5. 器材转账拨款		三、拨付所属投资借款	
6. 煤代油专用基金拨款		四、器材	
7. 自筹资金拨款		其中：待处理器材损失	
8. 其他拨款		五、货币资金	
二、项目资本		六、预付及应收款	
1. 国家资本		七、有价证券	
2. 法人资本		八、固定资产	
3. 个人资本		固定资产原价	
4. 外商资本		减：累计折旧	
三、项目资本公积金		固定资产净值	
四、基建借款		固定资产清理	
其中：国债转贷		待处理固定资产损失	
五、上级拨入投资借款			
六、企业债券资金			
七、待冲基建支出			
八、应付款			
九、未交款			
1. 未交税金			
2. 其他未交款			
十、上级拨入资金			
十一、留成收入			
合计			

注：如果需要的话，可在表中增加一列"补充资料"，其内容包括基建投资借款期末余额、应收生产单位投资借款期末数、基建结
　余资金。

　　d. 资金支出反映建设项目从开工准备到竣工全过程资金支出的情况。其内容包括基建支出、应收生产单位投资借款、库存器材、货币资金、预付及应收款、有价证券以及拨付所属投资借款和库存固定资产等。表中资金支出总额应等于资金来源总额。

　　e. 补充材料中的"基建投资借款期末余额"反映竣工时尚未偿还的基建投资借款额，应根据竣工年度资金平衡表内的"基建投资借款"项目的期末数填写；"应收生产单位投资借款期末数"应根据竣工年度资金平衡表内的"应收生产单位投资借款"项目的期末数填写；"基建结余资金"反映的是竣工的结余资金，应根据竣工决算表中的有关项目计算填写。

　　f. 基建结余资金可以按下列公式计算：

$$基建结余资金＝基建拨款＋项目资本＋项目资本公积金＋基建借款＋企业债券基金＋$$
$$待冲基建支出－基建支出－应收生产单位投资借款$$

　　④ 大、中型建设项目交付使用资产总表。

　　大、中型建设项目交付使用资产总表见表9-6。该表是反映建设项目建成后交付使用新增固定资产、流动资产、无形资产和递延资产的全部情况及价值，作为财产交接、检查投资计划完成情况和分析投资效果的依据。小型项目不编制该表，而直接编制交付使用资产明细表；大、中型项目在编制该表的同时，还需编制交付使用资产明细表。

表 9-6　　　　　　　　　　　　　**大、中型建设项目交付使用资产总表**　　　　　　　　（单位：元）

序号	单项工程项目名称	总计	固定资产				流动资产	无形资产	递延资产
			合计	建安工程	设备	其他			

交付单位：　　　　　　负责人：　　　　　　　　接收单位：　　　　　　负责人：
　　　　盖章　　年　月　日　　　　　　盖章　　年　月　日

　　a. 表中各栏数据应根据交付使用资产明细表中的固定资产、流动资产、无形资产、其他资产的各相应项目汇总数分别填列，表中总计栏的总计数应与竣工财务决算表中交付使用资产的数据一致。

　　b. 表中第3、4、7、8、9、10栏的合计数，应分别按竣工财务决算表交付使用的固定的有关项目期末数填写。

　　⑤ 建设项目交付使用资产明细表。

　　建设项目交付使用资产明细表见表9-7。大、中型和小型建设项目均要填列此表。该表可反映交付使用的固定资产、流动资产、无形资产和递延资产及其价值的明细情况，是办理资产交接和接收单位登记资产账目的依据，是使用单位建立资产明细账和登记新增资产价值的依据。编制时要做到齐全完整、数字准确，各栏目价值应与会计账目中相应科目的数据保持一致。

　　a. 表中"建筑工程"项目应按单项工程名称填列其结构、面积和价值。其中"结构"按钢结构、钢筋混凝土结构、混合结构等结构形式填写，"面积"则按各项目实际完成面积填列，"价值"按交付使用资产的实际价值填写。

　　b. 表中"设备"部分要在逐项盘点后根据盘点的实际情况填写，"工具、器具和家具"等低值易耗品可分类填写。

表 9-7 　　　　　　　　　　　　　　　建设项目交付使用资产明细表

单项工程名称	建筑工程			设备、工具、器具和家具						流动资产		无形资产		递延资产	
	结构	面积/m²	价值/元	名称	规格型号	单位	数量	价值/元	设备安装费/元	名称	价值/元	名称	价值/元	名称	价值/元
合计															

c. 表中"流动资产""无形资产""递延资产"项目应根据建设单位实际交付的名称和价值分别填列。

⑥ 小型建设项目竣工财务决算总表。

小型建设项目竣工财务决算总表见表 9-8。由于小型建设项目内容比较简单,因此可将工程概

表 9-8 　　　　　　　　　　　　　　　小型建设项目竣工财务决算总表

建设项目名称			建设地址				资金来源		资金运用	
初步设计概算批准文号							项目	金额/元	项目	金额/元
占地面积	计划	实际	总投资/万元	计划		实际		基建拨款		交付使用资产
				固定资产	流动资金	固定资产	流动资金	其中:预算拨款		待核销基建支出
								项目资本		待核销基建支出
								项目资本公积金		非经营项目转出投资
新增生产能力	能力(效益)名称	设计		实际				基建借款		应收生产单位投资借款
								上级拨入借款		
								企业债券资金		拨付所属投资借款
								待冲基建支出		器材
								应付款		货币资金
建设起止时间	计划	从　年　月开工至　年　月竣工						未交款		预付及应收款
	实际	从　年　月开工至　年　月竣工						其中:未交基建收入		有价证券
								未交包干节余		固定资产
基建支出	项目			概算/元		实际/元		上级拨入资金		
								留成收入		
	建筑安装工程									
	设备、工具、器具									
	待摊投资									
	其中:建设单位管理费							合计		合计
	其他投资									
	待核销基建支出									
	非经营性项目转出投资									
	合计									

况与财务情况合并编制一张"竣工财务决算总表"。该表主要反映小型建设项目的全部工程和财务情况。具体编制时可参照大、中型建设项目概况表指标和大、中型建设项目竣工财务决算表指标口径填写。

（3）工程竣工图

工程竣工图是真实记录各种地上、地下建筑物、构筑物等情况的技术文件，是工程进行交工验收、维护改建和扩建的依据，是国家的重要技术档案。我国规定：各项新建、扩建、改建的基本建设工程，特别是基础、地下建筑、管线、结构、井巷、峒室、桥梁、隧道、港口、水坝以及设备安装等隐蔽部位，都要编制竣工图。为确保竣工图质量，必须在施工过程中（不能在竣工后）及时做好隐蔽工程检查记录，整理好设计变更文件。其具体要求如下：

① 凡按图竣工没有变动的，由施工单位（包括总包和分包施工单位，下同）在原施工图上加盖"竣工图"标志后，即作为竣工图。

② 凡在施工过程中，虽有一般性设计变更，但能将原施工图加以修改补充作为竣工图的可不重新绘制，由施工单位负责在原施工图（必须是新蓝图）上注明修改的部分，并附以设计变更通知单和施工说明，加盖"竣工图"标志后作为竣工图。

③ 凡结构形式改变、施工工艺改变、平面布置改变、项目改变以及有其他重大改变，不宜再在原施工图上修改、补充者，应重新绘制改变后的竣工图。由设计原因造成的，由设计单位负责重新绘图；由施工原因造成的，由施工单位负责重新绘图；由其他原因造成的，由建设单位自行绘图或委托设计单位绘图。施工单位负责在新图上方盖"竣工图"标志，并附以有关记录和说明，作为竣工图。

④ 为了满足竣工验收和竣工决算的需要，还应绘制能反映竣工工程全部内容的工程设计平面示意图。

⑤ 重大的改扩建工程项目涉及原有的工程项目变更时，应将相关项目的竣工图资料统一整理归档，并在原图案卷内增补必要的说明。

（4）工程造价比较分析

经批准的概、预算是考核实际建设工程造价的依据。在分析时，可将决算报表中所提供的实际数据和相关资料与批准的概、预算指标进行对比，以反映出竣工项目总造价和单方造价是节约还是超支。在比较的基础上总结经验教训，找出原因，以利改进。

在考核概、预算执行情况时，应正确核实建设工程造价。财务部门首先应积累概、预算动态变化资料，如设备及材料价差、人工价差和费率价差及设计变更资料等；其次，确定竣工工程实际造价节约或超支的数额。为了便于进行比较分析，可先对比整个项目的总概算，然后对比单项工程的综合概算和其他工程费用概算，最后对比分析单位工程概算，并分别将建筑安装工程费、设备工器具费和其他工程费用逐一与竣工决算中的实际工程造价进行对比分析，找出节约和超支的具体内容和原因。在实际工作中，应侧重分析以下内容：

① 主要实物工程量。概、预算编制的主要实物工程量的增减必然使工程概、预算造价和竣工决算实际工程造价随之增减。因此，要认真对比分析和审查建设项目的建设规模、结构、标准、工程范围等是否遵循批准的设计文件规定，其中的有关变更是否按照规定的程序办理，它们对造价的影响如何。对实物工程量出入较大的项目，还必须查明原因。

② 主要材料消耗量。在建筑安装工程投资中，材料费一般占直接工程费的70%以上，因此考核材料费的消耗是重点。在考核主要材料消耗量时，要考察竣工决算表中所列三大材料实际超概算的消耗量，查清在哪一个环节中的超出量最大，并查明超额消耗的原因。

③建设单位管理费、建筑安装工程其他直接费、现场经费和间接费。要根据竣工决算报表中所

列的建设单位管理费与概算所列的建设单位管理费数额进行比较,确定其节约或超支数额,并查明原因。对于建筑安装工程其他直接费、现场经费和间接费费用项目的取费标准,国家和各地均有统一的规定,要按照有关规定查明是否多列或少列费用项目,有无重计、漏计、多计的现象以及增减的原因。

以上所列内容是工程造价比较分析的重点。但对具体项目应进行具体分析,究竟选择哪些内容作为考核、分析的重点,还得因地制宜,视项目的具体情况而定。

9.2.2.3　编制步骤与方法

① 收集、整理和分析工程资料。

收集和整理出一套较为完整的资料,是编制竣工决算的前提条件。在工程进行过程中,就应注意保存和收集、整理资料,在竣工验收阶段则要系统地整理出所有工料结算的技术资料、经济文件、施工图和各种变更与签证资料,并分析它们的准确性。

② 清理各项财务、债务和结余物资。

在收集、整理和分析工程有关资料时,应特别注意建设工程从筹建到竣工投产(或使用)全部费用中各项账务、债权和债务的清理,做到工程完毕后账目清晰。既要核对账目,又要查点库有实物的数量,做到账与物相等、相符,对结余的各种材料、工器具和设备要逐项清点核实、妥善管理,并按规定及时处理,收回资金。对各种往来款项要及时进行全面清理,为编制竣工决算提供准确的数据和结果。

③ 填写竣工决算报表。

按照建设项目竣工决算报表的内容,根据编制依据中的有关资料进行统计或计算各个项目的数量,将其结果填入相应表格栏目中,完成所有报表的填写。这是编制工程竣工决算的主要工作。

④ 编制建设工程竣工决算说明书。

按照建设工程竣工决算说明书的内容要求,根据依编制依据填写在报表中的结果编写文字说明。

⑤ 进行工程造价对比分析。

⑥ 清理、装订竣工图。

⑦ 上报主管部门审查。

以上编写的文字说明和填写的表格经核对确认无误后可装订成册,作为建设工程竣工决算文件,并上报主管部门审查,同时其中的财务成本部分应送交开户银行签证。竣工决算在上报主管部门的同时,应抄送有关设计单位。大、中型建设项目的竣工决算还应抄送财政部、建设银行总行和省、自治区、直辖市的财政局和建设银行分行各一份。建设工程竣工决算由建设单位负责组织人员编写,在竣工建设项目办理验收使用后一个月之内完成。

9.2.3　新增资产的分类及其价值的确定

竣工决算是办理交付使用财产价值的依据。正确核定新增资产价值,不但有利于建设项目交付使用后的财务管理,而且可为建设项目的经济评价提供依据。

9.2.3.1　新增资产的分类

按照新的财务制度和企业会计准则,新增资产按其性质可分为固定资产、流动资产、无形资产、递延资产和其他资产5大类。

(1) 固定资产

固定资产是指使用期限超过一年,单位价值在规定标准以上(如 1000 元、1500 元或 2000 元),

在使用过程中保持原有物质形态的资产，包括房屋及建筑物、构筑物、机电设备、运输设备、工具器具等。不同时具备以上两个条件的资产为低值易耗品，应列入流动资产范围内，如企业生产办公使用的工具、器具、家具等。

（2）流动资产

流动资产是指可以在一年内或超过一年的一个营业周期内变现或者运用的资产，包括现金、各种存货以及应收和预付款项等。

（3）无形资产

无形资产是指企业长期使用但没有实物形态的资产，包括专利权、著作权、非专利技术、商誉等。

（4）递延资产

递延资产是指不能全部计入当年损益，应当在以后年度分期摊销的各项费用，包括开办费、租入固定资产的改良工程（如为延长使用寿命的改装、翻修、改造等）支出等。

（5）其他资产

其他资产是指具有专门用途，不参与生产经营，经国家批准的特种资产，如银行冻结存款和冻结物资、涉及诉讼的财产等。

9.2.3.2 新增资产价值的确定

（1）新增固定资产价值的确定

新增固定资产价值是投资项目竣工投产后所增加的固定资产价值，即交付使用的固定资产价值，是以价值形态表示建设项目固定资产最终成果的指标。从建设项目微观上看，核定新增固定资产价值，分析其完成情况，是加强工程造价全过程管理的重要方面；从国民经济宏观上看，新增固定资产意味着国民财政增加，不仅可反映出固定资产再生产的规模和速度，而且可据此分析国民经济各部门的技术、产业结构变化与相互间适应的情况，还可考核投资经济效果等。因此，核定新增固定资产价值无论对建设项目还是对国民经济建设均具有重要的意义。

① 新增固定资产价值包括的内容。新增固定资产价值包括已投入生产或交付使用的建筑、安装工程造价，达到固定资产标准的设备、工器具的购置费用以及增加固定资产价值的其他费用。其他费用包括土地征用迁移费（即通过划拨方式取得无限期土地使用权而支付的土地补偿费、附着物和青苗补偿费、安置补助费、迁移费等），联合试运转费，勘察设计费，项目可行性研究费，施工机构迁移费，报废工程损失费，以及建设单位管理费中达到固定资产标准的办公设备、生活家具、用具和交通工具等的购置费。

② 新增固定资产价值的计算。新增固定资产价值的计算以单项工程为对象。单项工程建成后经有关部门验收鉴定合格，正式移交生产或使用后即应计算新增固定资产价值。一次性交付生产或使用的工程应一次计算新增固定资产价值；分期分批交付生产或使用的工程，应分期分批计算新增固定资产价值。计算时应注意以下情况。

a. 对为提高产品质量，改善劳动条件，节约材料消耗，保护环境而建设的附属辅助工程，只要全部建成并正式验收或交付使用后，就应计入新增固定资产价值。

b. 对于单项工程中不构成生产系统但能独立发挥效益的非生产性工程，如住宅、食堂、医务所、托儿所、生活服务设施等，在建成并交付使用后也应计算新增固定资产价值。

c. 购置的达到固定资产标准且不需要安装的设备工器具，均应在交付使用后计入新增固定资产价值。

d. 属于新增固定资产价值的其他投资，如与建设项目配套的专用铁路线、专用公路、专用通信设施、送变电站、地下管道、专用码头等由本项目投资且其产权归属本项目所在单位的，按新财务制度的规定,应在受益单项工程交付使用的同时一并计入新增固定资产价值。

③ 交付使用资产成本的计算内容。交付使用资产成本的计算内容有以下几个方面。

a. 房屋、建筑物、管道、线路等固定资产的成本包括建筑工程成本和应分摊的待摊投资。

b. 动力设备和生产设备等固定资产的成本包括需要安装设备的采购成本、安装工程成本、设备基础支架等建筑工程成本、砌筑锅炉等的建筑工程成本和应分摊的待摊投资。

c. 运输设备及其他不需要安装的设备、工具、器具、家具等固定资产一般仅计算采购成本,不计分摊的待摊投资。

d. 待摊投资的分摊方法。新增固定资产的其他费用,应按各受益单项工程以一定比例共同分摊。分摊时的具体规定一般是:建设单位管理费按建筑工程、安装工程和需要安装设备价值的总额按比例分摊;土地征用费、勘察设计费等费用只按建筑工程造价分摊。

【例 9-5】 某建设项目及其第一车间的建筑工程费、安装工程费、需安装设备费以及应分摊费用见表 9-9。计算分摊费用和新增固定资产价值。

表 9-9   各项费用   (单位:万元)

竣工决算	建筑工程	安装工程	需安装设备	建设单位管理费	土地征用费	勘察设计费
建设项目	3500	600	1600	40	120	70
第一车间	700	300	600			

【解】 计算分摊费用和新增固定资产价值如下:

应分摊建设单位管理费＝(700 ＋300 ＋600)÷(3500＋600＋1600)×35＝9.8(万元)

应分摊土地征用费＝700÷3500×120＝24(万元)

应分摊勘察设计费＝700÷3500×70＝14(万元)

第一车间新增固定资产价值＝700＋300＋600＋9.8＋24＋14＝1647.8(万元)

(2)新增流动资产价值的确定

① 货币资金,即现金、银行存款和其他货币资金(包括在外埠存款、还未收到的在途资金、银行汇票和本票等资金),一律按实际入账价值核定计入流动资产。

② 应收和应预付款,包括应收工程款、应收销售款、其他应收款、应收票据及预付分包工程款、预付分包工程备料款、预付工程款、预付备料款、预付购货款和待摊费用。其价值的确定一般情况下按应收和应预付款项的企业销售商品、产品或提供劳务时的实际成交金额或合同约定金额入账核算。

③ 各种存货是指建设项目在建设过程中需要储存的各种自制和外购货物,包括各种器材、低值易耗品和其他商品等。其价值的确定为:外购的,按照买价加运输费、装卸费、保险费、途中合理损耗、入库前加工整理或挑选费用及缴纳的税金等进行计价;自制的,按照制造过程中发生的各项实际支出计价。

(3)新增无形资产价值的确定

① 无形资产计价原则。无形资产原则上应按取得时的实际成本计价。财务制度规定,根据企业取得无形资产的途径不同,计价有相应的原则。

a. 投资者以无形资产作为资本金或合作条件投入的,按照对其评估确认或合同协议中约定的金额计价。

b. 企业购入的无形资产按照实际支付的价款计价。

c. 企业自制并依法申请取得的无形资产,按其开发过程中的实际支出计价。

d. 企业接受捐赠的无形资产,可按照发票账单所持金额或同类无形资产的市价计价。

② 无形资产价值的确定。

a. 专利权的计价。专利权分为自制和外购两种。自制专利权按其开发过程中的实际支出计价,主要包括专利的研究开发费用、专利登记费、专利年费和法律诉讼费等;专利转让时(包括购入和卖出),其价值主要包括转让价格和手续费用,由于专利是具有专有性并能带来超额利润的生产要素,因此其转让价格不能按其成本估价,而应依据所带来的超额收益来估价。

b. 非专利技术的计价。非专利技术是指某种专有技术或技术秘密、技术诀窍,是先进的、未公开的,未申请专利的,可带来经济效益的专门知识和特有经验,如工业专有技术、商业(贸易)专有技术、管理专有技术等。它也包括自制和外购两种:外购非专利技术,应由法定评估机构确认后再进一步估价,一般通过其产生的收益来估价,其方法类似于专利权;自制的非专利技术,一般不得以无形资产入账,自制过程中所发生的费用,按财务制度可作当期费用处理,这是因为非专利技术自制时难以确定是否成功,这样处理符合稳健性原则。

c. 商标权的计价。商标权是商标经注册后,商标所有者依法享有的权益。它受法律保障,分为购入(转让)和自制两种。企业购入和转让商标权时,商标权的计价一般根据接受方新增的收益来确定;自制的,尽管在商标设计、制作、注册和保护、广告宣传方面都要花费一定费用,但一般不能作为无形资产入账,而直接以销售费用计入当期损益。

d. 土地使用权的计价。取得土地使用权的方式有两种,计价方法也有两种:一是建设单位向土地管理部门申请,通过出让方式取得有限期的土地使用权而支付出让金的,应以无形资产计入核算;二是建设单位获得土地使用权是通过行政划拨方式,这就不能作为无形资产核算,只有在将土地使用权进行有偿转让、出租、抵押、作价入股和投资时,按规定补交土地出让金后,才可作为无形资产计入核算。

(4) 新增递延资产价值的确定

① 开办费的计价。开办费是指筹建期间建设单位管理费中未计入固定资产中的其他各项费用,如建设单位经费,包括筹建期间工作人员工资、办公费、差旅费、印刷费、生产职工培训费、样品样机购置费、农业开荒费、注册登记费等,以及不计入固定资产和无形资产的汇兑损益、利息支出等。按照财务制度的规定,除了筹建期间不计入资产价值的汇兑净损失外,开办费从企业开始生产经营月份的次月起,按照不短于5年的期限平均摊入管理费用中。

② 以经营租赁方式租入的固定资产改良工程支出的计价。以经营租赁方式租入的固定资产改良工程支出是指能增加租入固定资产的效用或延长其使用寿命的改装、翻修、改建等支出,应在租赁有效期限内分期摊入制造费用或管理费用中。

(5) 新增其他资产计价

新增其他资产主要以实际入账价值核算。

知识归纳

(1) 工程结算的概念。

(2) 竣工决算的概念。

(3) 预付款的计算。

（4）预付款的扣回计算。

（5）工程结算的方法。

（6）竣工决算的方法和报表的编制。

思 考 题

9-1 工程结算分为哪几种方式？通常所讲的工程结算指的是什么？

9-2 竣工结算的编制依据和作用有哪些？

9-3 工程竣工结算的方法有哪几种？

9-4 工程备料款与哪些因素有关？如何计算工程备料款数额？

9-5 如何确定起扣点？

9-6 试述工程竣工决算的内容。

9-7 某工程合同价款总额为 300 万元，施工合同规定预付备料款为合同价款的 25％，主要材料费为工程价款的 62.5％，在每月工程款中扣留 5％的保修金，每月实际完成工作量见表 9-10。监理工程师每月签发付款证书的最低限额为 50 万元（未达最低限额者累积到下月支付）。

表 9-10 　　　　　　　　　　　思考题 **9-7** 表

月份	1	2	3	4	5	6
完成工作量/万元	20	50	70	75	60	25

问题：① 该工程的预付工程款是多少？起扣点为多少？

② 1—5 月工程师确认的工程款各是多少？应签发付款证书金额是多少？并指明该月是否签发付款证书。

③ 求预付备料款、每月结算工程款。

思考题答案

参考文献

［1］ 李伟.建筑工程计价.北京:机械工业出版社,2011.

［2］ 王翠琴,李春燕.土木工程计量与计价.北京:北京大学出版社,2010.

［3］ 全国造价工程师执业资格考试培训教材编审委员会.建设工程计价.北京:中国计划出版社,2013.

［4］ 吉林省住房和城乡建设厅.JLJD-FY—2014 吉林省建设工程费用定额.长春:吉林人民出版社,2013.

［5］ 方俊,宋敏.工程估价:上册.武汉:武汉理工大学出版社,2008.

［6］ 吉林省住房和城乡建设厅.JLJD-JZ—2014 吉林省建筑工程计价定额.长春:吉林人民出版社,2013.

［7］ 任欢.工程项目竣工结算审计问题研究.重庆:重庆交通大学管理学院,2010.

10 工程计价软件的应用

内容提要

　　本章的主要内容为广联达计价软件的操作及通过该软件进行组价的方法。本章的教学重点和难点是软件的操作。

能力要求

　　通过本章的学习，学生应掌握定额计价和清单计价软件的操作。

10.1 概　　述

　　随着建筑信息化的发展及计算机的普及，对工程造价效率的要求越来越高，工程造价电算已经成为造价行业必不可少的一项技能。目前市场上存在各个品牌的工程造价相关软件，利用这些软件可以计算钢筋工程量、土建工程量及进行最后的组价。可以说，这些造价软件的出现在很大程度上节约了企业成本，提高了企业的效率，软件的普及成为一种必然的趋势。

10.1.1　清单计价的背景

　　《建设工程工程量清单计价规范》（GB 50500—2013，以下简称《清单计价规范》）自 2013 年 7 月 1 日起开始实施。其通过对 2008 年颁布的相应规范的完善，使清单计价成为我国工程计价的一种主流方式，使清单计价法得到了全面和广泛的应用。因此，造价人员应熟练应用软件来编制工程量清单，进行工程量清单计价。

　　采用清单计价方式时，投标方和招标方各自面对的工作是不同的，如图 10-1 所示。

$$\text{采用《清单计价规范》}\begin{cases}\text{招标人}\longrightarrow\text{工程量清单的编制}\longrightarrow\text{清单计价文件}\\\text{投标人}\longrightarrow\text{工程量清单的计价}\longrightarrow\text{综合单价报价}\end{cases}$$

图 10-1　采用清单计价方式时招投标双方面对的工作

　　从图 10-1 中可知，工程量清单由招标方编制，同时招标方需要根据清单编制招标控制价，投标方需依据招标方的工程量清单来进行投标报价，两者之间既有联系又有区别。

　　当采用清单计价方式时，招标方和投标方具体的业务流程如图 10-2 所示。

10.1.2　软件的工作流程

　　(1) 招标方的主要工作

　　① 新建招标项目，建立项目结构。

　　② 编制单位工程分部分项工程量清单，包括输入清单项，输入清单工程量，编辑清单名称，分部整理。

　　③ 编制措施项目清单。

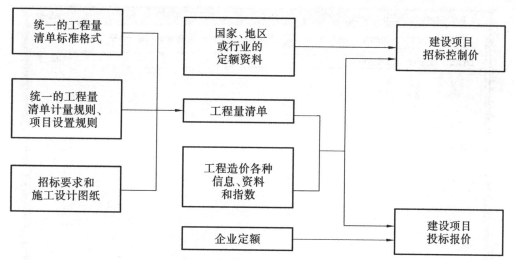

图 10-2 采用清单计价方式时招投标双方具体的业务流程

④ 编制其他项目清单。

⑤ 编制甲方供应材料、设备表。

⑥ 查看工程量清单报表。

⑦ 招标书自检,生成电子招标书,打印报表,刻录及导出电子标书。

(2) 投标方的主要工作

① 新建投标项目。

② 编制单位工程分部分项工程量清单并计价,包括套定额子目,输入子目工程量,进行子目换算,设置单价构成。

③ 编制措施项目清单并计价,包括计算公式组价、定额组价、实物量组价三种方式。

④ 编制其他项目清单并计价。

⑤ 进行人、材、机汇总,包括调整人、材、机价格,设置甲方供应材料、设备。

⑥ 查看单位工程费用汇总,包括调整计价程序,进行工程造价调整。

⑦ 查看报表。

⑧ 汇总项目总价,包括查看项目总价,调整项目总价。

⑨ 进行投标书自检,生成电子投标书,打印报表,刻录及导出电子标书。

10.2 新建招标项目

10.2.1 进入软件

双击"广联达计价软件 GBQ4.0"快捷图标,软件会启动文件管理界面,如图 10-3 所示。

在文件管理界面中选择工程类型为"清单计价",单击"新建项目"→"新建招标项目",如图 10-4 所示。

单击"确定",软件会进入招标管理主界面,如图 10-5 所示。

新建招标
项目视频

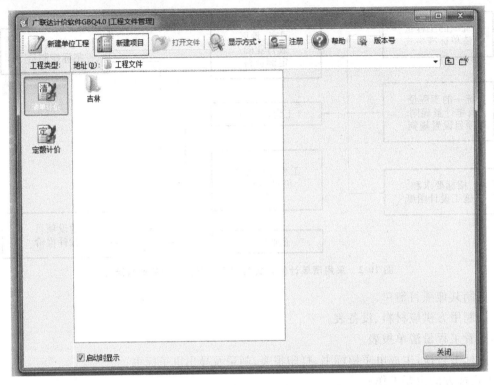

图 10-3　广联达计价软件 GBQ4.0 文件管理界面

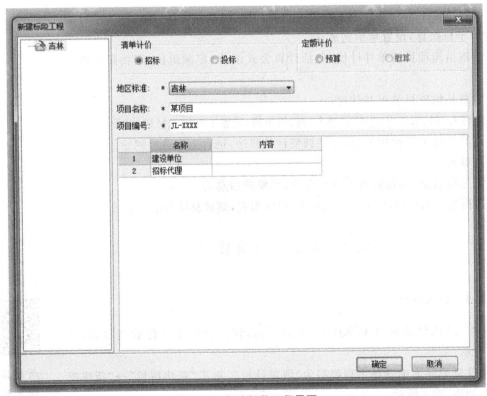

图 10-4　新建标段工程界面

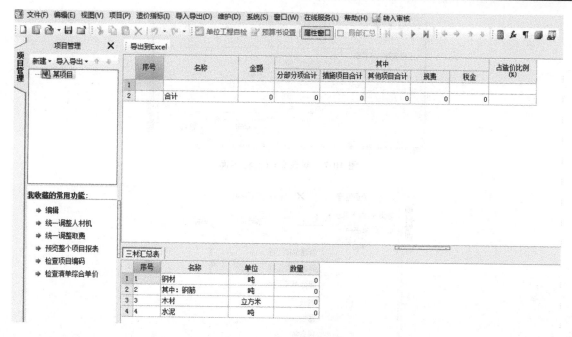

图 10-5　招标管理主界面

10.2.2　建立项目结构

10.2.2.1　新建单项工程

选中招标项目节点"某项目"，单击鼠标右键，选择"新建单项工程"，如图 10-6 所示。

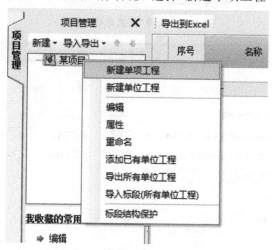

图 10-6　选择"新建单项工程"

在弹出的新建单项工程界面中输入单项工程名称"1 号楼"，如图 10-7 所示。

10.2.2.2　新建单位工程

选中单项工程节点"1 号楼"，单击鼠标右键，选择"新建单位工程"，如图 10-8 所示。

选择清单库"工程量清单项目设置规则（2008-吉林）"，清单专业选择"建筑工程"，定额库选择"吉林省建筑装饰工程计价定额（2009）"，定额专业选择"土建工程"，模板类别选择"工程量清单模式"，工程名称确定为"预算书 2"，如图 10-9 所示。

图 10-7　新建单项工程界面

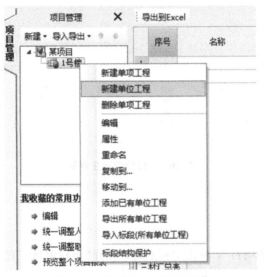

图 10-8　选择"新建单位工程"

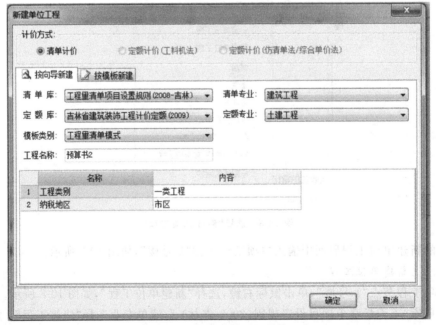

图 10-9　新建单位工程界面

通过以上操作，就新建了一个招标项目，并且建立了项目的结构，如图 10-10 所示。

图 10-10　项目的结构

10.2.2.3　保存文件

点击""图标,在弹出的界面中点击"保存"。

10.3　编制土建工程分部分项工程量清单

10.3.1　进入单位工程编辑界面

10.3.1.1　新建单位工程

选择"预算书 2",点击鼠标右键,选择进入编辑窗口,如图 10-11 所示。软件会进入单位工程编辑主界面,如图 10-12 所示。

10.3.1.2　输入工程量清单

(1) 查询输入

在查询清单库界面找到平整场地清单项,点击"选择清单",如图 10-13 所示。

(2) 按编码输入

点击鼠标右键,选择"添加"→"添加清单项",在空行的编码列中输入"010101003",按 Enter 键,在弹出的窗口中按 Enter 键即可输入挖基础土方清单项,如图 10-14 所示。

(3) 简码输入

对于 010302004001 填充墙清单项,我们输入 1-3-2-4 即可,如图 10-15 所示。

清单的前九位编码可以分为四级——附录顺序码 01,专业工程顺序码 03,分部工程顺序码 02,分项工程项目名称顺序码 004。把项目编码进行简码输入可提高输入速度。其中,清单项目名称顺序码 001 由软件自动生成。

10.3.1.3　输入工程量

(1) 直接输入

平整场地,在"工程量"列输入 400,如图 10-16 所示。

图 10-11　选择预算书 2 并
进入编辑窗口

图 10-12　单位工程编辑主界面

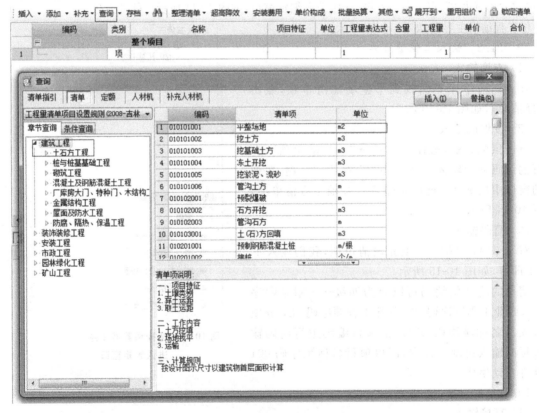

图 10-13　查询输入工程量清单界面

	编码	类别	名称	项目特征	单位	工程量表达式	含量	工程量	单价	合价	综合单价	综合合价
			整个项目									
1	010101001001	项	平整场地		m2	1		1			0	
2	010101002001	项	挖土方		m3	1		1			0	
3	010101003001	项	挖基础土方		m3	1		1			0	

图 10-14　按编码输入工程量清单界面

	编码	类别	名称	项目特征	单位	工程量表达式	含量	工程量	单价	合价	综合单价	综合合价
			整个项目									
1	010101001001	项	平整场地		m2	1		1			0	
2	010101002001	项	挖土方		m3	1		1			0	
3	010101003001	项	挖基础土方		m3	1		1			0	
4	010302004001	项	填充墙		m3	1		1			0	

图 10-15　简码输入工程量清单界面

	编码	类别	名称	项目特征	单位	工程量表达式	含量	工程量	单价	合价	综合单价	综合合价
			整个项目									
1	010101001001	项	平整场地		m2	400		400			0	

图 10-16　直接输入工程量界面

（2）图元公式输入

选择挖基础土方清单项，双击"工程量表达式"单元格，使单元格数字处于编辑状态，即光标闪动状态。点击"…"，在图元公式界面中选择公式类别为"体积公式"，图元选择"2.2　长方体体积"，输入参数值，如图 10-17 所示。

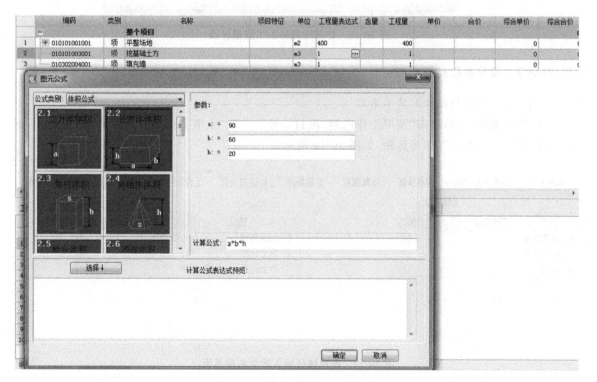

图 10-17　图元公式输入工程量界面

提示：输完参数后要点击"选择"按钮，且只能点击一次；如果点击多次，相当于对长方体体积结果的累加，工程量会成倍数增长。

（3）计算明细输入

选择填充墙清单项，双击"工程量表达式"单元格，点击"…"，在工程量计算明细界面中点击"切换到表格状态"。点击鼠标右键，选择"插入"，连续操作插入两空行，输入计算公式，如图 10-18 所示。

图 10-18   计算明细输入工程量界面

10.3.2   清单名称描述

10.3.2.1   项目特征输入清单名称

选择平整场地清单，点击"清单工作内容/项目特征"，单击"土壤类别"的"特征值"单元格，土壤类别选择为"一、二类土"，填写运距，如图 10-19 所示。

工程内容	输出		特征	特征值	输出
1 土方挖填	✓		1 土壤类别	一、二类土	✓
2 场地找平	✓		2 弃土运距	5km	✓
3 运输	✓		3 取土运距	5km	✓

图 10-19   项目特征输入清单名称界面

10.3.2.2   设定项目特征

点击"添加到项目特征列"，在界面中点击"应用规则到全部清单项"，如图 10-20 所示。软件会把项目特征信息输入到项目名称中，如图 10-21 所示。

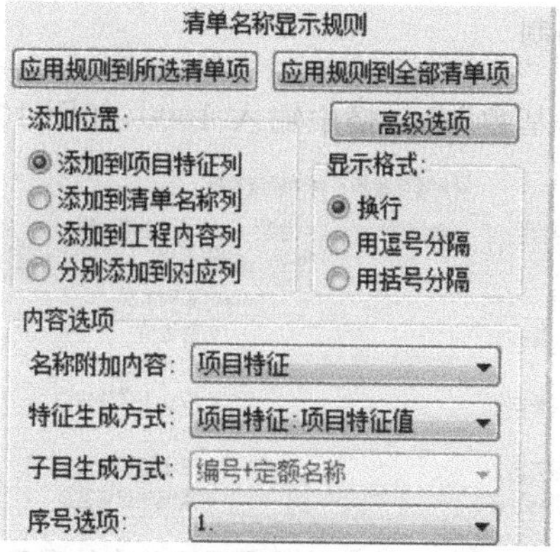

清单名称显示规则

| 应用规则到所选清单项 | 应用规则到全部清单项 |

添加位置： 　　　　　　　　　高级选项

◉ 添加到项目特征列　　　显示格式：
○ 添加到清单名称列　　　◉ 换行
○ 添加到工程内容列　　　○ 用逗号分隔
○ 分别添加到对应列　　　○ 用括号分隔

内容选项

名称附加内容：　项目特征　　　　▼

特征生成方式：　项目特征:项目特征值　▼

子目生成方式：　编号+定额名称　　▼

序号选项：　　　1.　　　　　　　▼

图 10-20　清单名称显示规则界面

	编码	类别	名称	项目特征	单位	工程量表达式	含量	工程量	单价	合价	综合单价	综合合价
			整个项目									
1	010101001001	项	平整场地	1.土壤类别:一类土 2.弃土运距:5km 3.取土运距:5km以内	m2	4000		4000			0	

图 10-21　清单名称输入后界面

10.4　编制土建工程措施项目、其他项目清单等内容

10.4.1　措施项目清单的编制

编制措施项目
清单视频

选择施工排水、降水措施项，点击鼠标右键选择"添加"→"添加措施项"，插入两空行，分别输入序号，名称为"11　高层建筑超高费"，"12　工程水电费"，如图 10-22 所示。

	序号	类别	名称	综合单价	综合合价	取费专业	单价构成文件	汇总类别	超高过滤类别	檐高类别	措施类别
1	1		安全文明施工费	0	0		缺省模板(实物量或计算公式组价)				安全文明施
2	2		夜间施工	0	0		缺省模板(实物量或				
3	3		二次搬运	0	0		缺省模板(实物量或计算公式组价)				
4	4		雨季施工费	0	0		缺省模板(实物量或计算公式组价)				
5	5		冬季施工费	0	0		缺省模板(实物量或				
6	6		检验试验及生产工具使用费	0	0		缺省模板(实物量或计算公式组价)				
7	+7		施工排水	0	0		建筑工程				
8	+8		施工降水	0	0		建筑工程				
9	+9		地上、地下设施、建筑物的临时保护设施	0	0		建筑工程				
10	+10		已完工程及设备保护	0	0		建筑工程				
11	11		高层建筑超高费	0	0		缺省模板(实物量				
12	12		工程水电费	0	0		缺省模板(实物量				
	二		建筑工程措施项目		0	建筑工程					
13	1.1		混凝土、钢筋混凝土模板及支架				建筑工程				

图 10-22　输入措施项目清单中的项目

10.4.2　其他项目清单的编制

选中"暂列金额"行，在"计算基数"单元格中输入 1000，如图 10-23 所示。

	序号	名称	计算基数	费率（%）	金额	费用类别	不可竞争费	不计入合价	备注	局部汇总
1	-	其他项目			1000					☐
2	—1	暂列金额	1000 ···		1000	暂列金额	☐	☐		☐
3	—2	暂估价	专业工程暂估价		0	暂估价	☐	☐		☐
4	—2.1	材料暂估价	ZGJCLHJ		0	材料暂估价	☐	☑		☐
5	—2.2	专业工程暂估价	专业工程暂估价		0	专业工程暂估价	☐	☑		☐
6	—3	计日工	计日工		0	计日工	☐	☐		☐
7	—4	总承包服务费	总承包服务费		0	总承包服务费	☐	☐		☐
8	—5	签证及索赔计价表	索赔与现场签证		0	索赔与现场签证	☐	☐		☐

图 10-23　输入其他项目清单中的项目

10.4.3　查看报表

项目清单编辑完成后查看本单位工程的报表，例如"分部分项工程量清单与计价"，如图10-24所示。

图 10-24　查看报表

单张报表可以导出为 Excel 文件，点击界面右上角的"导出到 Excel 文件"，在保存界面中输入文件名，点击保存。也可以把所有报表批量导出为 Excel 文件，点击"批量导出到 Excel"，如图10-25 所示。

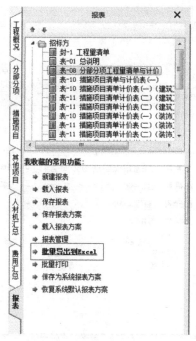

图 10-25　批量导出 Excel 文件

10.4.4　保存退出

通过以上方式就编制完成了土建单位工程的工程量清单。然后点击保存,返回招标管理主界面。

10.5　编制投标文件

在"新建投标工程"界面点击"浏览",在桌面上找到电子招标书文件,点击"打开",软件会导入电子招标文件中的项目信息。

10.5.1　进入单位工程界面

编制投标
文件视频

10.5.1.1　新建项目及单位工程

选择土建工程,点击进入编辑窗口,在"新建单位工程"→"清单计价"界面选择清单库、定额库及定额专业,如图 10-26 所示。

点击"确定"后,软件会进入单位工程编辑主界面,能看到已经导入的工程量清单,如图 10-27 所示。

提示:输入建筑面积后,单位工程的工程概况中会保存这个信息,如图 10-28所示。

10.5.1.2　套定额组价

在土建工程中,套定额组价时通常采用的方式有以下 6 种。

(1)内容指引

选择平整场地清单,点击"内容指引",选择 1-1 子目,如图 10-29 所示。

点击"选择",软件即可输入定额子目。输入的子目工程量如图 10-30 所示。

图 10-26　"新建标段工程"界面

图 10-27　单位工程编辑主界面

	工程概况	✕	添加特征项　插入特征项	
			名称	内容
	工程信息	1	工程类型	
	工程特征	2	结构类型	
	指标信息	3	基础类型	
		4	建筑特征	
		5	建筑面积 (m2)	
		6	其中地下室建筑面积 (m2)	5000

图 10-28　工程概况中保存建筑面积信息

	编码	类别	名称	项目特征	单位	工程量表达式	含量	工程量	单价	合价	综合单价	综合合价
	−		整个项目									3
1	+ 010101001001	项	平整场地	1.土壤类别：一、二类土 2.弃土运距：5 km 3.取土运距：5 km以内	m2	4000		4000			0.75	3
2	+ 010101003001	项	挖基础土方		m3	50.0 * 60.0 * 2.0		6000			0	
3	− 010302004001	项	填充墙		m3	20*30*15		9000			0	
4	+ 010103001001	项	土(石)方回填		m3	1		1			0	
5	+ 010301001001	项	砖基础		m3	1		1			0	
6	+ 010302001001	项	实心砖墙		m3	1		1			0	
7	+ 010401002001	项	独立基础		m3	1		1			0	
8	+ 010402001001	项	矩形柱		m3	1		1			0	
9	+ 010403001001	项	基础梁		m3	1		1			0	
10	+ 010403002001	项	矩形梁		m3	1		1			0	

工料机显示　查看单价构成　标准换算　换算信息　安装费用　特征及内容　工程量明细　**内容指引**　查询用户清单　说明信息

平整场地

	编码	名称	单位	单价
1	A1-0001	平整场地 人工	1000m2	1417.5
2	A1-0002	平整场地 机械	1000m2	568.11

图 10-29　内容指引法套定额组价界面

	编码	类别	名称	项目特征	单位	工程量表达式	含量	工程量	单价	合价	综合单价
	−		整个项目								
1	− 010101001001	项	平整场地	1.土壤类别：一、二类土 2.弃土运距：5 km 3.取土运距：5 km以内	m2	4000		4000			0.94
	+ A1-0002	定	平整场地 机械		1000m2	5000	0.0012	5	568.11	2840.55	753.5

图 10-30　输入子目工程量

（2）直接输入

选择填充墙清单，点击"插入"→"插入子目"，如图 10-31 所示。

插入 ▼　添加 ▼　补充 ▼　查询 ▼　存档 ▼ 🔒 ▼ 🔲　整理清单 ▼　超高降效 ▼　安装费用 ▼　单价构成 ▼　批量换算 ▼　其他 ▼ 🔲 展开到 ▼　重用组价 ▼ 🔲 锁定清单 🛠 ▼　↑　↓

插入分部	Ctrl+Ins
插入子分部	Ctrl+Alt+Ins
插入清单项	Ctrl+Q
插入子目	Alt+Ins

	编码	类别	名称	项目特征	单位	工程量表达式	含量	工程量	单价	合价	综合单价	综合合价
			整个项目									3
				1.土壤类别：一、二类土 2.弃土运距：5 km 3.取土运距：5 km以内	m2	4000		4000			0.94	3
2	+ 010101003001	项	挖基础土方		m3	50.0 * 60.0 * 2.0		6000			0	
3	010302004001	项	填充墙		m3	20*30*15		9000				

图 10-31　直接输入法套定额组价界面

在空行的编码列中输入 A3-0023，工程量为 900，如图 10-32 所示。

3	− 010302004001	项	填充墙		m3	20*30*15		9000			256.1	2304
	+ A3-0023	定	一砖半墙填充墙 轻质混凝土		10m3	QDL	0.1	900	2172.97	1955873	2561.04	2304

图 10-32　输入相关信息

10.5.1.3　输入子目工程量

输入定额子目的工程量，如图 10-33 所示。

	编码	类别	名称	项目特征	单位	工程量表达式	含量	工程量	单价	合价	综合单价	综合合价
	−		整个项目									2492
1	− 010101001001	项	平整场地	1.土壤类别：一、二类土 2.弃土运距：5 km 3.取土运距：5 km以内	m2	4000		4000			0.94	3
	+ A1-0002	定	平整场地 机械		1000m2	5000	0.0012	5	568.11	2840.55	753.5	376
2	− 010101003001	项	挖基础土方		m3	50.0 * 60.0 * 2.0		6000			30.7	184
	+ A1-0038	定	人工挖沟槽 一、二类土 6m以内		100m3	QDL	0.01	60	2347.6	140856	3069.91	18419
3	− 010302004001	项	填充墙		m3	20*30*15		9000			256.1	2304
	+ A3-0023	定	一砖半墙填充墙 轻质混凝土		10m3	QDL	0.1	900	2172.97	1955873	2561.04	2304

图 10-33　输入子目工程量

10.5.1.4　设置单价构成

在左侧功能区点击"费用汇总"，对编辑区的费用汇总文件进行费率的调整，软件会按照设置后的费率重新计算清单的综合单价，如图 10-34 所示。

	序号	费用代号	名称	计算基数	基数说明	费率(%)	金额	费用类别	备注	输出
7	3	C3	计日工	计日工	计日工		0.00			☑
8	4	C4	总承包服务费	总承包服务费	总承包服务费		0.00			☑
9	5	C5	索赔与现场签证	索赔与现场签证	索赔与现场签证		0.00			☑
10	四	D	规费	D1+D2+D3+D4+D5+D6+D7	工程排污费+社会保障费+工伤保险费+危险作业意外伤害保险+工程质量检测+室内环境检测+残疾人就业保障金+防洪基础设施建设资金+副食品价格调节基金		176,611.40	规费	1.1+1.2+1.3+1.4+1.5+1.6+1.7	☑
11	1.1	D1	工程排污费	RGF+JSCS_RGF-RGJC-BQF_RGFYSJ	分部分项人工费+技术措施项目人工费-人工价差-不取费子目预算价人工FYSJ	0.52	3,840.03	规费细项	人工费×费率	☑
12	1.2	D2	社会保障费	D2_1+D2_2+D2_3+D2_4+D2_5	养老保险费+失业保险费+医疗保险费+住房公积金+生育保险费		156,924.45	规费细项	(1)+(2)+(3)+(4)+(5)	☑
13	(1)	D2_1	养老保险费	RGF+JSCS_RGF-RGJC-BQF_RGFYSJ	分部分项人工费+技术措施项目人工费-人工价差-不取费子目预算价人工FYSJ	12.6	93,046.97	规费细项	人工费×核定的费率	☑
14	(2)	D2_2	失业保险费	RGF+JSCS_RGF-RGJC-BQF_RGFYSJ	分部分项人工费+技术措施项目人工费-人工价差-不取费子目预算价人工FYSJ	1.22	9,009.31	规费细项	人工费×核定的费率	☑
15		D2_3	医保险费	RGF+JSCS_RGF	分部分项人工费+技术措施项目人工			规费细项		

查询费用代码　查询费率信息

定额库：吉林省建筑装饰工程计价定额 (2009)　▼

- 计价程序类
  - 企业管理费
    - 建筑工程
    - 装饰工程
    - 安装工程
    - 市政工程
  - 规费
  - 利润
  - 税金
  - 构件增值税
- 措施项目类

	名称	费率值(%)	备注
1	建筑工程	18	
2	装饰工程	18	
3	安装工程	18	
4	市政工程	18	

图 10-34　设置单价构成

10.5.1.5　措施项目组价方式

措施项目组价方式包括三种，分别为计算公式组价方式、定额组价方式、实物量组价方式。这三种方式间可以互相转换。

选择高层建筑超高费措施项目，在组价内容界面点击当前的组价方式下拉框，选择"定额组价"方式，如图 10-35 所示。

	序号	类别	名称	单位	项目特征	组价方式	计算基数	费率(%)	工程量	综合单价	综合合价	取费专业	单价构成文
13	1.1		混凝土、钢筋混凝土模板及支架	项		定额组价			1	0	0		建筑
		定							0	0	0		建筑
14	1.2		脚手架	项		定额组价			1	0	0		建筑
		定							0	0	0		建筑
15	1.3		垂直运输机械	项		定额组价			1	0	0		建筑
		定							0	0	0		建筑
16	1.4		大型机械设备进出场及安拆	项		定额组价			1	0	0		建筑
		定							0	0	0		建筑
17	1.5		建筑物超高费	项		定额组价 ▼ 计算公式组价 定额组价 实物量组价 子措施组价			1	0	0		建筑
	三		可计量措施								0	建筑工程	
18				项					1	0	0		建筑
		定							0	0	0		建筑
	一		通用项目								168.52	装饰装修工程	

图 10-35　组价内容界面

计算公式组价方式操作如下。

（1）直接输入

输入费用：选中"安全文明施工费"项，点击"计算基数"，输入 1700，如图 10-36 所示。

	序号	类别	名称	项目特征	组价方式	计算基数	费率(%)	工程量	综合单价	综合合价	取费专业	单价构成文件
			措施项目							24774.87		
	一		通用项目							24606.35	建筑工程	
1	1		安全文明施工费		计算公式组	1700		1	1700	1700	[缺省模板 (实物量]	
2	2		夜间施工		计算公式组价			1	0	0	缺省模板 (实物量或	
3	3		二次搬运		计算公式组价	RGF_ZY+JSCS_RGF_ZY-RGJC_ZY-JSCS_RGJC_ZY-BQF_RGFY_SJ_ZY	0.51	1	3766.19	3766.19	[缺省模板 (实物量或计算公式组价]	
4	4		雨季施工费		计算公式组价	RGF_ZY+JSCS_RGF_ZY-RGJC_ZY-JSCS_RGJC_ZY-BQF_RGFY_SJ_ZY	0.65	1	4800.04	4800.04	缺省模板 (实物量或	
5	5		冬季施工费		计算公式组			1	900	900	缺省模板 (实物量或	
6	6		检验试验及生产工具使用费		计算公式组价	RGF_ZY+JSCS_RGF_ZY-RGJC_ZY-JSCS_RGJC_ZY-BQF_RGFY	1.82	1	13440.12	13440.12	缺省模板 (实物量或计算公式组价]	

图 10-36 直接输入

（2）按取费基数输入

选择"地上、地下设施、建筑物的临时保护设施"项，在组价内容界面点击计算基数后面的"…"，在弹出的费用代码查询界面选择"分部分项合计"，然后点击"选择"，如图 10-37 所示。

	序号	类别	名称	项目特征	组价方式	计算基数	费率(%)	工程量	综合单价	综合合价	取费专业	单价构成文件
7	7		施工排水		定额组价			1	0	0	建筑工程	
		定						0	0	0	【建筑工程】	
8	8		施工降水		定额组价			1	0	0	【建筑工程】	
9	9		地上、地下设施、建筑物的临时保护设施		计算公式组			1	0	0	[缺省模板 (实物量]	
10	10		已完工程及设备保护		定额组价			1	0	0	建筑工程	
11	11		高层建筑超高费		计算公式组			1	0	0	省模板 (实物量]	
12	12		工程水电费		计算公式组			1	0	0	省模板 (实物量]	
	二		建筑工程措施项目									
13	1.1		混凝土、钢筋混凝土模板及支架		定额组价			1	0	0		
		定						0	0	0	建筑工程	
14	1.2		脚手架		定额组价			1	0	0	【建筑工程】	
		定						0	0	0	【建筑工程】	
15	1.3		垂直运输机械		定额组价			1	0	0	【建筑工程】	
		定						0	0	0		

费用代码
- 分部分项
- 措施项目
- 人材机
- 不取费项目

	费用代码	费用名称	费用金额
1	FBFXHJ	分部分项合计	2497903.5
2	ZJF	分部分项直接费	2101932.75
3	RGF	分部分项人工费	739817.19
4	CLF	分部分项材料费	1399056.7
5	JXF	分部分项机械费	23058.86
6	SBF	分部分项设备费	0
7	ZCF	分部分项主材费	0
8	GR	工日合计	14791.8465
9	JGRGF	甲供人工费	0
10	JGCLF	甲供材料费	0
11	JGJXF	甲供机械费	0
12	JGSBF	甲供设备费	0

查看单价构成 工料机显示 标准换算 换算信息 特征及内容 工程量明细 说明信息

图 10-37 按取费基数输入

（3）直接套定额

对于脚手架项目，选择"脚手架"措施项目，点击"组价内容"，在页面上点击鼠标右键，点击"插入"，在编码列输入 A10-0005 子目。软件会读取建筑面积信息，工程量自动输入为 19.8，如图 10-38 所示。

	序号	类别	名称	单位	项目特征	组价方式	计算基数	费率(%)	工程量	综合单价	综合合价	取费专业	单价构成文
		定							0	0	0		【建筑
8	8		施工降水	项		定额组价			1	0	0		【建筑
9	9		地上、地下设施、建筑物的临时保护设施	项		计算公式组	FBFXHJ		1	2497903.5	2497903.5		[缺省模板
10	10		已完工程及设备保护	项		定额组价			1	0	0		[缺省模板
11	11		高层建筑超高费	项		定额组价			1	0	0		[缺省模板
12	12		工程水电费	项		计算公式组			1	0	0		【建筑
	二		建筑工程措施项目								36982.04	建筑工程	
13	1.1		混凝土、钢筋混凝土模板及支架	项		定额组价			1	0	0		建筑
		定								0	0		建筑
14	1.2		脚手架	项		定额组价			1	36982.04	36982.04		建筑
		A10-0005	综合脚手架 混合结构 6层/20m以内	100m2		定			19.8	1867.78	36982.04	建筑工程	建筑
									0	0	0		【建筑
15	1.3		垂直运输机械	项		定额组价			1	0	0		建筑
		定								0	0		【建筑

图 10-38 直接套定额

10.5.1.6　其他项目清单

投标人部分没有发生费用，如图 10-39 所示。

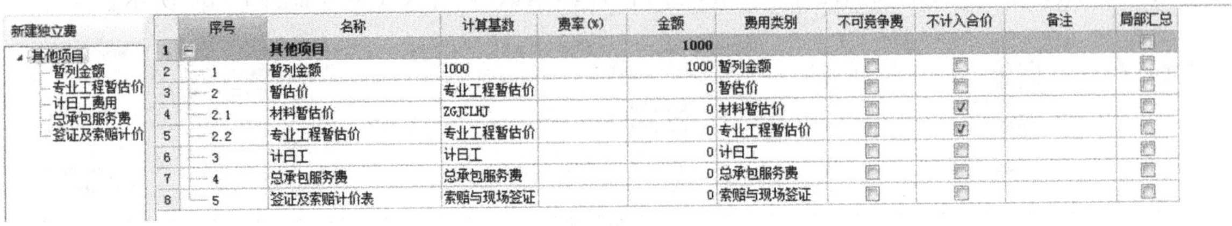

序号	名称	计算基数	费率（%）	金额	费用类别	不可竞争费	不计入合价	备注	局部汇总
1	其他项目			1000					
2	1	暂列金额	1000	1000	暂列金额				
3	2	暂估价	专业工程暂估价	0	暂估价				
4	2.1	材料暂估价	ZGJCLJXJ	0	材料暂估价		✓		
5	2.2	专业工程暂估价	专业工程暂估价	0	专业工程暂估价		✓		
6	3	计日工	计日工	0	计日工				
7	4	总承包服务费	总承包服务费	0	总承包服务费				
8	5	签证及索赔计价表	索赔与现场签证	0	索赔与现场签证				

图 10-39　投标人部分没有发生费用

如果有发生的费用，可以直接在金额部分输入即可。

10.5.1.7　费用汇总

（1）查看费用

点击"费用汇总"，如图 10-40 所示。

图 10-40　费用汇总界面

（2）报表

在导航栏点击"报表"，软件会进入报表界面，选择报表类别为"投标方"，如图 10-41 所示。

（3）保存、退出

通过以上操作就完成了土建单位工程的计价工作，然后点击保存，回到投标管理主界面。

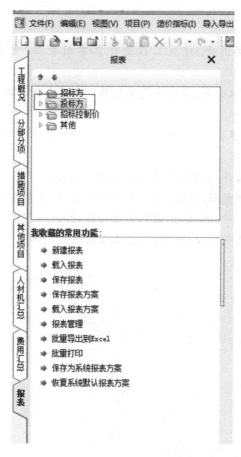

图 10-41　进入报表界面的操作

知识归纳

(1) 录入工程量清单;

(2) 编辑项目特征;

(3) 措施项目组价及各项费用的输入,最终完整一份完整的预算文件。

思考题

10-1　采用清单计价法时,招标方和投标方的业务流程分别是什么?

10-2　清单计价模式下,如何新建项目?

10-3　输入清单工程量的方式有哪几种?

10-4　清单计价模式下,套定额组价有哪几种方式?

10-5　措施项目的组价方式有哪几种?

思考题答案

 **参考文献**

[1]　王全杰,马永军,刘洪峰.建筑工程量计算实训教程(重庆版).重庆:重庆大学出版社,2012.

[2]　广联达软件股份有限公司.清清楚楚算钢筋　明明白白用软件.北京:中国建材工业出版社,2010.

[3]　广联达软件股份有限公司.广联达工程造价类软件实训教程:钢筋软件篇.2版.北京:人民交通出版社,2010.

[4]　邢莉燕.建筑工程估价.北京:中国电力出版社,2010.

[5]　许炳.工程估价实训教程.北京:清华大学出版社,北京交通大学出版社,2011.

[6]　黄伟典.装饰工程估价.北京:中国电力出版社,2011.

[7]　尚梅.工程估价与造价管理.北京:化学工业出版社,2008.